全国船舶工业职业教育教学指导委员会"十三五"规划教材

轮机工程通识导论

主　编　刘世伟　夏　霖
主　审　蒋永祥
副主编　杨双齐　刘　方　倪志斌　邓志华

哈尔滨工程大学出版社
Harbin Engineering University Press

内 容 简 介

本书是根据水上运输类专业技术人员培养要求所编写的专业认知型教材，内容共包括六个模块，即航海认知、航运业认知、船舶认知、航海类专业培养体系、轮机工程技术专业知识概论、航海类专业的职业认知与规划。本书采用活页形式，使用了丰富的信息技术手段，并配置二维码，实现了"线上和线下互补，一套课程资源，两种存在形式"的立体化效果。

本书可作为高职院校轮机工程技术专业的教材，也可供从事船舶轮机修造、维护、管理相关工作的人员参考使用。

图书在版编目(CIP)数据

轮机工程通识导论 / 刘世伟，夏霖主编. — 哈尔滨：
哈尔滨工程大学出版社，2021.7
ISBN 978 - 7 - 5661 - 3205 - 5

Ⅰ. ①轮… Ⅱ. ①刘… ②夏… Ⅲ. ①轮机 - 高等职
业教育 - 教材 Ⅳ. ①U676.4

中国版本图书馆 CIP 数据核字(2021)第 148642 号

轮机工程通识导论
LUNJI GONGCHENG TONGSHI DAOLUN

选题策划	史大伟　薛　力
责任编辑	张志雯
封面设计	李海波

出版发行	哈尔滨工程大学出版社
社　　址	哈尔滨市南岗区南通大街 145 号
邮政编码	150001
发行电话	0451 - 82519328
传　　真	0451 - 82519699
经　　销	新华书店
印　　刷	哈尔滨午阳印刷有限公司
开　　本	787 mm × 1 092 mm　1/16
印　　张	14
字　　数	346 千字
版　　次	2021 年 7 月第 1 版
印　　次	2021 年 7 月第 1 次印刷
定　　价	48.00 元

http://www.hrbeupress.com
E-mail:heupress@ hrbeu.edu.cn

船舶行指委"十三五"规划教材编委会

编委会主任:李国安

编委会委员:(按姓氏笔画排名)

马希才	王　宇	石开林	吕金华	向　阳
刘屈钱	关业伟	孙自力	孙增华	苏志东
杜金印	李军利	李海波	杨文林	吴志亚
何昌伟	张　玲	张丽华	陈　彬	金湖庭
郑学贵	赵明安	柴敬平	徐立华	徐得志
殷　侠	翁石光	高　靖	唐永刚	戚晓霞
蒋祖星	曾志伟	谢　荣	蔡厚平	滕　强

前　　言

　　《轮机工程通识导论》是根据水上运输类专业技术人员培养要求所编写的专业认知型教材。本书针对轮机工程技术专业学生缺乏专业认知的现状，多视角、全方位、立体化地向学生展示行业背景、专业全景、工作场景和生活情境，帮助学生对专业加深认知、提升兴趣和增强信心，为其未来职业发展打下良好的基础。

　　本书采用活页形式，使用了丰富的信息技术手段，并配置二维码，实现了"线上和线下互补，一套课程资源，两种存在形式"的立体化效果。本书通过二维码配置了丰富的图片和视频数字资源，同时配置了线上习题库和线上测练系统。

　　本书内容包括6个模块，即航海认知、航运业认知、船舶认知、航海类专业培养体系、轮机工程技术专业知识概论、航海类专业的职业认知与规划。本书立足于帮助高职相关专业的学生了解航运业发展历史和现状、航运文化、船舶的发展史、船舶主要结构、轮机员的工作情况和生活情况及船员的职业发展，同时能使学生对本专业和专业群有较为系统的认知，为从事船舶轮机修造、维护、管理相关工作奠定基础。

　　参加本书编写工作的有：主编武汉交通职业学院刘世伟（编写模块1、模块5中专题5.3）；主编武汉船舶职业技术学院夏霖（编写模块2、模块3中专题3.2和专题3.4）；副主编武汉船舶职业技术学院杨双齐（编写模块5中专题5.2和专题5.5）；副主编江苏省无锡交通高等职业技术学校刘方（编写模块3中专题3.1、专题3.3和专题3.5）；副主编武汉交通职业学院倪志斌（编写模块6、模块5中专题5.1）；副主编武汉交通职业学院邓志华（编写模块4、模块5中专题5.4）。

　　本书邀请中国远洋海运集团有限公司深圳分公司副总经理高级轮机长蒋永祥担任主审。蒋永祥先生针对全书内容结构和主题设置提出很多改进建议，同时在本书的编写过程中提供了很多现行的技术标准和规范。北京鑫裕盛船舶管理有限公司轮机长王键在本书编写过程中提供了大量极具价值的参考资料，并提出了许多宝贵建议。在此一并表示衷心感谢！

　　限于编者经历和水平，书中难免有疏漏和不足之处，恳请读者批评指正，以便修订时完善。

编　　者

2021 年 3 月

哈尔滨工程大学出版社
数字活页融媒体教材使用说明

  本书为新型数字活页融媒体教材,为积极贯彻落实国务院印发的《国家职业教育改革实施方案》(国发〔2019〕4号)文件要求而编写。数字活页融媒体教材是我社积极探索活页式新形态教材的创新模式,在纸质活页的基础上创造性地提出了数字活页这一概念,让教材内容的更新和个性化定制更加方便快捷。

  数字活页融媒体教材让每位教师都可以针对授课内容个性化定制知识结构及与教材配套的数字资源(音频、视频、课程等),在二维码不变的情况下,可以根据教学需求随时进行内容更新。

  我社活页式教材在线建设系统可实现与社内各知识服务平台数字资源库的内容互通,任课教师可借助系统随时抽取图书资源、课程资源、视频、课件等多种数字化资源,并进行个性化搭建。

  同时,活页式教材在线建设系统可以分别为高等学校以及教师建立不同权限的账号,教师可以通过该系统对整个教学过程进行个性化设计,包括添加课程章节节点。支持添加的内容包括视频、文档、图片等,这使教材更加个性化、教学内容更有针对性,实用性更强。

  活页式教材在线建设系统具体使用方法及教师数字活页融媒体教材申请入口请扫描下方二维码查看。

数字活页系统使用说明   数字活页系统账号申请入口

目　　录

模块 1　航海认知 ··· 1

专题 1.1　世界航海的起源与发展 ··· 1

专题 1.2　中国航海的起源与发展 ··· 6

专题 1.3　航海科学技术的现状 ·· 8

专题 1.4　中外航海史的典型事迹 ··· 14

模块 2　航运业认知 ·· 19

专题 2.1　中外航运业的发展概况 ··· 19

专题 2.2　航海类专业教育现状 ·· 28

专题 2.3　国内外知名航海院校介绍 ··· 32

专题 2.4　航运机构简介 ··· 36

专题 2.5　中外航运企业 ··· 42

模块 3　船舶认知 ·· 45

专题 3.1　船舶的起源与发展 ·· 45

专题 3.2　船舶的结构和主参数 ·· 61

专题 3.3　船舶的分类与用途 ·· 65

专题 3.4　船舶动力的类型与发展 ··· 80

专题 3.5　名船名舰 ·· 85

模块 4　航海类专业培养体系 ·· 91

专题 4.1　航海技术专业人才培养体系 ··· 91

专题 4.2　轮机工程专业人才培养体系 ··· 94

专题 4.3　船舶电子电气专业人才培养体系 ··· 103

专题 4.4　专业证书培训与考试 ·· 108

模块 5　轮机工程技术专业知识概论 ·· 114

专题 5.1　船舶动力装置 ··· 114

专题 5.2　船舶辅助机械 ··· 121

专题 5.3　船舶电气与自动控制 ·· 145

专题 5.4　轮机管理法规和公约 ·· 163

专题 5.5　轮机工程新技术 ·· 176

模块 6　航海类专业的职业认知与规划 ·· 190

专题 6.1　海船船员的岗位职责 ·· 190

专题 6.2　海船船员的职业特点 ·· 191

专题 6.3　海船船员职业实用法规 ··· 193

专题 6.4　海船船员的心理素质和职业道德 ··· 196

专题 6.5　航海类专业的职业发展 …………………………………………………… 203
专题 6.6　职业生涯规划的制订 ……………………………………………………… 206
专题 6.7　航海专业的职业生涯案例 ………………………………………………… 210
参考文献 ……………………………………………………………………………… 214

模块 1 航 海 认 知

专题 1.1 世界航海的起源与发展

【学习目标】

1. 了解古代航海的发展；
2. 认知古代航海时使用的航海仪器；
3. 了解大航海时代对人类发展的意义；
4. 了解航海对贸易的影响。

1.1.1 古代航海

早期航海者的勇敢世人皆知，他们不断地通过伟大的创新来弥补旧时代落后的航海技术。例如，早期的北欧海盗在航行时，船长十分熟悉海面和海中自然物，如鸟类、鱼类、水流、浮木、海草、水色、冰原反光、云层、风势等。9 世纪时，北欧著名航海家弗勒基，总是在船上装一笼乌鸦，当觉得船即将靠近陆地的时候，他就会放飞笼中的鸟儿。如果乌鸦在船的周围漫无目的地飞翔，说明离陆地还远；如果乌鸦朝某个特定的方向飞去，他就会开船追随鸟飞去的方向，而这往往是驶向陆地的方向。当然，这种方法仅仅在距陆地比较近的情况下才起作用。

那时航海者在海上总是保持与岸边比较近的距离航行，通过他们能够看到的陆地特征来判断航向是否正确。通常，他们白天航行，晚上就停泊在港内或抛锚在海面上。中世纪盛期，欧洲各城市的商船大多采用沿岸航行，他们宁愿沿着西班牙、法国和意大利的地中海海岸做迂回航行，也不肯在通过直布罗陀海峡后，向东直航。总之，没有一个船主敢冒险出海到望不见陆地的洋面上去，因为他们认为，碰到暗礁和浅滩等船难总不如沉没在大海里可怕。而他们不敢穿洋直航，有三个原因：一是害怕迷失方向；二是害怕远洋中的风暴；三是害怕遭到海盗袭击。但归根到底还是第一个原因占据主要位置。后来导航技术有了进步，虽然仍有第二、三个原因的存在，但船只却敢做穿洋航行了。因此，在远洋航行中，确定船只的方位是第一位的。最初航海者通过白天观察太阳的高度，夜间观察北极星的方位来判断所处的纬度，依靠天体定位，航海家使用一种很简单的仪器来测量天体角度，称之为"雅各竿"（图 1-1）。观测者将两根竿子在顶端连接起来，底下一根与地平线平行，上面一根对准天体（星星或太阳），就能测量出偏角，然后利用偏角差来计算纬度和航程。这种技术被称作"纬度航行"，在测量纬度方面比较成功，但确定经度却非常困难。尽管如此，"纬度航行"的方法仍在西欧被普遍地采用，把自己置于与目的地相同的纬度线上，然后保持在这条线上航行，就能直达目的地。不过这并不是完全科学的，即使在今天，利用天文定位的误差仍有1~2海里,而在古代几乎没有像样的航海工具,误差之大可想而知。当年哥伦布西航,他自认为先南下到与印度相同的纬度后,再直线往西航行就可到达印度,可实际上他发现的只是加勒比海巴哈马群岛的一个小岛,尽管他临死时都坚持自己到达的是印度。

图1-1 雅各竿

人类最早发明的航海工具是罗盘(图1-2),也就是指南针的雏形。最初的时候,人们仅在天气情况恶劣、无法看到太阳和北极星,也不知道船首驶向何方时才使用罗盘。航海者会在一块磁石上摩擦一根铁针,使其产生磁性,并将其固定在一根稻草上,悬浮于一碗水中,这样有了磁性的铁针就会自动指向北方,指南针约在12世纪由中国传入欧洲,后来又被欧洲的航海家改造成"指北"方向。到1250年左右,航海磁罗盘已发展到能连续测量出所有的水平方向,精确度在3°以内。但磁罗盘并没有很快地被欧洲人普遍接受,因为人们还无法科学地解释指针为什么能"找到"北方,而且他们很快发现,这些针所指的北方经常

图1-2 罗盘

不准确(这是因为铁针所指的是磁北极,并非真正的北方,而磁北极与地理北极之间的夹角被称为磁偏角)。当时的人们无法解释这些现象,因而在未知的海域航行并不完全相信罗盘的指针。所以最初的罗盘具有神秘色彩,一般的水手都不敢使用,只有那些大胆而又谨慎的船长把它装入一个小盒内,偷偷地使用。指南针在欧洲得以广泛应用则是13世纪后期的事情。

在14世纪之前的初始航海阶段，人们一直局限在东部地中海区域航行。在古代世界航海民族行列中，以埃及人、地中海海域的腓尼基人、北欧海域的维京人、印度洋海域的阿拉伯人最为著名。他们在地中海区域从事海上贸易，为了争霸地中海，海上战争从未间断。

远在公元前4000年前后，埃及人在地中海与克里特岛间就有贸易活动。大约在公元前2500年，埃及人便驾驶帆桨船沿地中海的亚细亚东岸行进，从西奈半岛运回砂岩、铜矿石，从黎巴嫩、叙利亚运回橄榄油和贵重的雪松。1949年，考古学家在一座古埃及法老的墓中，发现了一艘公元前1850年的木船。这艘木船靠多只木桨划行，在古代埃及主要用于商业运输。

腓尼基人自称闪美特人，又称为闪族人。他们发源于地中海东岸的黎巴嫩、叙利亚和以色列北部。那里依山靠海，不适农耕。从公元前1200年起，腓尼基人在东部地中海相继建立了推罗、西顿和蒂尔等城市。腓尼基人是古代世界最成功的商人和航海家，他们驾驶着细长的船只，航行于整个地中海范围，向西穿过直布罗陀海峡进入大西洋，进而向北到达法国西海岸甚至不列颠海岸，向南则到达西非海岸。他们在地中海沿岸建立了许许多多的殖民点。公元前11世纪后期，腓尼基人大力发展商运帆船，其中一种是可作远距离航行的较大商船"希波"，这是一种带有单桅帆的划桨船，有风时可用帆代替桨手，使桨手得以休息。随着远洋航海事业的发展，"希波"帆船演变成双桅帆船，帆取代桨成了船舶推进的主动力，这是航海帆船的一大进步。腓尼基人最伟大的远航，是在公元前7世纪应埃及法老尼科二世要求，出红海，下印度洋，沿非洲东海岸南下，经过3年漫长远航完成了人类第一次绕行非洲大陆的航行壮举。

维京人即北欧人，又被罗马人称为诺曼人。"维京"的意思是侵略海湾邻近国家的人。维京人在4～8世纪，以劫掠作为主要的航海活动。861年维京人发现了冰岛，并开始定居此地。983年，维京探险者埃立克·劳埃德到达格陵兰，据说他的儿子利夫·埃立克森于1000年到达北美洲，在今天的波士顿登陆。这些海洋探险活动在当时非同小可，要求探险者具有非凡的勇气、活力及大批海船。维京人建造了桨帆，并用狭长形船只航行于北欧海域，这类船通称维京船（图1-3）。在北欧民族于8～11世纪这300多年创造"维京文明"的时间里，维京人的足迹遍及北欧、西欧、北美，向东沿第聂伯河进入俄罗斯到达里海，向南进入地中海，几乎遍及世界各地，开创了人类远程海上探险的先例。

公元7世纪，阿拉伯帝国建立。随着阿拉伯帝国击败拜占庭帝国和波斯萨珊王国称霸中东，他们完全控制了东西方贸易通道。阿拉伯人重视商业和航海，他们在中世纪起到了连接东西方贸易的桥梁作用。阿拉伯商人和船队西到西班牙、北非，东到东非、印度、马六甲、爪哇、苏门答腊，远到中国和日本。他们发明了一种用纤维和油脂混合物填塞船壳板缝的方法，保证其不浸水，以便远洋航行。阿拉伯著名航海家辛巴达就是乘坐这类缝合木船远航探险到了中国。缝合木船结构具有一定柔性，不易被海上礁石撞坏，易于修理，使得这类船

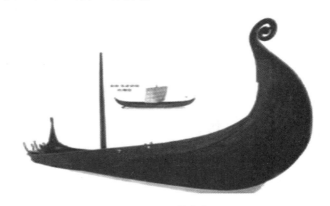

图1-3 维京船

种得以流传到印度洋的马达加斯加、斯里兰卡及东南亚各地,乃至中国的海南岛地区,成为古代世界颇具特色的优秀船种之一。

1.1.2 大航海时代

15世纪到18世纪末,人类进入了"大航海时代"(图1-4)。欧洲人开辟了横渡大西洋到达美洲、绕道非洲南端到达印度的新航线,并完成了第一次环球航行,代表人物有哥伦布、达·伽马、麦哲伦、詹姆斯·库克等。

15世纪,欧洲人对世界的认识还仅限于欧洲、地中海、中东、北非海岸、印度、中国和日本。尽管对于中国和日本认识的唯一依据只有一本《马可·波罗游记》,但对

图1-4 大航海时代

于"黄金之国"的说法,欧洲人还是深信不疑的,毕竟丝绸、香料等奢侈品是客观存在的。为了打破意大利对东方市场和海上航路的垄断,欧洲人竭力开辟新的海上航路,最先探寻通往印度新航路的是葡萄牙人。1416年,亨利亲王创立的航海学校,推动了航海探险活动的开展。1488年,迪亚斯沿非洲西岸航行,最先发现好望角,并绕过非洲南端进入印度洋。1497年,达·伽马沿迪亚斯航线继续东进,经非洲东海岸,于1498年到达印度,开辟了连接大西洋和印度洋的航线。

当葡萄牙人沿非洲海岸向印度探险时,西班牙航海家却朝另一方向开辟新航路。意大利出生的哥伦布受雇于西班牙,1492年至1504年曾4次西航,到达了美洲。但哥伦布误认为所到之处是目的地印度。1519年,葡萄牙人麦哲伦在西班牙政府资助下,率领船队首次环球航行。他们从西班牙出发,渡过大西洋,于次年10月底经南美洲南端的海峡(后称为麦哲伦海峡)驶入浩瀚无际的太平洋。1521年3月,麦哲伦去世后,其副手继续航行,于1522年9月回到西班牙,麦哲伦的环球航行,第一次证实了大地球形说。

詹姆斯·库克是18世纪英国最伟大的航海家和探险家之一,他在1768年后的10年中曾4次跨越大洋,完成了人类历史上第一次环南大洋航行。在这期间,至少有两次穿越南极圈,创下了人类南进的新纪录。1778年1月,詹姆斯·库克船长在第三次航行中发现了夏威夷群岛;1779年2月,他在夏威夷群岛与岛民打斗,遇害身亡,其充满传奇的一生就此止步。

1.1.3 近现代及当代航海

随着世界经济的发展,18世纪末,以蒸汽机为标志的资本主义历史上的第一次技术革命,大大地推动了社会生产力的发展。1807年,美国人罗伯特·富尔敦把蒸汽机作为船舶动力,制造了第一艘蒸汽机船"克莱蒙托"号(图1-5),以机械动力代替风力在哈德逊河上用32小时完成了从纽约城至阿尔巴尼之间241千米的试验航行,证明了将蒸汽机用于船舶动力的可能性。1807年,由美国的奥列弗·斯蒂文斯设计,并于1808年完工的"长命鸟"号蒸汽机船航行于纽约与菲拉德鲁菲亚之间,成为世界上最早使用蒸汽机船进行沿海运输的船只。

图1-5 "克莱蒙托"号

最初,蒸汽机船的船体都是用木材建造的。1820年前后,因造船用的木材比较紧缺,英国的船主开始考虑使用更耐用的材料建造船舶。1837—1838年,通用轮船公司在利物浦建造了世界上第一艘只有580总吨、功率132千瓦(180马力)的小型铁质蒸汽船"彩虹"号。与木质船相比较,铁质船具有更大的优越性。到19世纪60年代,铁质材料已普遍用于建造蒸汽机船和帆船。1856年,俾斯麦发明了转炉炼钢法后,人们又开始用钢质材料建造船体,于1873年建造了最早的钢质船舶"瑞德塔特"号,1879年钢质蒸汽机船"鹿特玛哈那"号开航,从此海上运输进入了钢铁船舶时代。1897年,鲁道夫·狄塞尔发明的柴油机(内燃机的一种)在德国的船舶建造上得到应用。1902—1903年,法国建造了一艘柴油机海峡小船,意义重大。

进入20世纪后,随着船舶技术和航海技术的发展,以及国际贸易的进一步扩展,世界各国开始显示出通过本国的立法来保护本国航运的倾向。

第一次世界大战后,各国对石油的需求迅猛增加,油船运输得到了飞速发展。由于石油运输所具有的量大和液体散装的特定条件,使油船运输有可能并有必要与干货船运输并列,成为不定期运输的一种特殊形态。

1966年4月,美国的海陆运输公司开辟了北美东岸—欧洲的集装箱运输航线。从此,国际海上运输开始进入集装箱运输的新时代。由于集装箱运输具有高效率、优质量和低成本的特点,很快就被许多国家的船公司采用。当前,在世界范围内,包括发展中国家的一些主要班轮航线上,集装箱运输已经逐渐取代传统的普通杂货船运输而成为定期船运输的主要形式。同时,海、陆、空多式联运也得到了更大的发展。

21世纪是海洋的世纪,海洋已经成为人类第二大生存和发展的空间。"谁控制了海洋,谁就控制了贸易,谁就控制了世界的财富,最后也就控制了世界本身",这是英国航海探险家雷利的名言,世界各国未来的竞争将在海洋上展开,国际贸易和大宗货物运输的主通道也只能是海洋。

专题1.2 中国航海的起源与发展

【学习目标】

1. 了解我国航海的起源;
2. 了解我国航海发展的历程;
3. 了解我国当代远洋运输业的建设过程。

我国有漫长的海岸线,仅大陆海岸线就有18 000多千米,又有6 500多个岛屿环列于大陆周围,岛屿海岸线长14 000多千米。海岸线绵延在渤海、黄海、东海、南海的辽阔水域并与世界第一大洋——太平洋紧紧相连,这就为我们的祖先进行海上活动、发展海上交通提供了极为有利的条件。因此,我国的航海有着悠久的历史。

20世纪70年代,我国考古学者在浙江省余姚市的河姆渡遗址中发现了柄叶连体木桨(图1-6),经放射性碳判断,其年代约为公元前5000—公元前3300年,这说明当时我国已有船舶。早在战国时期,我们的祖先就已将指南针用于航海,为世界航海技术的发展做出了重大的贡献。

秦始皇统一六国后,于公元前219—公元前210年,两次派遣方士徐福率男女千人东渡大海"寻仙",是我

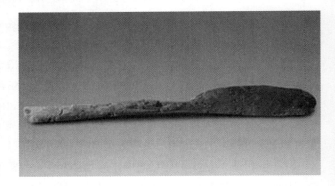

图1-6 河姆渡遗址出土的柄叶连体木桨

国古代航海史上的壮举,表明了中华民族在世界航海领域中所居的光荣和领先的历史地位。徐福是中国第一位有姓名见诸史册的航海家,他第一次率领庞大的中国船队驶向遥远的异域,开辟了中国古代的远洋事业。

随着社会经济的发展,水上运输已逐渐成为我国古代的主要运输方式之一,在两汉时期的航海家就开辟了东至朝鲜和日本、南经已程不(今斯里兰卡)和安息(今伊朗)、西达大秦(古罗马帝国东部)的海上贸易航路,这条航路被后人誉为海上"丝绸之路",为往来学者、使臣和商贾提供了便利,使我国海外贸易远及红海西南沿岸。

唐朝"贞观之治",兴国安邦,政通民富,水运发达,国家设置具有现代海关性质的"市船司"管理对外贸易,并向来往的商船征税,这说明我国当时的海上贸易已很发达。此时航海技术和造船技术都有突破性的发展:海船分成9个水密隔舱,并设置帆和舵利用侧逆风行驶,天文航海学亦得到普遍应用。

宋朝时期,造船业进入蓬勃发展的时代,随着冶铁技术的兴起,造船技术又有了很大的

进步,大型船舶可载五六百人,对于促进海上对外贸易的开展起到了重要的作用。南宋时代,北方被辽、金割据,原来通往国外的陆上交通被切断,于是海上航线就成为当时偏东南地区的宋王朝与西亚等地区进行贸易联系的主要通路,海上运输有了进一步的发展,当时地处我国东南沿海的泉州港已成为世界最大的对外贸易港口之一。

元朝时期,商品经济有了发展,水运交通和海外贸易活跃。1239—1292年,京杭大运河和北洋海漕航线成为南北漕运要道。国际海上贸易也以泉州和广州为主要港口,与东南亚、印度半岛、波斯湾、阿拉伯海和非洲东岸各国往来频繁。

明朝初期,废除元朝的工役制度,生产力进一步解放,造船业得到更大的发展。1405—1433年,曾派三宝太监郑和率领"宝舡六十三号,大者长四十四丈四尺,阔一十八丈;中者长三十七丈,阔一十五丈"(明尺)的庞大船队七次出使"西洋"(明朝时把现今的加里曼丹岛以西的地区称为"西洋",以东的地区称为"东洋"),历时28年,先后到达过30多个国家和地区,最远曾到达非洲东岸、红海和伊斯兰教圣地麦加。郑和每次出航,都有船数十艘,随行人员逾万,并携带大量金银、丝绸、瓷器、铜铁器等物,换回当地的特产如椰子、胡椒、丁香、象牙、苏木以及为帝王采办的珊瑚、宝石、珍奇禽兽等。郑和七下西洋是世界航海史上的伟大壮举,其规模之大、时间之长、范围之广,都是空前的,不但比欧洲几个著名航海家的有名航海事件发生的历史时间早得多,而且其规模更是他们无法比拟的。这充分显示了当时中国在经济、文化、航海、造船方面都居于世界领先地位,使木帆船航运达到鼎盛时期,创造了中国封建时代航海事业的光辉顶点。自此以后我国航海事业则逐渐衰败,其根源在于外患内忧,封建统治者出于政治上的需要,推行"闭关锁国"政策。

从明朝中后期到清朝末期的300余年间,我国海运事业停滞。到了清代,清政府为维护其统治,基本上沿袭明朝的"海禁"政策,其"海禁"竟严酷到"空其地而徙其民,寸板不准下海"。清康熙年间,清政府曾一度宣布废止"海禁"令,并以广州、漳州、宁波、云台山(今江苏连云港市)为对外贸易港口,允许对外贸易,允许外国商船前来交易;在闽、粤、江、浙四省设海关管理来往商船,负责征收赋税。但后来又重申"海禁"令,停止与南洋(指东南亚)的贸易,限制对外贸易,严格管制来中国贸易的外国商船。1757年甚至下令关闭了除广州以外的所有口岸。这种闭关锁国的政策,直到鸦片战争发生都一直没有变化。

1840年鸦片战争爆发,英国用大炮轰开我国的大门,侵略者蜂拥而入,使中国沦为半殖民地。帝国主义列强控制了中国的水运事业,连我国的海关及引航权都掌握在"洋人"手里,使中国有海无防,航权丧失。中国自办的近代轮船运输业始于1893年初(同治十一年十二月十九日)"官督商办"的轮船招商局(1932年改为国营)。它比航运发达国家落后半个多世纪,特别是在不平等条约的羁绊下,发展迟滞。1911年辛亥革命后,孙中山曾在《建国方略》中勾画了水运事业建设蓝图,也因当时的历史原因而无法实现。

中华人民共和国成立以后,党和政府对海运事业十分重视,在恢复和发展我国沿海运输的同时,还致力于我国远洋运输的建设。1950年9月,交通部、外贸部联合在天津建立中国国外运输公司(后改称中国对外贸易运输公司),租用外籍商船开展对外贸易运输。同期,国家采取"争取、团结、扶助"的方针和一系列优惠政策,鼓励海外侨商投身祖国的海运事业,1950年就有21艘共13.04万载重吨的商船参加外贸物资的运输。1951年6月15日,中国和波兰两国政府本着平等、互利、合作的原则,组建了"中波海运公司",后改称为中波轮船股份公司。这是中国第一家中外合资企业,公司股份双方各占一半。组建时有10艘共10万载重吨的远洋运输船舶。在长达1.25万海里的航线上,中、波两国船员冲破国内外的军事骚扰和劫持，坚持外贸物资运输，为发展两国的远洋运输事业和增进友好合作关系做出了贡献，也为后来我国远洋船队的建设奠定了基础。1958年，交通部远洋运输局成立，同时在广州设立交通部远洋运输局驻广州办事处，积极开展工作。1961年4月27日，中国远洋运输总公司成立，这是新中国第一家国际航运企业。同日，也成立了中国远洋运输公司广州分公司（广州远洋运输公司）。翌日，第一艘悬挂五星红旗的"光华"号（图1-7）满载着全国人民的重托，从广州的黄埔港启航，驶往印度尼西亚的雅加达，这标志着新中国远洋船队的诞生并走向世界。1964年4月1日上海成立了上海远洋运输公司，1970年10月1日天津成立了天津远洋运输公司，1976年7月1日青岛成立了青岛远洋运输公司，1978年1月1日大连成立了大连远洋运输公司，这些公司共同肩负着组织对外贸易的海上运输任务。

图1-7 "光华"号

今后，随着我国社会主义现代化经济建设的进程，我国的航海技术将达到一个新的水平，船队规模进一步扩大，船舶的技术装备和经营管理水平将更加现代化，航运将为我国的社会主义现代化建设和对外贸易做出新的、更大的贡献。

专题1.3 航海科学技术的现状

【学习目标】

1. 了解现代船舶发展的方向；
2. 了解船舶导航定位在航海中的作用；
3. 了解航海技术在船舶航行中的作用。

随着全球经济的快速增长和经济一体化进程的加速，海上运输量迅猛增长，日益繁忙的海上交通以及海上人命、财产、环境等因素，促使海上运输船舶向大型化、专业化、快速化、自动化发展，使之成为安全高效的运输工具。

1.3.1 船舶的革命性变化

1. 船舶大型化

在20世纪60年代,1万载重吨的船就可称为"万吨巨轮",2000年年末世界上拥有10万载重吨的超大型油船(VLCC)数百艘,其中包括3艘50万载重吨的特大型(ULCC)油船。目前最大的散货船约为40万载重吨。集装箱船近年来也越来越大,5 000 TEU[①]、6 000 TEU、7 000 TEU和8 000 TEU的集装箱船相继投入使用,9 000 TEU和10 000 TEU及以上的集装箱船亦不鲜见。20世纪90年代后半期,欧美船东不断建造大型豪华邮船,1998—2002年,年均建造13艘,其中多数是14万总吨级船舶。

目前,世界上(吨位)最大的船是825 614总吨的"诺克·耐维斯"号(Knock Nevis)(图1-8),它是一艘新加坡籍、属于超大型原油运输船等级的超级油船,也是世界上最长的船只与最长的人工制造水面漂浮物,船长超过402米,比横躺下来的埃菲尔铁塔还长。

图1-8 "诺克·耐维斯"号

2. 船舶专业化

过去的海洋运输船舶主要是客船、货船和油船。近年来,集装箱船、滚装船(roll-roll)、液化气船(LNG-LPG)、公务船等专业化特种船舶迅速增多。

3. 船舶高速化

为了与高速公路、高速铁路运输竞争,近20年来,速度30节以上的小型高速气垫船、水翼船、水动力船、喷气推进船被快速研制并大量投入使用。当前的集装箱船速度为25~30节,比过去的普通货船大约快一倍。

4. 船舶自动化

20世纪70年代,计算机在船舶上广泛应用,从船舶在机舱设置集中控制室到出现无人值班机舱和驾驶台对主机遥控遥测,船舶机舱自动化成为趋势。1970年日本"星光丸"号竣

---

① TEU是英文twenty-feet equivalewt unit的缩写,通常用来表示船舶装载集装箱的能力,也是集装箱和港口吞吐量的重要统计、换算单位。

工,开创驾机合一的新时代,在当时被称为"超自动化船"。船舶自动化使船舶定员减少约一半,降低了营运成本,也降低了劳动强度。近十年来建造的新型船舶基本上都可称为自动化船舶,其中一部分自动化程度高的船舶被称为"高技术船舶"。船舶自动化从机舱自动化走向了驾驶自动化。

世界主要航海国家正着力研究和开发由综合航行管理系统,最适航路计划系统,自动靠离泊系统,气象海况状态监视系统,装卸系统及船体状态、姿势监视控制系统等组成的高信赖度智能化船舶,随着信息化、自动化和网络技术的不断发展,在不久的将来,船舶定将实现全智能化管理。

1.3.2 航海技术的革命性变化

1. 导航定位技术进步

传统的定位方法主要有陆标定位、天文定位。陆标定位即利用观测陆地目标与本船的方位、距离和方位差等相对位置关系进行定位。沿岸航行时,陆标定位是一种简单、可靠的基本定位方法。天文定位是利用观测天体进行定位,其优点为设备简单、可靠,观测的目标是自然的天体,不受人为控制,不发射任何声、光和电波而且具有隐蔽性等;其缺点为天文航海受自然条件限制,不能全天候导航,必须人工观测,计算烦琐。

当前,传统的陆标定位、天文定位方法已成为特殊情况下的补充手段,无线电导航定位方法经过了无线电测向仪(1921)、雷达(1935)、罗兰A(1943)、台卡(1944)、罗兰C(1958)、卫星导航系统(1964)、全球定位系统(GPS,1993)的发展历程,已进入高精度卫星导航定位时代。船上的导航定位系统是随着电子技术、无线电信息技术的发展而发展的,其发展经历了从单一、低精度到综合、高精度,从近距离、非连续到全球、全天候连续定位的过程。

目前,美国GPS、俄罗斯格洛纳斯(GLONASS)卫星导航系统、欧洲伽利略卫星定位系统以及我国北斗卫星导航系统在全世界范围内的卫星导航系统中占据着主导地位,其可以实现提供时间与空间基础、智能化手段以及与位置相关的实时动态信息的效果,近年来完成了军事、工业以及公共服务等方面的渗透,成为衡量现代化水平的重要标志。

(1)美国GPS

美国GPS是以军用卫星系统为基础逐渐发展而成的综合化卫星导航系统,也是世界范围内发展最早、最成熟的全球卫星导航系统,是基于卫星基础构建而成的无线电导航定位系统,在导航、定位、定时等方面均表现出较为强大、精密的功能。

GPS星座共由24颗卫星组成,包括21颗工作卫星和3颗备用卫星,24颗卫星全部均匀分布在6个轨道面上。GPS采取了一系列优化措施,取得了一定的初步成效。早在2011年,就完成了GPS的卫星星座扩展,完成了调整3颗卫星位置、重新定位3颗卫星的工作,实现了24+3的星座模式,即理想卫星星座构成。这一举措大大拓展了原有系统的影响范围,也提高了卫星的运行效率。2010—2016年,美国曾发送12颗IIF卫星,积极开展导航卫星的退役和增补工作,同时提高了导航信号服务质量。第三代GPS卫星GPS-Ⅲ也正处于研制过程中,GPS-Ⅲ具有更精准、更抗干扰、可互操作的优势。

(2)俄罗斯GLONASS卫星导航系统

俄罗斯GLONASS卫星导航系统的发展过程相对曲折,早在20世纪70年代苏联就已经开始了卫星导航系统的研制,但是随着苏联的解体,俄罗斯早期缺乏雄厚的经济实力,使得其发展受阻。

当前,GLONASS 卫星导航系统采用了 27+3 的卫星构成模式,其中 27 颗卫星为工作星,剩余 3 颗为备份星,共计 30 颗卫星均匀分布在 3 个近圆形的轨道平面上。其地面支持系统所能覆盖的范围限制在俄罗斯本土境内,支持系统主要由系统控制中心、中央同步器、遥测遥控站(含激光跟踪站)和外场导航控制设备组成。

(3)欧洲伽利略卫星定位系统

伽利略卫星定位系统是欧洲范围内完全民用的卫星导航系统,起步于 21 世纪初期,近年来发展势头十分迅猛,整体工作状态良好。系统共计划发射 30 颗卫星,包括 27 颗工作卫星和 3 颗备用卫星,地面建有两大控制站。由于伽利略卫星定位系统是完全民用的一个全球卫星系统,因此与其他系统的显著差别就在于其强大的市场性。

(4)中国北斗卫星导航系统

北斗卫星导航系统(图 1-9)是完全由我国自主研制并开展运行的全球卫星导航系统,是我国科技现代化水平提高的重要标志,它也正向世界范围内具有重要影响力的卫星导航系统发展。其对形成我国卫星导航应用产业的支撑起到了重要作用,且已经实现了多个领域的渗透与推广工作,为国民经济各行业的运转提供了极大便利。

1-1 北斗宣传片

2000 年底,建成北斗一号系统,向中国提供服务,截至 2003 年,北斗一号系统拥有 3 颗卫星,其中 2 颗为工作卫星,剩余 1 颗为备用卫星,系统整体包括地面控制中心、用户端、空间端三大部分。2012 年底,建成北斗二号系统,向亚太地区服务。现阶段,已建成北斗三号基本系统,实现了全球范围内全天候、无缝隙、全时段的即时定位服务。快速定位、短报文通信、精密授时是该系统的三大特点,定位的精度优于 10 米,在亚太

图 1-9 北斗卫星导航系统

区域定位精度优于 5 米,测速精度优于 0.2 米/秒;短报文通信为用户提供了较为便利的汉字信息传送手段,且这一传送手段是双向的;精密授时已经实现了优于 50 纳秒的同步精度。

近年来,北斗卫星导航系统系列卫星的发送拓展了北斗卫星导航系统的运营空间。值得一提的是,具有全球化意义的国际搜救组织标准设备搭载在北斗三号全球卫星导航系统的组网卫星上,实现了全球范围内的遇险报警及精准定位服务。2018 年 12 月,北斗卫星导航系统的服务范围扩展为全球,这标志着北斗卫星导航系统正式进入了全球时代。

2. 识别物标的手段更新

物标判断的正确性和准确性直接关系到避让的有效性和船舶自动化程度。目前,识别物标的手段已从仅凭视觉及听觉、普通雷达、自动雷达标绘仪 ARPA 发展到自动识别系统(AIS)(图 1-10)。

20 世纪七八十年代是雷达、ARPA 发展的黄金时期,几乎全球所有的船舶交通服务(VTS)中心和远洋船舶都安装了雷达、ARPA。雷达、ARPA 比以前所有同类产品性能的确提高了许多,但随着科学的进步,它们的缺点日益突出。一是在恶劣天气下,如大雾、大雪

及暴雨时,在船舶密度大的水域,雷达性能大大降低;二是雷达对物标矢量显示需1~2分钟,稳定矢量显示需3分钟左右,对他船的方位变化只能在他船大幅度转向后1~2分钟才测出,实时性差。于是,在计算机技术和通信技术的推动下,AIS快速发展起来。

AIS是在海上甚高频(VHF)频段,运用自组织时分多址方式发射船舶静态数据(如船名、识别码、船长和船宽等)、动态数据(如船位、船速、航向等)、航行相关信息以及与安全有关的短信息。与雷达、ARPA相比,AIS有如下优点:

图1-10　AIS

(1)信息量大。AIS提供了雷达所不能提供的大量的船舶动态信息,从而节省了自动避碰系统的计算时间和存储容量,同时覆盖水域大大增加,为显示更多的目标信息提供了方便。

(2)信息量来源可靠,没有"误跟踪""丢失率高"的问题。凡是使用过雷达和ARPA的驾驶员都知道,当船舶航行到狭水道或者航道内,船舶密度迅速增加的情况下,ARPA往往出现误跟踪。而使用了AIS之后,信息来源各自独立传送,不会存在这样的问题。

(3)信息精度高,准确性好。AIS的船位数据来源于船上的GPS,而GPS的精度和雷达相比可以说是质的飞跃。

(4)实时、不间断地提供动态信息。AIS可不间断地提供雷达和ARPA所不能提供的目标动向意图信息,如转向率、航迹向等,而这种信息对于自动避碰系统做出建议有极大的帮助。

(5)自主运行,无须人工监视。AIS信息的播发与接收均处于自主状态下,这对于避碰状态下的船舶驾驶员是十分有用的。

3.海图电子化和资料数字化

传统的航海图书资料(如海图、航海通告、无线电信号表、灯标表等)都是用纸张印刷的,通过邮寄分发给各船,修改工作繁杂,延误时间较长且容易出错。由于海图上的资料和数据陈旧而导致海损事故发生的例子数不胜数,纸质印刷海图已不适应船舶自动化和航海智能化的发展要求。

相应地,电子海图显示与信息系统(ECDIS,图1-11)在近十几年研发成功并不断完善。该系统不但能很好地提供纸质印刷海图的有用信息,而且取代了传统的手工海图作业,综合了GPS、ARPA、AIS等各种现代化的导航设备所获得的信息,可使雷达、ARPA的图像与电子海图叠加显示,根据需要可提供分层显示,成为一种集成式

图1-11　ECDIS

的导航信息系统。ECDIS 具有海图显示、计划航线设计、航路监视、危险事件报警、航行记录、海图自动改正等功能，大大提高了航行安全和效率。电子海图与导航等其他系统结合，可实现自动航行，被称为是航海领域的一场技术革命。

随着计算机技术和互联网技术的发展，航海通告潮汐表、灯标表等出现了电子版和网络版。船舶可购买光盘或在网上查询与下载，这有利于航海图书资料中内容的迅速更新，避免了海员对纸质图书资料的手工更正，使用也更加方便。

4. 通信方式自动化

无线电报、无线电话、电传和传真在船上的应用，与船舶采用手旗、灯光进行通信相比已是很大的进步。1957 年第一颗人造卫星升空，拉开了卫星通信的序幕。1979 年国际海事卫星组织（INMARSAT）宣告成立，1982 年开始提供全球海事卫星通信服务，1985 年 INMARSAT 开发航空卫星移动通信业务，1987 年又将业务从海空扩展到陆地，INMARSAT 可以为海陆空提供电话、电传、传真、数据、国际互联网及多媒体通信服务。船舶通信自动化的另一重要标志是船舶使用了全球海上遇险与安全系统（GMDSS），该系统使用 INMARSAT 和 COSPAS – SARSAT 两种卫星通信系统，它实现了船与船、船与岸台全方位、全天候即时沟通信息。一旦发生海上事故，岸上搜救当局及遇难船只或其附近船舶能够迅速获得报警信息，使其能以最小的时间延迟参与搜救行动。GMDSS 还能提供紧急与安全通信业务和海上安全信息的播发，以及进行常规通信。GMDSS 在船上的使用实现了驾驶与通信合一，传统的船舶报务员已被替代。

政府间海事协商组织（现改名为国际海事组织，简称 IMO）于 1976 年 9 月召开会议，通过了《国际海事卫星组织公约》和《国际海事卫星组织业务协定》，于 1979 年 7 月 16 日正式生效。同年 10 月 24—26 日在伦敦召开了国际海事卫星组织第一届全体大会，宣告 INMARSAT 成立，总部设在伦敦。INMARSAT 的主要活动是讨论海事卫星通信的要求，制定地面站和船站接入 INMARSAT 空间段的标准和批准程序，确定空间段方案和卫星轨道，制定财务政策。除了商业服务外，INMARSAT 还提供船舶和飞机的免费 GMDSS 服务，以作为一项公共服务，包括传统的语音通话、低层次的数据追踪系统、高速互联网和其他数据服务以及遇险和安全服务。中国于 1979 年 7 月签署了上述公约和协定，参加了 INMARSAT，并指定北京船舶通信导航公司作为经济实体参加这一组织的经营管理。

5. 航行记录自动化

以前航海日志、车钟记录簿、油类记录簿等均由船员手工分散填写。一旦发生海损事故，记录分散，或当事方经常涂改相关记录，给海事仲裁带来很大的麻烦。航行数据记录仪（VDR，俗称船舶黑匣子，图 1 – 12）诞生后，不会再发生类似情况。VDR 系统由主机、传感器、数据存储器、专用备用电源和回放再现系统组成，可记录时间、船位、速度、艏向、驾驶台声音、通信声音、雷达数据和显示方式选择、测深仪、主报警、操舵命令和响应、轮机命令和响应、船体破口状况、水密和防火门状况、横摇和船体应力、风速和风向等信息。一旦发生碰撞等海损事故，VDR 能回放事故前后的实时记录，再现车、舵、航向、航行轨迹和驾驶台通话等情况，任何想涂改记录的企图都无济于事，可为调查和责任判别提供主要的法律依据。

图 1-12 VDR

专题 1.4 中外航海史的典型事迹

【学习目标】

1. 了解郑和七下西洋的经历;
2. 了解哥伦布西航对于大地球形说的意义;
3. 麦哲伦首次环球航行在地理上的意义。

1.4.1 七下西洋——郑和

1. 第一次下西洋

1405年7月11日(永乐三年六月十五),朱棣命正使郑和(图1-13)、副使王景弘率士兵28 000余人出使西洋。他们从苏州刘家河泛海到福建,再由福建五虎门扬帆,先到占城(今越南中南部地区),后向爪哇方向南航。

1-2 郑和下西洋

1406年6月30日,郑和船队在爪哇三宝垄登陆,进行贸易。当时西爪哇与东爪哇内战,西爪哇灭东爪哇,西爪哇兵杀郑和士兵170人,西王畏惧,献黄金6万两,补偿郑和死难士兵。

随后到三佛齐旧港,当时旧港广东侨领施进卿来报,海盗陈祖义凶横,郑和兴兵剿灭贼党5 000多人,烧贼船10艘,获贼船5艘,生擒海盗陈祖义等贼首。

郑和船队之后到过苏门答腊、满剌加、锡兰(今斯里兰卡)、古里等国家。在古里赐其王国王诰命银印,并起建碑亭,立石碑"去中国十万余里,民物咸若,熙暤同风,刻石于兹,永示万世"。

1407年10月2日(永乐五年九月初二),郑和船队回国,陈祖义等被问斩,施进卿被封为旧港宣慰使,旧港擒贼有功将士获赏。

2. 第二次下西洋

公元1407—1409年(永乐五年至永乐七年),郑和二下西洋。

1407年10月13日(永乐五年九月十三),郑和在回国十几天后,就第二次下西洋了。这次航行主要访问了占城、爪哇、暹罗(今泰国)、满剌加、南巫里、加异勒(今印度南端)、锡兰、柯枝(今印度西南岸柯钦一带)、古里等国。于1409年夏(永乐七年夏七八月间)回国。

郑和专程到锡兰,对锡兰山佛寺进行布施,并立碑为文,以垂永久。碑文中记有"谨以金银织金、纺丝宝幡、香炉花瓶、表里灯烛等物,布施佛寺以充供养,惟世尊鉴之"。此碑于1911年在锡兰岛的迦里镇被发现,现保存于锡兰博物馆中,由汉文、泰米尔文及波斯文所刻,今汉文尚存,是中斯两国友好关系史上的珍贵文物,也是斯里兰卡的国宝。郑和第二次下西洋人数据载有27 000人。

图1-13 郑和

3. 第三次下西洋

1409年10月(永乐七年九月),郑和船队从太仓刘家港启航,姚广孝、费信、马欢等人会同前往,到达越南、马来西亚、印度等地,回国途中访锡兰山,1411年7月6日(永乐九年六月十六)回国。

姚广孝下西洋的史料给另一个关于郑和航海目的的假设提供了佐证。在《大唐西域记》中,明人的注中有这样的记载:"皇帝遣中使太监郑和,奉香花往诣彼国(指锡兰,今斯里兰卡)供养……当就礼,请佛牙(传为释迦牟尼的牙齿,据说释迦牟尼遗体火化后,牙齿完整无损,称为佛牙舍利)至舟,灵异非常,光彩照耀……永乐九年七月初九至京师。皇帝命于皇城内庄严旃檀金刚宝座贮之……"永乐九年正是郑和第三次下西洋期间。

"姚广孝参与了第三次下西洋,迎回了佛牙,这说明第三次下西洋显然是朱棣事先计划好的,否则就不会派出姚广孝这样级别极高的官员。目的也很明确,那就是'迎佛牙'!"有学者如是分析。至于朱棣为什么要派遣船队,不远万里从斯里兰卡迎回佛牙,更有学者指出,这是因为朱棣是篡建文帝的位上台的,他劳师动众迎回佛牙,一个主要用意可能是为了证明他的正统地位,平息民间的不满和反抗情绪。这种做法,前代的帝王就曾经用过。

4. 第四次下西洋

1413年11月(永乐十一年十一月),郑和船队出发,第四次下西洋,随行有通译马欢。他们绕过阿拉伯半岛,首次航行至东非麻林迪,1415年8月20日(永乐十三年七月初八)回国。

1415年11月,麻林迪特使来中国进献"麒麟"(即长颈鹿)。郑和第四次下西洋人数据载有27 670人。

5. 第五次下西洋

1417年6月(永乐十五年五月),郑和船队第五次下西洋,随行有蒲寿庚的后代蒲日和。

他们途经泉州,到达占城、爪哇,最远到达东非木骨都束、卜喇哇、麻林迪等国家,1419年8月8日(永乐十七年七月十七)回国。

6. 第六次下西洋

1421年3月3日(永乐十九年正月三十),郑和船队第六次下西洋,往榜葛剌(今孟加拉)。史载"于镇东洋中,官舟遭大风,掀翻欲溺,舟中喧泣,急叩神求佑,言未毕,……风恬浪静",中道返回,1422年9月2日(永乐二十年八月十八)回国。

1424年(永乐二十二年),朱棣去世,仁宗朱高炽即位,以经济空虚为由下令停止下西洋的行动。

7. 第七次下西洋

1431年1月(宣德五年闰十二月),郑和船队从龙江关(今南京下关)启航,第七次下西洋。返航途中,郑和因劳累过度于1433年(宣德八年)4月初在印度西海岸古里去世,船队由太监王景弘率领返航,于1433年7月22日(宣德八年七月初六)返回南京。郑和第七次下西洋人数据载有27 550人。

据《明史·郑和传》记载,郑和出使过的城市和国家共有36个,包括占城、爪哇、真腊、旧港、暹罗、古里、满剌加、勃泥、苏门答腊、阿鲁、柯枝、大葛兰、小葛兰、西洋琐里、苏禄、加异勒、阿丹、南巫里、甘巴里、兰山、彭亨、急兰丹、忽鲁谟斯、溜山、孙剌、木骨都束、麻林迪、剌撒、祖法儿、竹步、慢八撒、天方、黎代、那孤儿、沙里湾尼(今印度半岛南端)、卜剌哇(今索马里境内),部分专家、学者认为还到过澳大利亚、新西兰和美洲、南极洲等地。福建长乐县是郑和七次下西洋的开洋之地,当年庞大舰队(图1-14)屡次驻扎于此,伺风下海。这里不仅有郑和当年亲自竖立、保存完好的《天妃灵应之记》碑,而且有下西洋影响下形成的"十洋街"。

图1-14 郑和宝船模型

1.4.2 最伟大的航海家——哥伦布

哥伦布(图1-15)一生从事航海活动,先后移居葡萄牙和西班牙,相信大地球形说,认为从欧洲西航可达东方的印度和中国。

1-3 最伟大的航海家——哥伦布

在西班牙国王的支持下,哥伦布先后4次出海远航(1492—1493年,1493—1496年,1498—1500年,1502—1504年),开辟了横渡大西洋到美洲的航路。他先后到达巴哈马群岛、古巴、海地、多米尼加、特立尼达等岛。

在帕里亚湾南岸哥伦布首次登上美洲大陆。他考察了中美洲洪都拉斯到达连湾2 000多千米的海岸线,认识了巴拿马地峡,发现和利用了大西洋低纬度吹东风、较高纬度吹西风的风向变化。他证明了大地球形说的正确性,促进了旧大陆与新大陆的联系。但他误认为到达的新大陆是印度,并称当地人为印第安人。

第一次航行始于1492年8月3日,哥伦布率船员87人,分乘3艘船从西班牙巴罗斯港出发。10月12日他们到达并命名了巴哈马群岛的圣萨尔瓦多岛。10月28日到达古巴岛,哥伦布误认为这就是亚洲大陆。随后他们来到西印度群岛中的伊斯帕尼奥拉岛(今海地岛),在岛的北岸进行了考察。1493年3月15日船队返回西班牙。

第二次航行始于1493年9月25日,哥伦布率船17艘从西班牙加的斯港出发,目的是要到他所谓的亚洲大陆印度建立永久性殖民统治。参加此次航行的有1 500人,其中包括王室官员、技师、工匠和士兵等。1494年2月因粮食短缺等原因,大部分船只和人员返回西班牙。哥伦布率船3艘继续在古巴岛和伊斯帕尼奥拉岛以南水域进行探索"印度大陆"的航

图1-15 哥伦布

行。在这次航行中,哥伦布的船队先后到达了多米尼加岛、背风群岛的安提瓜岛、维尔京群岛以及波多黎各岛,于1496年6月11日回到西班牙。

第三次航行是1498年5月30日开始的。哥伦布率船6艘、船员约200人,由西班牙塞维利亚出发。航行目的是要证实在前两次航行中发现的诸岛之南有一块大陆(即南美洲大陆)的传说。7月31日船队到达南美洲北部的特立尼达岛以及委内瑞拉的帕里亚湾。这是欧洲人首次发现南美洲。此后,哥伦布由于被控告,于1500年10月被国王派去的使者逮捕后解送回西班牙。因各方反对,哥伦布不久获释。

第四次航行始于1502年5月11日,哥伦布率船4艘、船员150人,从加的斯港出发。哥伦布第三次航行的发现已经轰动了葡萄牙和西班牙,许多人认为他所到达的地方并非亚洲,而是一个欧洲人未曾到过的"新世界"。于是斐迪南国王和伊莎贝拉王后命令哥伦布再次出航查明,并寻找新大陆中间通向太平洋的水上通道。船队到达伊斯帕尼奥拉岛后,穿过古巴岛和牙买加岛之间的海域驶向加勒比海西部,然后向南折向东沿洪都拉斯、尼加拉瓜、哥斯达黎加和巴拿马海岸航行了约1 500千米,寻找两大洋之间的通道。哥伦布从印第安人处得知,他正沿着一条隔开两大洋的地峡行驶。由于1艘船在同印第安人冲突中被毁,另3艘船也先后损坏,哥伦布和船员于1503年6月在牙买加弃船登岸,于1504年11月7日返回西班牙。

1.4.3 麦哲伦环球航行——世界航海史上的一大成就

麦哲伦(图1-16)是葡萄牙探险家、航海家、殖民者,为西班牙政府效力探险。1519—1522年9月他率领船队完成环球航行。在环球航行途中,在菲律宾的一次部落冲突中麦哲伦被一位名为拉普拉普的部落酋长杀死。船队在他死后继续向西航行,回到欧洲,完成了人类首次环球航行。

1-4 麦哲伦环球航行

这次环球航行其实是失败之旅,地理上有意义,商业上无利可图。麦哲伦被西班牙当作罪人,受到国王的谴责。但是船上留下了不只一本航海日记,特别是随船有一位威尼斯

人皮加费塔,对沿途的经历记载详细,对麦哲伦崇拜有加,而且还幸运地成为十八好汉中的一位。是他将航海日记在民间出版,后世才有人提出平反,把首次环球航行的功劳记在麦哲伦身上。

【思考题】

1. 古代航海者如何判断船只的航向?
2. 航海的发展对贸易有哪些影响?
3. 我国各朝代的航海特点是什么?
4. "海禁"政策对我国航海发展有何影响?
5. 现代海上运输船舶的发展方向及意义是什么?
6. 郑和七下西洋对我国航海的影响是什么?
7. 哥伦布航行之旅的影响是什么?
8. 讨论麦哲伦首次环球航行的意义。

图1-16 麦哲伦

模块 2　航运业认知

专题 2.1　中外航运业的发展概况

【学习目标】

1. 了解海上运输的特点；
2. 了解新中国航运业的发展历程；
3. 了解世界海运业概况；
4. 了解我国主要航运企业的经营概况。

海上运输,是利用船舶、排筏和其他浮运工具在沿海各港口间运送旅客和货物的运输方式。狭义的海运业是指以船舶等浮运工具为运输手段,提供港到港运输服务的产业。广义的海运业是指通过以海运方式为核心的若干种运输方式,完成"门到门"运输服务的整个产业链,包括托运人至港口、港口至收货人的陆路等运输服务,港口至港口间的海上或内河/沿海运输服务,以及与之相关的码头及其相关业务、货物运输代理、船舶代理等一系列综合性服务。

海运业是我国国民经济重要的基础性和服务性产业,是综合运输体系的重要组成部分,是经济社会发展和对外开放的重要资源。由于世界各地的资源分布不均衡,经济发展水平和消费水平也不平衡,其间差异需通过贸易加以调节。这类贸易活动形成的货流(包括货类、流量和流向)构成对海上运输的需求。海运业提供的船舶运输服务形成海运供给,这种供给配合需求、船货供求结合的活动组成了航运市场。按照运输的对象,航运市场可分成集装箱运输市场、干散货运输市场、油气运输市场、客运市场、特种货物运输市场、散杂货运输市场等专门化市场。

2.1.1　海运业的优势

按照运输区域,海上运输大体可划分为沿海运输、远洋运输。海上运输作为传统且仍处于发展中的运输方式,为我国国民经济和社会发展做出了巨大贡献,在很大程度上保障了国家重点物资的运输,推动了国家经济建设,促进了对外贸易的快速发展。随着我国对外贸易的增长和海上运输的不断发展,海运已经成为一个继公路、铁路、航空、管道等主要运输方式之后国家大力发展的物流渠道。海上运输的优势如下。

1. 单位运输工具的装载量大

在海上运输中,大型原油运输船舶吨位已经超过 50 万载重吨,铁矿石的运输船舶吨位已经超过 40 万载重吨,新一代集装箱船舶载箱量已超过 2 万 TEU。而火车的重载单列载量约 1.5 万载重吨,相比之下,一艘船舶的载货量大大超过了重载火车运量。

2. 运输成本较低

运输船舶吨位较大,其单位货量运输成本远低于铁路、公路以及航空运输,在大宗散货运输中具有明显优势。

3. 对环境影响小

与公路、铁路运输相比,水运对环境的影响最小。根据美国环境保护机构对各种运输方式造成污染的研究分析,公路运输造成的污染在三种运输方式中最为严重,公路运输在可吸入颗粒物的污染方面占71%,在有机化合物污染方面占81%,在氮氧化合物污染方面占83%,在一氧化碳污染方面占94%。飞机造成的铅污染最严重,约占96%。船舶运输除了在可吸入颗粒物的污染方面所占比例为10%左右外,在其他方面如铅污染、有机化合物污染、氮氧化物污染、一氧化碳污染等占比都很小,可以忽略不计。

4. 土地占用少

从世界各国实际看,公路、铁路建设都需占用大量土地(甚至耕地),1 km 高速公路(双向四车道)占地约 4 hm^2,1 km 复线铁路占地约 2 hm^2,而海上运输主要依靠天然河流和海岸线,占用土地较少。有些航道疏浚和码头建设所产生的泥土还可以回填岸线,增加沿岸的可利用土地面积。

2.1.2 世界海运业概况

1. 全球海运贸易量

据联合国贸易和发展会议(UNCTAD)统计,2019 年,全球国际海运贸易量为 110.76 亿吨(约为 1980 年全球国际海运贸易量的 3 倍),其中液体货物 31.69 亿吨,其他货物 79.07 亿吨。1980—2019 年全球国际海运贸易量统计见表 2 – 1。

表 2 – 1　1980—2019 年全球国际海运贸易量　　　　　　　　　　单位:亿吨

年份	液体货物	大宗散货	其他干货	总计
1980	18.71	6.08	12.25	37.04
1990	17.55	9.88	12.65	40.08
2000	21.63	11.86	26.35	59.84
2005	24.22	15.79	31.08	71.09
2010	27.52	22.32	34.23	84.07
2015	29.32	29.30	41.61	100.23
2016	30.58	30.09	42.28	102.95
2017	31.46	31.51	44.19	107.16
2018	32.01	32.15	46.03	110.19
2019	31.69	32.25	46.82	110.76

注:大宗散货包括铁矿石、谷物、煤炭、铝土矿/氧化铝和磷酸盐;其他干货包括小宗散货、集装箱和杂货运输。

数据来源:Review of Maritime Transport 2020。

2. 全球商船队

据航运与物流研究所(ISL)统计,截至2020年年底,全球300总吨以上商船共有56 899艘,运力总计20.33亿载重吨(2015年年底为41 822艘,17.07亿载重吨)。其中,油船船队7.43亿载重吨,占世界商船队总运力的36.6%;干散货船船队8.82亿载重吨,占世界商船队总运力的43.4%;集装箱船船队2.81亿载重吨,占世界商船队总运力的13.8%。全球商船队中,悬挂方便旗的船舶合计15.2亿载重吨,在总运力中占75.5%;全球船队规模排名前10的国家或地区运力之和占世界商船队总运力的71.9%。2020年年底全球船队规模排名前10的国家或地区运力情况见表2-2。

表2-2 2020年年底全球船队规模排名前10的国家或地区运力情况统计

排名	国家或地区	船队总量/百万载重吨	占世界船队比例/%	分船型占世界船队比例/% 油船	分船型占世界船队比例/% 散货船	分船型占世界船队比例/% 集装箱船	本国或地区旗船占比/%	方便旗船占比/%
1	希腊	405.3	20.0	24.3	22.2	9.2	15.2	84.8
2	中国	314.0	15.5	8.7	21.6	15.4	32.2	67.8
3	日本	258.8	12.8	7.9	18.1	8.0	13.7	86.3
4	韩国	88.6	4.4	3.9	5.2	3.3	15.8	84.2
5	德国	85.6	4.2	1.3	2.5	15.9	8.5	91.5
6	挪威	79.6	3.9	5.6	2.7	1.6	22.3	77.7
7	新加坡	62.3	3.1	4.8	1.8	3.3	45.0	55.0
8	美国	57.8	2.9	4.3	2.2	1.2	9.9	90.1
9	中国台湾	53.7	2.7	0.9	3.6	4.6	12.9	87.1
10	意大利	49.1	2.4	2.3	0.9	7.2	18.0	82.0

注:按1 000总吨以上商船计。
数据来源:《2020中国航运发展报告》,截至2020年12月31日。

3. 全球海员队伍

随着世界商船队规模不断扩大,全球海员队伍规模也逐年增大。根据波罗的海国际航运公会(BIMCO)和国际航运公会(ICS)《海上人力资源报告2021》统计,2021年全球持证海员供给量约为1 892 720人,其中高级船员857 540人,普通船员1 035 180人,见表2-3。根据对航运公司的调查,高级船员供给量最大的5个国家分别为菲律宾、中国、乌克兰、印度、俄罗斯。

表2-3 2010年、2015年、2021年全球海员供给人数统计　　　　　　　　　　单位:人

年份	职务类别 高级船员	职务类别 普通船员	总计
2010	624 000	747 000	1 371 000
2015	774 000	873 500	1 647 500
2021	857 540	1 035 180	1 892 720

数据来源:《海上人力资源报告2021》。

2.1.3 中国航运业的发展和概况

1. 中国航运业发展历程

航运事业是一个国家综合国力的体现。中华人民共和国成立以来，我国的航运业经历了从小到大、由弱到强的发展历程。

第二次世界大战结束后，世界形成了美、苏两极对峙的格局，国际社会长期陷入"冷战"状态。中华人民共和国成立后，我国遭遇了以美国为首的西方阵营的全面封锁和压制，政治和经贸活动面临极端困难的被动局面。当时，我国在外交、外贸和海运上所面临的困难集中体现为"南北断航"和"封锁禁运"。

（1）南北断航

从1949年起，台湾当局以金门、马祖等沿海岛屿为基地，对大陆进行种种骚扰和破坏，阻挠大陆的航运和贸易发展。据统计，从1949年8月—1954年10月，通行台湾海峡遭到台湾当局武力拦截、追踪和炮击的中外商船达228艘次，其中被劫持扣留68艘，被击沉8艘，被炮击扫射、骚扰追踪152艘次。中国沿海运输大动脉的南北航线被彻底截断。

（2）封锁禁运

由于意识形态上的对立，以美国为首的西方集团对新中国采取政治上不承认、经济上"封锁"和"禁运"的政策。1950年6月25日朝鲜战争爆发后，美国对中国的"封锁""禁运"步步升级。1950年12月，美国商务部宣布对华禁运；1951年5月18日，在美国操纵下，第五届联合国大会通过了对中国和朝鲜禁航、禁运的第500号（五）决议案。美、英、法、加等国禁止各自注册的船只与中国进行贸易和在中国港口停泊。到1953年3月，对中国禁运的国家达到45个。中国的外贸和航运面临极大的阻碍。

1949年9月—1950年4月，香港招商局17艘海轮先后宣布起义，成功回归祖国的15艘轮船，共计33 700载重吨，后来大部分被调入华南区海运局，成为中华人民共和国成立初期一支重要的水上运输力量。起义归来的700余名招商局海员，大多成为新中国航运事业的技术骨干，为开创和发展新中国的航运事业做出了贡献。

中华人民共和国成立初期，中国海轮吨位在世界船队中的比例还不到0.3%。由于当时历史条件的限制，中国政府一时无力创立自营的远洋运输船队。为了冲破"封锁""禁运"，20世纪50年代初，中国与波兰、捷克斯洛伐克等国家展开海运合作，先后组建了合营的中波轮船股份公司（"简称中波公司"，早期对外名称为"中波海运公司"，1977年1月1日起启用"中波轮船股份公司"）和捷克斯洛伐克国际海运股份公司（简称"捷克公司"）。中波公司、捷克公司合营船队在新中国早期的海运贸易中扮演了重要的角色，为国家的经济建设提供了有力的支持。

在自营远洋运输船队建立之前，中国的外贸物资运输，除了少量由合营及代营船舶承运外，大部分只能由国家支付外汇，租用外轮和海外侨商、港澳华商的商船来完成。为此，1951年5月，经中央人民政府政务院财经委员会主任陈云批准，由原交通部、原贸易部等单位共同组成海外运输管理委员会，下设中国海外运输公司（中国外运股份有限公司的前身），统一掌握海外运输计划及办理对外租船事宜。同年8月1日，为了适应运输生产日益发展的需要，交通部成立了海运管理总局，统一领导并管理全国海洋运输工作。海运管理总局内设远洋运输科，后由于远洋业务的发展改为远洋运输处。

模块2 航运业认知

"一五"(1953—1957年)期间国民经济建设取得显著成就,外贸进出口总额与1952年相比,增长了61.8%。外贸货源剧增,急需大批商船运输,而当时资本主义国家爆发了经济危机,国际航运市场出现萧条局面,致使很多国家的航运界纷纷谋求出路,希望与中国发展海运贸易。1958年2月,考虑到对外贸易逐渐开展,中外合营的海运企业已有一定程度的扩大和发展,原交通部将远洋运输处改组为国际业务局。为加强对远洋运输业务的领导,同年7月,又将国际业务局改为远洋运输局(简称"远洋局"),成为原交通部直接领导下掌管全国远洋运输工作的主管部门。为适应国家对外贸易的发展及与其他国家航运合作的需要,原交通部于1958年9月1日批准成立远洋运输局驻广州办事处,加快了筹建中国远洋运输企业和组建远洋运输船队的步伐。同年11月28日,原交通部又将招商局划归远洋运输局直接领导。

1959年12月,印度尼西亚当局掀起了严重"反华""排华"政治事件,国务院副总理兼外交部部长陈毅代表中国政府发表声明,就印尼当局的"反华"行径提出抗议,并宣布将分期、分批接运自愿归国的印尼华侨。远洋局驻广州办事处承担了租船接侨的具体管理工作。当时中国没有远洋船舶,只能花高价先后租用了10余艘苏联以及侨商、华商的船只接侨。由于租船不好管理,于是远洋局建议用接侨租船款购买2艘二手客船自行管理。经国务院批准后,原交通部远洋局及驻广州办事处立即着手筹建中国远洋运输公司,并把远洋开航的准备工作和接侨工作紧密结合起来。

1961年3月2日,经国务院外事办公室批准,新中国第一家国营的国际远洋运输企业——中国远洋运输公司(简称"中远")于1961年4月27日宣布成立。同日,中国远洋运输公司广州分公司成立,公司成立时共有4艘船舶,总计2.26万载重吨。4艘船分别为"和平"号和"友谊"号,以及委托捷克公司购买的"光华"号和"新华"号。中远广州分公司由远洋局驻广州办事处发展而成,对内保留办事处名称至1965年10月。中国远洋运输公司的成立,揭开了我国国际航运发展史上崭新的篇章,为我国航运业向国际化发展奠定了坚实的基础。

1975年,我国远洋船队已有船舶330艘,总运动已达538万载重吨。到1976年,我国远洋船队的承运量已占外贸运输中我方派船运输量的70%,基本结束了长期以来依赖租用外轮的历史,为全面振兴中国的国际海运事业和对外贸易事业打下了坚实的基础。

党的十一届三中全会以来,中国的经济体制发生了重大而深刻的变革,给中国的经济建设和社会发展带来了无限的生机及活力,使我国的国民经济和对外贸易取得了持续、快速的发展。中国的航运业以建设统一开放、竞争有序的航运市场为目标,不断深化改革,积极对外开放,使我国的航运事业得以迅速发展。

1992年12月25日,"中国远洋运输总公司"更名为"中国远洋运输(集团)总公司"。

1997年7月1日,中国海运(集团)总公司在上海海运(集团)公司、广州海运(集团)有限公司、大连海运(集团)公司、中国海员对外技术服务公司和中交船业公司5家原交通部直属企业的基础上组建成立,总部设在上海。

2015年12月,经国务院批准,中国外运长航(集团)有限公司整体并入招商局集团。截至2017年年底,招商局集团航运业务船队总运力达3 295万载重吨,排名世界第三。

2016年2月18日,中国远洋海运集团有限公司由原中国远洋运输(集团)总公司与中国海运(集团)总公司重组成立,是由中央人民政府直接管理、涉及国计民生和国民经济命脉的特大型中央企业,总部设在上海。中国远洋海运集团有限公司完善的全球化服务铸就了网络服务优势与品牌优势,其码头、物流、航运金融、修造船等上下游产业形成了较为完整的产业结构体系。

2. 中国海运业概况

(1)海运贸易量

根据《2020 中国航运发展报告》,2020 年全国港口完成外贸货物吞吐量 44.96 亿吨,在全球货物吞吐量排名前 10 位的港口中中国占第 8 席,排名前 20 位的港口中中国占第 15 席(2015 年分别占第 7 席和第 13 席)。2020 年我国铁矿石海上进口量为 11.70 亿吨,约占世界铁矿石海运量的 76.2%;煤炭海上进口量 3.04 亿吨,约占世界煤炭海运量的 20.4%;大豆进口量为 1 亿吨,约占世界大豆海运量的 60%;原油进口量 5.42 亿吨,约占世界原油海运量的 26.6%;全国港口完成国际航线集装箱吞吐量 1.266 5 亿 TEU,相较于 2015 年(1.092 1 亿 TEU)增长了 15.97%。

(2)海洋运输船队

2020 年底,我国共有远洋运输船舶 1 499 艘、净载重量 5 457.30 万吨,沿海运输船舶 10 352 艘、净载重量 7 929.83 万吨。其中远洋运输船舶的平均载重量为 36 406 吨,沿海运输船舶的平均载重量为 7 660 吨,分别是 2001 年的 4 倍和 6.7 倍,船舶大型化趋势明显。近 20 年我国海运船队数量和运力变化见表 2-4。

表 2-4 2001—2020 年中国海运船队数量和运力变化

年份	沿海运输船舶 数量/艘	沿海运输船舶 总运力/万载重吨	沿海运输船舶 平均载重量/吨	远洋运输船舶 数量/艘	远洋运输船舶 总运力/万载重吨	远洋运输船舶 平均载重量/吨
2001	8 073	918.1	1 137	2 645	2 385.72	9 020
2005	9 409	2 047.76	2 229	2 082	3 649.40	17 528
2010	10 473	4 978.87	4 754	2 213	5 626.13	25 410
2015	10 721	6 857.99	6 397	2 689	7 892.29	29 350
2016	10 513	6 739.15	6 410	2 409	6 522.76	27 077
2017	10 318	7 044.41	6 827	2 306	5 457.50	23 667
2018	10 379	6 885.06	6 622	2 251	5 314.73	23 611
2019	10 364	7 079.98	6 831	1 664	5 524.91	33 203
2020	10 352	7 929.83	7 660	1 499	5 457.30	36 406

数据来源:根据我国《交通运输行业发展统计公报》(2001—2020 年)整理。

2020 年底,中国主要航运企业经营的国际航运船队规模见表 2-5,中国主要航运企业经营的国内沿海船队规模见表 2-6。

模块2　航运业认知

表2-5　2020年中国主要航运企业经营的国际航运船队规模

排名	企业名称	数量/艘	总运力/万载重吨
1	中国远洋海运集团有限公司	898	8 977.0
2	招商局集团有限公司	256	3 947.7
3	山东海运股份有限公司	48	697.2
4	海丰国际控股有限公司	97	219.5
5	青岛洲际之星船务有限公司	30	178.1
6	南京远洋运输股份有限公司	22	120.0
7	上海瑞宁航运有限公司	11	118.0
8	福建国航远洋运输(集团)股份有限公司	15	110.6
9	江苏远洋运输有限公司	26	98.7
10	福建省港口集团有限责任公司	19	95.6

注：总运力中不含内外贸兼营船舶。
资料来源：《2020中国航运发展报告》。

表2-6　2020年中国主要航运企业经营的国内沿海船队规模

排名	企业名称	数量/艘	总运力/万载重吨
1	中国远洋海运集团有限公司	489	2 161.0
2	招商局集团有限公司	110	282.9
3	上海中谷物流股份有限公司	115	270.1
4	福建国航远洋运输(集团)股份有限公司	41	243.2
5	神华中海航运有限公司	40	218.0
6	上海时代航运有限公司	28	166.2
7	宁波海运股份有限公司	33	164.2
8	广东粤电航运有限公司	20	140.0
9	福建省港口集团有限责任公司	41	137.4
10	岱山中昌海运有限公司	23	116.8

注：总运力中包含内外贸兼营船舶。
资料来源：《2020中国航运发展报告》。

(3)高级海员队伍

根据交通运输部发布的《2020年中国船员发展报告》统计，截至2020年底，我国持有国际航行海船适任证书的船员共计269 995人，同比增长4.1%，其中船长17 256人，其他高级船员91 835人；持有沿海航行海船适任证书的船员共计169 685人，同比增长6.7%，其中船长17 696人，其他高级船员65 786人。2020年我国持有500总吨或主推进动力装置750千瓦及以上海船适任证书的高级船员人数及活跃情况见表2-7。

· 25 ·

表 2-7　2020 年我国持有 500 总吨或 750 千瓦及以上海船适任证书的高级船员人数及活跃情况

等级	持有国际航行海船适任证书			持有沿海航行海船适任证书		
	职务	人数	活跃人数	职务	人数	活跃人数
500 总吨及以上	船长	17 256	13 518	船长	12 269	11 030
	大副	12 035	10 635	大副	8 788	8 251
	二副	16 631	13 869	二副	11 043	10 052
	三副	11 455	7 498	三副	2 015	1 569
750 千瓦及以上	轮机长	17 117	13 137	轮机长	10 881	9 626
	大管轮	10 668	9 623	大管轮	6 854	6 500
	二管轮	15 186	12 400	二管轮	8 929	7 868
	三管轮	8 743	5 291	三管轮	2 976	2 117

2.1.4　近代航运业风云人物

1. "现代郑和"——董浩云

董浩云(1912—1982),男,浙江舟山人,中国东方海外货柜航运公司创办人,中国现代航运先驱,"世界七大船王"之一,被誉为"现代郑和"。

2-1　"现代郑和"——董浩云

1927 年 10 月,董浩云中学毕业后考入航运业训练班,1928 年到天津航运公司当职员,后逐步升任为常务董事,踏上了经营航运业的生涯。他靠"勇于竞争,大胆创业"的精神,几经努力,开创了中国、亚洲和世界航运史上的多项"第一",因而享有"现代郑和"的美誉。他拥有各种船只 149 艘,达 1 100 总吨,是世界"风流船王"奥纳西斯的近一倍;虽不及"世界船王"包玉刚的环球航运集团股份有限公司多,但其船舶的种类之多、单船吨位之大、机械设备之新,均超过环球航运集团股份有限公司。

2. 世界船王——包玉刚

包玉刚(1918 年 11 月 10 日—1991 年 9 月 23 日),名起然,浙江宁波人,华人世界船王。

2-2　世界船王——包玉刚

包玉刚早年入上海中兴学堂,后入吴淞商船专科学校。他 1937 年辍学,供职中央信托局衡阳办事处,任中国工矿银行衡阳分行副经理,不久,任中国工矿银行重庆分行经理。抗日战争胜利后,包玉刚改任上海市银行业务部经理,1946 年任副总经理兼业务部经理。1949 年初至香港,与人合资开设华人行,经营进口贸易,为内地装运进口钢材、棉花、药品等紧缺物资。1955 年创设环球有限公司,经营印度至日本间煤炭运输。次年埃及收回苏伊士运河为国有,运费大涨,包玉刚获资甚丰,于是购置新船,扩展业务。之后与日本造船业、金融业、香港汇丰银行等合作,渐著声航运界。1967 年中东战争石油危机中他扩大船队,1970 年将公司更名为环球航运集团股份有限公司,1972 年创设环球国际金融有限公司,任董事会主席。

1978 年,包玉刚的海上王国达到了顶峰,稳坐世界七大船王第一把交椅,香港十大财团之一。至1981年底,他拥有船只210艘,运力达2 100万载重吨,睥睨群雄。美国《财富》和《新闻周刊》两大杂志把他称为"海上的统治者"和"海上之王"。之后他又于纽约、伦敦、东京等地设立10多家子公司、代理公司,还兼营地产、码头仓储、公共交通等业务,历任国际独立油轮船东协会、亚洲航业有限公司、世界航运及投资公司、世界海事及陆丰国际(投资)公司主席等职。1976年包玉刚被英国女王授予爵士,被比利时国王、巴拿马总统及日本天皇授予勋章、奖章。

3. 航运传奇——赵锡成

2-3 航运传奇——赵锡成

赵锡成,1928年出生于上海嘉定,美籍华人,现任美国福茂集团董事长,主要经营航运、贸易及财务等业务。赵锡成先生于1946年考入交通大学(西安交大、上海交大前身)航政系,毕业后赴美。1949年在国内修毕航海专业课程后,上船实习。因本人认真好学,很快得到晋升的机会。到20世纪50年代中期,赵锡成从三副、二副、大副升至轮轮船长,为当时最年轻的远洋轮轮船长。1958年,他参加台湾考试主管部门举办的甲级船长特种考试,成绩斐然,打破中国历来考试记录,被誉为中国首任"船长状元",后被公司派到美国继续深造。

20世纪80年代末期,中国造船业面临新船订单严重不足的情况,赵锡成成为第一个向中国签约购买散装货轮的美国航运企业家,为中国造船业走进发达国家阵营、走向国际起到关键的作用。他回忆说,当时中国改革开放刚刚起步,造船业处于历史最困难时期,虽价格稍廉,但工业和技术基础,尤其工艺上难与先进国家匹敌。"身为华裔,理应助一臂之力"。在牵头帮助中国造船业走向国际,中国造船业不断走向强大的过程中,赵锡成对中国造船业的支持一直有增无减,除了广泛介绍客户,扩大中国造船业的国际影响外,他还多次在中国造船业最需要的时候毫不犹豫地出手相助,成为在关键时刻支持中国造船业的国际航运企业家,并通过自己的影响,增进国际业界对中国的信心。

从1988年至1999年的11年间,他担任中国五大交通大学在美洲的校友总会的董事长。在1981年,被美国纽约圣若望大学列入名人堂;1988年,被大连海运学院聘为荣誉教授;1992年,被美国尼亚加拉大学颁授荣誉法学博士;1993年,被上海交通大学聘为荣誉校董事会成员;1996年,被上海海事大学聘为名誉教授及商船学院荣誉院长;1999年,被聘为中国武汉市政府特别顾问;2004年5月,在美国纽约被联合国列入"国际航运名人堂";2005年5月,在美国纽约爱丽斯岛,被授予"杰出移民"奖;8月,又接受《星岛日报》颁发的"终生成就奖";12月,又接受亚裔就业服务工商协会颁发的"杰出成就奖"。2013年5月,赵锡成和女儿赵小兰共同获颁"2013年怀海德社会事业奖"。

此外,赵锡成还与夫人朱木兰女士一起在中国创立"木兰奖学金",主要奖励航海、轮机专业品学兼优的学生,至今共有2 400名大学生获得该奖学金。

专题 2.2 航海类专业教育现状

【学习目标】

1. 理解高等航海教育的双重属性；
2. 了解航海教育在航运业发展中的作用；
3. 了解我国航海教育发展的历程。

2.2.1 高等航海教育的双重属性

航海类专业属工程教育的范畴,教育内容决定了高等航海教育是与行业结合相当紧密的教育,它兼具普通高等教育和高等职业教育的双重属性。普通高等教育的属性主要表现在通过三或四年的教育,学生可获得相应工科大学生的能力培养,毕业时能拿到本专科毕业证书及相应学士学位证书;该过程遵循国家高等教育规律,受到国家教育行政管理机关的控制。高等职业教育的属性主要表现是贯穿整个在校期间,学生可获得航海行业从业所需职业素质及相关证书培养,经过国家行业管理机关(各级海事局)考试可获得相关证书,且该证书国际通用;学生入校取得学籍后即需报国家海事管理机关备案,整个教育过程需遵守航海行业相关规定,受国家海事管理机关全程监控。

航海教育是提供航海人才的重要途径。随着全球经济一体化进程的不断加快,海上运输业近年来得到空前发展,其行业特点也发生了很大的变化。其主要特点是:以提高海运载货能力和效率为目的的海运国际化;以提高运输效率为目的的多式联运化;以提高航运效率、保证航运安全和海洋清洁、降低劳动强度为目的的船舶高科技化。国际海运业的这些变化,必然要引起航运人才所必须具备的知识结构、能力结构的变化。这就对航海教育提出了更高的要求,需要培养掌握扎实的航海专业技能,熟悉国际法规、国际惯例,善于经营管理,具有较强的实际动手能力、外语应用能力、主动适应社会能力、新知识新技术的学习能力,并具有吃苦耐劳精神和创新精神,具备海洋安全意识、环保意识和可持续发展意识的新一代海员。

2.2.2 航海教育在航运业发展中的重要作用

随着全球经济一体化进程的不断加快,我国航运业得到了长足的发展,成为国民经济的支柱产业之一,发展以人为本,航运业所拥有的人力资源越来越成为企业生存、行业发展的决定性因素。但我国航运业人力资源从总体上还不能满足我国航运业快速发展的需要。究其原因,一方面,随着知识经济的到来,知识更新的速度大为加快,原有人力资源总体水平不高,难以满足航运业快速发展的需要;另一方面,从航运业人力资源总量上看,也不能满足建设航运强国的要求。因此,航海教育在航运业发展中起着尤为重要的作用,建立一支适应航运业发展的人力资源队伍刻不容缓。

作为为国内外航运业提供专门人才的我国航海教育机构,改革开放以来得到了长足的进步,为我国的海上交通运输事业培养了大量人才,做出了积极贡献。在航海专门人才培养方面,我国航海专门人才的培养数量世界第一,质量也基本达到世界先进水平。如今,国内航海院校不仅与美国、俄罗斯、土耳其、埃及和德国等国家的世界知名航海学府开展师资互换、学生交流等合作,还与斯里兰卡、坦桑尼亚等国合作办学,按照中国航海教育模式和体系制定标准,帮助他们培养高等航海人才,实现了真正意义上的高等航海教育输出,显示了中国航海在国际高等航海教育界的地位和实力,说明了中国航海教育事业取得的举世瞩目的成绩得到了世界同行的高度认同。

但是,目前世界经济结构和国际贸易结构正在发生着深刻的变化,我国航海教育的现状与国际经济竞争的需求和国内外航运发展的迫切需要相比,已经相对滞后。同时,由于航海教育本身的特殊性,航海教育的改革和发展要遵循《1978年海员培训、发证和值班标准国际公约》(STCW公约)的要求,国际航运中心及国际航运人才市场的东移给我国航海教育的发展带来很大的挑战,STCW公约马尼拉修正案于2012年1月1日正式生效,这些变化不仅对我国航海教育提出了更高的要求,也给我国航海教育的快速发展提供了良好的机遇。

1. 航运业发展对航运人才培养提出新要求

近年来,随着世界经济的高速发展和STCW公约马尼拉修正案的正式生效,国际航海培训和船员劳务市场也产生了不少新变化,国际航运业在人才需求方面呈现以下特点。

(1) 航运人才短缺

随着人们工作和生活观念的改变,航海人员在海上工作的实际时间大大缩短,航运技术人才流失比较严重,尤其是高级航运人才出现世界性短缺,后继乏人。

(2) 具有高素质的航运人才需求看涨

现代航运业的基本特征主要表现为技术密集和资金密集两大方面。同时,由于船舶的大型化和高度自动化,对航运人才提出了更高的要求,需要船员的整体素质有一个较大幅度的提高。

(3) 世界航运人才的重心出现东移

世界经济高速发展的重心从西方逐步移向东方,以及西方发达国家的船员喜欢岸上优越的工作、生活环境,不愿再从事艰苦而有风险的航海业,导致航海教育萎缩,航海教育重心出现东移,世界航运人才的重心由发达国家转向发展中国家。

(4) STCW公约马尼拉修正案对船员培训及海上安全等提出新的要求

随着全球一体化的进程,船舶也朝着大型化、快速化、专业化和现代化的方向发展,全球对海洋环境保护更重视,包括IT技术在内的新技术的应用越来越广泛,船员所需掌握的知识和技能也随之逐渐变化。STCW公约马尼拉修正案对船员的任职岗位、航区、等级、有效期、适用限制、取得证书的条件等方面做出了较大调整,也提出了具体的要求。

(5) 有些劳务输出国的航海教育条件不能满足国际公约的要求

目前,亚太地区是船员劳务输出的主要地区,劳务输出大多集中在菲律宾、印度、中国、巴基斯坦、斯里兰卡、缅甸、越南等发展中国家。虽然亚太地区的一些劳务输出国劳动力廉价,但国际航运业的发展变化对相应人才的培养提出了更高的要求,今后船员的整体素质要有一个较大幅度的提高。而有些劳务输出国的船员培训和航海高等教育的条件不能满足国际公约的新要求,因此一部分输出国将被淘汰,船员输出的形式将发生新的变化,国际航运市场和人才市场也会随之发生较大的变化。

由以上五大特点可以看出,航运人才的培养在整个航运业的发展过程中的重要作用和地位。

2. 加强航运人才培养的重要性

为适应国际航运新形势的发展变化,我国更需要尽快加强航运人才的培养,其重要性体现在如下几方面。

(1)我国庞大的船队需要大量高素质的航运人才。我国是一个发展中国家,也是一个航运大国。航运作为我国交通运输业的重要组成部分,在国民经济的发展中占有重要地位。目前我国航运业已担负着93%的对外贸易运输任务,因此需要在国际上具有一定的竞争能力。为提高国际竞争能力,航运业将由单一性航运经营转向以航运为主的多元化经营,我国应努力发展陆上产业,更新船舶和优化船队结构,向船舶的大型化和现代化方向发展,以占领国际航运市场;随着世界航运劳务市场的东移,我国应采取相应对策,努力占领世界航运人才市场。要提高国际竞争能力,就必须实现以上这些转变,全面提高航运人才的整体素质。

(2)船员劳务输出需要在国际上具有竞争力的航运人才。我国不仅是航运大国,同时也是世界船员劳务主要输出国;不仅庞大的船队需要在国际上具有竞争能力,而且航海技术人才资源也需要在国际上具有竞争力。随着国际航运人才的需求变化,国内的航运市场和人才市场也将发生巨大的变化。因此,改进航海教育体制,提高航海教育质量和加强航运人才的培养已迫在眉睫。

(3)国际化对航运人才的培养提出了新的要求。我国有比较完善的航海教育体系,拥有多所航海高等教育院校和很多船员培训基地,国际船东们对我国航海教育给予了高度评价和关注,因此我们有责任提高航海教育质量和扩大航运人才培养容量。我国航运人才的培养不仅要满足国内航运企业的需要,而且应该向世界输送国际海员,使我国在若干年后真正成为主要的国际船员输出国。

(4)我国加入世界贸易组织(WTO)意味着市场更大的开放,转型发展意味着更多的机会,外国公司来华投资将掀起新一轮高潮。

我国迫切需要一大批航运人才,高层次、复合型的专业人才的业务量将会发生超越常规的重大突破,一大批相关机构的业务量也将有超常规增长(如船舶代理、货运代理、仓储、集疏运、修造船、海事案件、检验检疫等),由此将造成对各类专业人才需求数量的激增,这样也必然会要求引进更多先进的科学技术和管理经验,来培养更高水平、更高质量的专业人才以满足社会需求。因此,我们需要不断加强对航运人才的培养,以促进我国航运业的高速发展。

综上所述,随着世界经济格局的变化,高级航运人才出现世界性短缺,国际航运人才及市场向东方转移,STCW公约马尼拉修正案的通过促使现代航运业对航运高级人才的素质提出了新的要求。抓住发展我国航运教育机遇的关键是提高人才质量,未来我国高级船员将由低航海技术型人才向高新航海技术型人才转变,由航海技能型人才向"航海技能+管理+经营"型人才转变,由数量需求增长向质量提高方向转变,由单一专业型人才向多功能复合型人才转变,由封闭型人才向参与国际航运竞争的开放型人才转变。为此,我国今后的航海教育必须面向国际需要、面向未来发展。根据航海技术发展需要,积极改革航海教育模式、教育内涵及考试发证管理体系,努力发展现代化的航海教育,这不仅为我国发展航

模块2 航运业认知

海高等教育和国际海员输出提供了良好的机遇,同时也对其提出了新的挑战。面对当前世界经济发展和我国已加入 WTO 的新形势,抓住契机,全面与国际公约接轨,使各类航海技术人才的培养标准至少符合国际公约的最低要求,适时把握住这个契机,将大大促进我国航运业的发展。

2.2.3 我国航海教育的发展

中国自 1840 年鸦片战争后曾一度沦为半殖民地国家,当时的一些爱国实业人士面对列强掠夺而导致的航政、航行主权丧失的局面,纷纷提出维护航海主权、培养航政人才的主张。

1896 年 3 月,清政府邮传部大臣盛宣怀经奏准在上海设立南洋公学(交通大学前身)。

1897 年,南洋公学颁布《南洋公学章程》,后更名为"上海高等实业学堂"。

1903 年,实业家张謇考察了日本航海及渔业情况后认为"一国渔业和航政的范围到哪里,就是国家的航海主权在哪里",而"维护航海主权要先造就航政人才,大则可以建设海军,小则可以驾驶商船"。可见,20 世纪初,我国的有识之士就已经意识到培养航海人才与国家主权及国家安全的关系。

1909 年,邮传部上海高等实业学堂开设航海科(船政科),至此中国现代航海教育扬帆起航,这一年也成了中国现代航海教育的元年。

1911 年,邮传部决定于上海吴淞炮台湾创建商船学校,并电令唐文治操办。8 月,上海吴淞炮台湾校舍建成,该校定名为"邮传部高等商船学堂",仍由邮传部上海高等实业学堂管理,学堂监督由唐文治兼任,聘夏孙鹏为教务长,邮传部上海高等实业学堂船政科划归邮传部高等商船学堂,由此诞生了中国历史上第一所高等航海学府。

1912 年 1 月,邮传部上海高等商船学堂改由国民政府交通部直辖,易名为"吴淞商船学校",唐文治任校长(同年邮传部上海高等实业学堂也改由国民政府交通部直辖,唐文治任校长)。3 月,国民政府交通部任命原清末筹备海军大臣、海军提督萨镇冰为吴淞商船学校校长。

1915 年,吴淞商船学校奉国民政府之命停办,全部校舍、实习船及书籍、仪器等由海军部接收,开办海军学校。

1920 年,爱国侨领陈嘉庚先生在厦门创办了集美学校水产科。

1928 年 3 月,国民政府交通部决定收回吴淞商船学校校舍,筹备恢复吴淞商船学校,交通部令派员组成吴淞商船学校复校筹委会,由杨志雄筹备复校事宜。

1929 年 9 月 1 日,吴淞商船学校正式复校,定校名为"交通部吴淞商船专科学校",校长由交通部部长王伯群兼任,杨志雄任副校长,主持日常校务,校舍仍为原吴淞商船学校校舍。

1937 年,日寇入侵我国,抗日战争爆发,在"八・一三"淞沪战役中,交通部吴淞商船专科学校校舍被炮火摧毁,学校被迫停办。

1939 年 6 月,国民政府国防最高会议教育专门委员会决定在重庆恢复吴淞商船专科学校,改成国立重庆商船专科学校,隶属教育部。

1943 年,部分师生因对校长宋建勋不满,掀起学潮,国民政府教育部于同年 5 月 8 日下令国立重庆商船专科学校解散。此事不仅引起了学校师生的强烈不满,也引起社会各界的关注。在社会舆论的压力下,教育部在同年 6 月又不得不下令将学校归并国立重庆交通

· 31 ·

大学。

1946年2月,国民政府教育部决定在上海恢复吴淞商船专科学校,10月14日,国立吴淞商船专科学校在上海东长治路505号正式开学。

1949年6月,华东军政委员会教育部接管吴淞商船专科学校。军代表杨西光到校组建了校委员会,并指定曹冲渊教授代理校务。

1950年3月,吴淞商船专科学校改由华东军政委员会财经接管委员会航运处和中央人民政府交通部领导,并于3月28日组成校务委员会领导全校工作,华东交通部副部长、招商局军事总代表于眉为主任委员,金月石、冈森、曹冲渊为副主任委员。9月12日,吴淞商船专科学校与上海交通大学航业管理系正式合并(全国院系大调整),成立上海航务学院。

1950年,东北商船专科学校升格改名为"东北航海学院",由交通部领导。

1953年,上海航务学院、东北航海学院、福建航海专科学校正式合并,成立大连海运学院,选址大连市凌水河畔,由交通部领导。

1959年,交通部在上海组建上海海运学院。

1989年5月,经国家教委批准集美航海学校升格为集美航海学院,1994年10月并入集美大学。

1992年,武汉河运专科学校并入武汉水运工程学院。

1993年,成立武汉交通科技大学,下设航海分院。

1993年,大连海运学院改名为大连海事大学。

2000年5月,武汉交通科技大学、武汉工业大学与武汉汽车工业大学合并,组建武汉理工大学。

2000年,上海海运学院实行由上海市和交通部共建,以上海市管理为主的体制。

2004年5月,教育部批准上海海运学院更名为"上海海事大学"。

纵观我国航海教育管理体制的历史沿革,不难看出从21世纪初开始,航海教育与国家主权及国家安全、国家航运业发展的内在联系就已被人们所认知。在近一个世纪漫长的岁月中,尽管时代变迁,物换星移,但我国的航海高等教育却始终是由中央政府直接控制,即使是在当年私立学校如云的上海,也不例外。

专题2.3 国内外知名航海院校介绍

【学习目标】

1. 了解我国主要航海院校;
2. 了解世界知名航海院校。

2.3.1 国内高等航海院校

1. 大连海事大学

大连海事大学是交通运输部所属的全国重点大学,是国家世界一流学科建设高校、国家"211工程"建设高校,是交通运输部、教育部、原国家海洋局、辽宁省人民政府、大连市人民政府共建高校。学校是中国著名的高等航海学府,有"航海家的摇篮"之称,是被国际海事组织认定的世界上少数几所"享有国际盛誉"的海事院校之一,是国际海事大学联合会成员。入选高等学校学科创新引智计划、卓越工程师教育培养计划、卓越法律人才教育培养计划、国家建设高水平大学公派研究生项目、中国政府奖学金来华留学生接收院校、国家大学生创新创业训练计划、国家级国际科技合作基地、全国中小学生研学实践教育基地。

2-4 大连海事大学宣传片

大连海事大学源于1909年设立的邮传部上海高等实业学堂船政科,系晚清至中华人民共和国成立40余年间中国仅有的三所海运高等院校合并而成。并校近70年来,学校为国家培养了各类高级专业技术人才十万余名,其中大多数成为我国航运事业的骨干力量。

至2020年12月,学校占地面积136万平方米,校舍建筑面积90万平方米。学校拥有设施和功能齐全的航海类专业教学实验楼群、航海训练与研究中心、水上求生训练馆、教学港池、图书馆、游泳馆、天象馆等;拥有航海模拟实验室、轮机模拟实验室等100余个教学科研实验室,拥有2艘远洋教学实习船。

2. 武汉理工大学

武汉理工大学是教育部直属全国重点大学,首批国家世界一流学科建设高校,首批国家"211工程"建设高校,由教育部和交通运输部、原国家国防科技工业局共建,入选"985工程"优势学科创新平台、"111计划"、卓越工程师教育培养计划、国家建设高水平大学公派研究生项目、新工科研究与实践项目、中国政府奖学金来华留学生接收院校、国家大学生文化素质教育基地。

2-5 武汉理工大学宣传片

武汉理工大学起源于1898年湖广总督张之洞奏请清政府创办的湖北工艺学堂,2000年5月27日由武汉工业大学、武汉交通科技大学、武汉汽车工业大学合并组建。武汉工业大学源于1948年的中国人民解放军东北军区军工部工业专门学校,历经传承与发展,1985年更名为武汉工业大学,1998年由原国家建筑材料工业局所属划转为教育部主管。武汉交通科技大学源于1946年的国立海事职业学校,历经传承与发展,1993年更名为武汉交通科技大学,隶属原交通部。武汉汽车工业大学源于1958年的武汉工学院,历经传承与发展,1995年更名为武汉汽车工业大学,隶属原中国汽车工业总公司。

截至2021年3月,学校有马房山校区、余家头校区和南湖校区,占地近270万平方米,总建筑面积186.1万平方米;设有25个学院(部),96个本科专业;拥有博士后科研流动站17个,一级学科博士点19个,一级学科硕士点45个,硕士专业学位授权类别22个,硕士专业学位授权领域39个。

3. 上海海事大学

上海海事大学是一所以航运、物流、海洋为特色学科,兼有工、管、经、法、文、理、艺等学科门类的综合大学。

2-6 上海海事大学宣传片

学校前身为创建于1909年7月的晚清邮传部上海高等实业学堂船政科,为中国高等航海教育发祥地,历经邮传部高等商船学堂、交通部吴淞商船专科学校、国立重庆商船专科学校、上海航务学院时期,伴随历史变迁,曾一度停办,最终于抗日战争胜利后在沪第三次复校。1958年交通部决定在上海恢复上海航务学院建制,1959年9月正式开学,并命名为上海海运学院,具有悠久历史的上海高等航海教育从此面貌为之一新。

学校设有3个博士后科研流动站(交通运输工程、电气工程、管理科学与工程),4个一级学科博士点(交通运输工程、管理科学工程、船舶与海洋工程、电气工程),17个二级学科博士点,16个一级学科硕士学位授权点,63个二级学科硕士学位授权点,13个专业学位授权类别,49个本科专业;拥有16个省部级重点研究基地;现有1个国家重点(培育)学科,1个上海市高峰学科,2个上海市高原学科,9个部市级重点学科,工程学科进入基本科学指标数据库(ESI)全球前1%,港航物流学科保持全球领先;5个国家级特色专业,1个国家级综合改革试点专业,13个国家级一流本科专业建设点,6个教育部卓越工程师教育培养计划专业,17个上海市本科教育高地;现有2个国家级实验教学示范中心,2个国家级虚拟仿真实验教学示范中心,5个国家级实践教学示范中心,1个全国示范性工程专业学位研究生联合培养基地;设有水上训练中心,拥有4.8万吨散货教学实习船"育明"轮。学校致力于培养国家航运业所需的各级各类专门人才,已向全国港航企事业单位及政府部门输送了逾17万名毕业生,被誉为"高级航运人才的摇篮"。

4. 集美大学

集美大学地处福建省厦门市,是福建省"双一流"建设高校、福建省重点建设高校,是交通运输部与福建省、自然资源部与福建省、福建省与厦门市共建高校,博士学位授予单位,硕士推免生资格单位,大陆唯一获交通运输部海事局批准具有开展台湾船员适任培训资格的院校。

2-7 集美大学宣传片

学校办学始于著名爱国华侨领袖陈嘉庚先生1918年创办的集美学校师范部和1920年创办的集美学校水产科、商科,迄今已有103年历史。1994年,集美师范高等专科学校、集美航海学院、集美财经高等专科学校、厦门水产学院、福建体育学院合并组建集美大学。学校以"诚毅"为校训,在长期办学实践中坚持"嘉庚精神立校,诚毅品格树人",在海内外享有广泛声誉。

2.3.2 国外高等航海院校

1. 美国商船学院

美国商船学院的使命是通过向美国商船船队和军事力量提供合格的高级船员,向海事活动提供受过良好教育的专门人才和领导者,为美国的经济和安全利益服务。

美国商船学院的座右铭是"要行动,不要空话"(Deeds,Not Words)。这一格言在近半个世纪中(即建校以来)像一座灯塔指引着该学院18 000多名毕业生的职业生涯和个人生活。该学院通过将学术教育、军事训练和海上实践三者有机结合的教学计划,使学院继承"要行动,不要空话"这一传统。该学院鼓励学员最大限度地发展自己的天赋和能力,获取成功的海员职业生涯所需的技术的、管理的和领导的技能。该院的目标是为每一个毕业生成为精通专业、具有领导能力以及做一个有责任感的公民而做好充分准备。

该学院认为,强大的商船队和海运业的重要因素是人——聪明的、具有献身精神的、受过良好教育的和有能力的人。该学院的目的就是保证国家能有这样的人作为船舶高级船员和海运界的领导者,以迎接目前和未来的挑战。

该院学员规则中指出,要将其学员培养成为美国商船队的高级船员和领导者以及美国军官。这一就业目标要求每一学员行为举止有礼貌、严肃、正派且有正确的判断,要求每一学员在处理任何事情上要有节制,决不参与任何违反法律的活动。学员在任何时候的行为都必须反映个人、美国商船学院和美国海运部门的荣誉。

2. 马卡洛夫国立海事大学

马卡洛夫国立海事大学位于俄罗斯的第二大城市——圣彼得堡,是俄罗斯历史最悠久、学术水平最高、在国内外影响最大的高等航海院校。它起源于俄国沙皇亚历山大二世1876年下令举办的航海培训班。1902年,沙皇尼古拉二世又在航海培训班基础上成立了远洋学校,随后该校几经并校,几度易名。1944年由苏联国防委员会下令升格为列宁格勒高等航海学校,1954年以苏联著名海军上将——马卡洛夫的名字命名为"马卡洛夫高等海洋工程学校",1990年改为现名"马卡洛夫国立海事大学"。

3. 日本高等航海院校

日本的航海教育机构分为国立、公立、私立三种。国立的航海学校由政府部门运输省和文部省分别领导。目前,原来的东京商船大学、神户商船大学已经分别被合并到相关综合性大学里,航海教育成为其所在的综合性大学的一部分,由文部省管理大岛商船学校等5所航海专门学校;海技大学校及8所海员学校由运输省管理。

近年来,随着日本财政的紧张,人口出生率的降低以及对航海感兴趣的人数减少,日本航海类专业的招生情况大不如前,生源质量有所下降。目前,日本为迎接航海教育所面临的挑战,正在进行积极改革,如为适应时代变化,教育目标从仅仅培养具有高技能的船舶营运人才转变为培养具有安全及环境保护、系统控制等知识的国际性高级航运人才。同时,在课程设置中,进一步强化管理、环境、信息、经营等科目的内容,进一步注重学生英语交流能力的培养。

4. 欧盟国家高等航海院校

欧盟国家通常把航海教育划分为知识型航海教育和技能型航海教育。知识型航海教育主要是集中理论课的学习,技能性、应用性知识的学习则很有限。技能型航海教育侧重于实践教学,期望学生能展示专业技能。欧盟的大多数国家一般实行的是技能型航海教育,学制三年,学生毕业后不能获得学士学位,但可获得船员适任证书。其中,少数具有大学水平的高等航海院校要求4年或者5年在校时间,毕业后学生可获得船员适任证书和学士学位。

5. 韩国高等航海院校

第二次世界大战结束后,基于以"农业为根本、海洋为基础"的国策,韩国先后于1945年和1950年设立了两所国立高等航海院校,即韩国海洋大学和木浦海洋大学。其中韩国海洋大学是韩国最大的一所特色鲜明的航海类院校,代表了韩国航海教育的最高水平。目前,韩国海洋大学已从单一的航海类学科(航海、轮机)发展成为学科门类比较齐全的综合性海事大学,下设4个学院,即海运学院、海洋科技技术学院、工科学院和国际学院,附设14个研究所。

专题 2.4 航运机构简介

【学习目标】

1. 了解国际海事组织的主要机构；
2. 了解国际劳工组织的主要机构及其主要活动；
3. 了解中国海事管理机构的主要职能。

航运业是全球化的产业,这决定了为其提供人才保障的航海教育必须国际化。国际海事组织(IMO)、国际劳工组织(ILO)、国际航运公会(ICS)、国际航运联合会(ISF)等政府间或非政府间的海事类国际组织在规范航运业和航海教育活动方面发挥着重要作用,并越来越重视海上安全事故和海洋污染事故中人为因素的作用,对海员的综合素质和适任标准的要求越来越高。这些国际组织不断修改有关海员培训标准的国际公约和法规,促使航运院校在学生培养目标、培养模式国际化要求下不断修订人才培养计划,提高人才培养质量。

2.4.1 国际海事组织

1. 国际海事组织简介

国际海事组织(IMO)是联合国负责海上航行安全和防止船舶造成海洋污染的一个专门机构,总部设在伦敦,其标志如图 2-1 所示。该组织最早成立于 1959 年 1 月 6 日,原名"政府间海事协商组织",1982 年 5 月改为现名,到 2006 年 10 月已有 167 个正式成员。

IMO 的宗旨是：

(1)促进各国的航运技术合作；
(2)鼓励各国促进海上安全；
(3)提高船舶航行效率；
(4)处理有关的法律问题；
(5)防止和控制船舶对海洋污染方面采用统一的标准。

2. 国际海事组织的组织机构

IMO 由大会、理事会、5 个委员会、9 个分委员会和秘书处等组成(图 2-2)。

(1)大会

大会是最高权力机构,由全体成员国代表组成,每两年召开一次。任务是批准工作计划

图 2-1　IMO 标志

和财务预算,选举理事会成员,审议并通过各委员会提出的有关海上安全、防止海洋污染及其他有关规则的建议案。

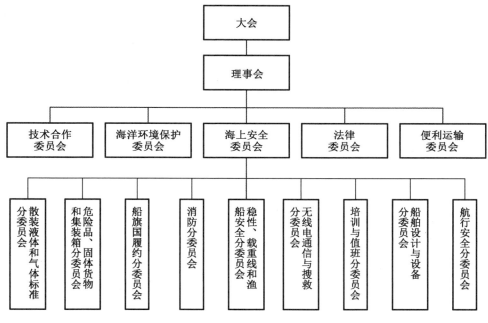

图 2－2　IMO 组织机构

（2）理事会

大会休会期间，由理事会行使上述职权。理事会由大会选出的 40 个理事国组成，成员分为 A、B、C 三类：

①A 类是提供国际航运服务方面具有最大利害关系的 10 个国家；

②B 类是在国际海上贸易方面具有最大利害关系的 10 个国家；

③C 类是作为地区代表当选的 20 个国家。

该组织每两年举行一次大会，改选理事会和主席。当选主席和理事国任期两年，可以连选连任，于每届大会结束后开始工作。

中国自 1973 年正式加入 IMO 以来，曾在该组织第九届至第十五届大会上当选为 B 类理事国，并自 1989 年第十六届大会起至今连续十余次当选为 A 类理事国。

（3）海上安全委员会

海上安全委员会由全体成员国的代表组成，每年至少召开一届会议，负责协调有关海上安全的技术性问题。该委员会下设 9 个分委员会：稳性、载重线和渔船安全分委员会；消防分委员会，航行安全分委员会，船旗国履约分委员会，培训与值班分委员会，散装液体和气体标准分委员会，危险品、固体货物和集装箱分委员会，无线电通信与搜救分委员会，船舶设计与设备分委员会。

（4）海洋环境保护委员会

海洋环境保护委员会由全体成员国的代表组成，每年至少召开一届会议，负责协调并控制船舶造成污染方面的活动。

（5）法律委员会

法律委员会由全体成员国的代表组成，每年至少召开一届会议，负责审议本组织范围内的法律事务。

(6) 技术合作委员会

技术合作委员会由全体成员国的代表组成，每年至少召开一届会议，负责协调技术合作方面的工作，其目的是促进各成员国实施本组织制定的国际公约及其他国际规则。

(7) 便利运输委员会

便利运输委员会是理事会下设的附属机构，在理事会认为必要时召开会议，负责研究有关便利国际海上运输方面的活动，减少有关船舶进出港口的手续和简化所涉及的文件。

(8) 秘书处

秘书处是负责保存 IMO 制定的公约、规则、议定书、建议案和会议的记录及会议文件，并负责处理日常事务的常设机构。其设有海上安全司、海上环境保护司、法律事务和对外关系司、行政司、会议司和技术合作司。

3. 国际海事组织的主要活动

IMO 的主要活动是：制定和修改有关海上安全、防止海洋受船舶污染、便利海上运输、提高航行效率及与之有关的海事责任方面的公约；交流上述有关方面的实际经验和海事报告；为会员国提供本组织所研究问题的情报和科技报告；用联合国开发计划署等国际组织提供的经费和捐助国提供的捐款，为发展中国家提供一定的技术援助。截至 1984 年底，IMO 制定并负责保存的公约、规则和议定书共有 30 个，其中已经生效的有 24 个。

"世界海事日"是 IMO 的重要活动，它是由 IMO 确定的，在每年 9 月的最后一周，由各国政府自选一日举行庆祝活动，以引起人们对船只安全、海洋环境和 IMO 的重视，每年国际海事日 IMO 秘书长均准备一份特别文告，提出需要特别注意的主题。

2005 年 4 月 25 日，我国国务院批准"决定自 2005 年起，每年 7 月 11 日为'航海日'，同时也作为'世界海事日'在我国的实施日期"，"航海日"自此成为政府主导、全民参与、全国性的法定活动日。

2.4.2 其他相关组织

1. 国际劳工组织

国际劳工组织（ILO）简介：1919 年，根据《凡尔赛和约》，ILO 作为国际联盟的附属机构成立，它是一个以国际劳工标准处理有关劳工问题的联合国专门机构，其标志如图 2-3 所示。1946 年 12 月 14 日，ILO 成为联合国的一个专门机构，总部设在瑞士日内瓦。该组织曾在 1969 年获得诺贝尔和平奖。成员国包括 1945 年 11 月第二次世界大战后该组织的新章程生效时同时承认新章程的国家。此外，任何原始的联合国成员和其后向联合国承认新章程的任何国家，也可加入。全体与会代表，包括政府的代表，在任何 ILO 大会的三分之二票表决通过，可接纳其他国家。ILO 经过百余年的发展变化，工作和活动范围不断扩大，成员国日益增多，截至 2022 年，其成员国已发展为 187 个。

图 2-3　ILO 标志

该组织的宗旨是促进充分就业和提高生活水平；促进劳资双方合作；改善劳动条件；扩大社会保障；保护劳动者的职业安全与卫生；获得世界持久和平，建立和维护社会正义。

2. 经济合作与发展组织海上运输委员会

经济合作与发展组织海上运输委员会（MTC of OECD）于1961年9月30日在英国伦敦成立，有美国、英国、澳大利亚、法国、日本、荷兰等25个成员。该委员会归经济合作与发展组织领导，处理国家间的航运政策问题，解决成员国与发展中国家在航运事务联系中所遇到的困难和问题，讨论包括世界航运的总体发展变化和航运商业化的可行性问题。

3. 联合国贸易和发展会议

联合国贸易和发展会议（UNCTAD）是联合国的一个永久性组织，于1964年在瑞士日内瓦成立，下设6个委员会，其中一个为航运委员会。

4. 国际运输工人联合会

国际运输工人联合会（ITF）1896年成立于英国伦敦，后来移至德国汉堡。该组织曾因战争停止活动一段时间。1919年，ITF在荷兰鹿特丹重新组建，并于1939年迁回英国伦敦。ITF是国际运输工人工会的联盟。

5. 国际航运公会

国际航运公会（ICS）成立于1921年，是由英、美、日等23个国家有影响力的私人船东所组成的协会，协会成员大约拥有50%的世界商船总吨位。ICS成立的宗旨是保护本协会内所有成员的利益，就互相关心的技术、工业或者商业等问题交流思想，通过协商达成一致意见，共同合作。

6. 国际海事委员会

国际海事委员会（IMC）是促进海洋法实施的非政府间国际组织，1897年创立于比利时安特卫普。

7. 国际航运联合会

国际航运联合会（ISF）是一个船东组织，成立于1909年，当时是欧洲的船东组织，到1919年才成为世界性的船东组织。ISF在有关海员雇佣和安全的所有问题上代表船东的利益，总部设在英国伦敦。

8. 波罗的海和国际海事公会

波罗的海和国际海事公会（BIMCO）成立于1905年，总部设在丹麦哥本哈根，原名波罗的海和白海公会，后来因其成员变成世界性的组织，于1927年改为现名。BIMCO在1927年时只有20个成员，占当时商船队总吨位的14%。BIMCO吸收的人员和组织包括：船东、船舶买卖代理人、船东和船舶买卖协会、船舶代理商和承租商、延期停泊和防卫协会及航运联合会。

9. 国际航运协会

国际航运协会(PIANC)成立于1885年,是历史最悠久的国际性航运组织。其总部设在比利时布鲁塞尔。

10. 国际船级社协会

国际船级社协会(IACS)是在1968年奥斯陆举行的主要船级社讨论会上正式成立的。IACS成立的目标是促进海上安全标准的提高,与有关的国际组织和海事组织进行合作,与世界海运业保持紧密合作。

11. 国际货物装卸协调协会

国际货物装卸协调协会(ICHCA)于1952年成立,总部设在伦敦。这一协会成立的头4年里,在运输领域受到各地成员的有力支持,在西欧国家成立了8个国家委员会。这些国家委员会主要处理专属它们自己国家的问题,如组织讨论会等。到20世纪80年代末,ICHCA与各国的联系进一步加强,已有大约21个国家委员会,拥有4 000名通信会员,会员遍及90多个国家。ICHCA每两年在不同国家、地点召开大会,为世界范围内的成员们提供了唯一的进行聚会和交流经验、观点和思想的机会,会议论文概述了协会的工作。ICHCA成立的目的是提高货物在各运输环节中的作业效率,促进世界运输系统中作业技术的改善。

12. 国际航标协会

国际航标协会(IALA)成立于1957年,是一个民间的航标组织。它把世界上80个国家中负责提供和维修灯塔、浮标和其他助航设备的单位组织起来,除了国家的航标部门外,共有160个会员,包括港口当局、助航设备制造商和咨询单位等。IALA的主要目标是通过相应的技术措施,促进助航设备的不断改进,保证船舶航行安全。

2.4.3 我国海事管理机构

1. 国家海事局的架构与主要职能

(1)中国海事局架构

中国海事局(China MSA),对外称为中华人民共和国海事局,对内称交通运输部海事局,是中华人民共和国交通运输部的直属正司级行政机构,标志如图2-4所示。交通运输部海事局成立于1998年10月,是交通运输部海事主管机构,机关驻地位于北京市。

中国海事局为交通运输部直属行政机构,实行垂直管理体制(图2-5)。根据法律、法规的授权,海事局负责行使国家水上安全监督和防止船舶污染、船舶及海上设施检验、航海保障管理和行政执法,并履行交通运输部安全生产等管理职能。

图2-4 中国海事局标志

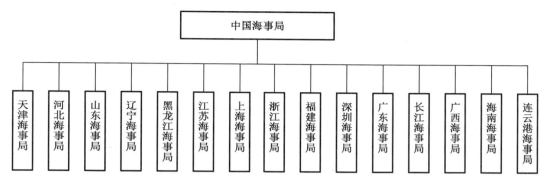

图 2-5 中国海事局管理体制

中国海事局内设机构包括 21 个处(室),下设 15 个直属海事局、3 个航海保障中心和 28 个地方海事局。内设机构包括:办公室、政策法规处、计划装备处、财务会计处、人事教育处(公务员管理处)、通航管理处、船舶监督处、危管防污处、船舶检验管理处、船舶技术规范处、船员管理处、安全管理处、航海保障管理处、执法督察处(地方海事管理处)、科技信息处、国际合作处、审计处、党组工作部(组织处)、宣传处、纪检办公室(监察处)、机关党委办公室(工会办公室)。

(2)中国海事局的主要职能

①拟订和组织实施国家水上交通安全监督管理、船舶及相关水上设施检验和登记、防治船舶污染和航海保障的方针、政策、法规、技术规范及标准。

②统一管理水上交通安全和防治船舶污染。监督管理船舶所有人安全生产条件和水运企业安全管理体系;调查、处理水上交通事故、船舶污染事故及水上交通违法案件;指导船舶污染损害赔偿工作。

③负责船舶、海上设施检验行业管理以及船舶适航和船舶技术管理;管理船舶及海上设施法定检验、发证工作;审定船舶检验机构和验船师资质,负责对外国验船组织在华设立代表机构进行监督管理;负责中国籍船舶登记、发证、检查和进出港(境)签证;负责外国籍船舶出入境及在我国港口、水域的监督管理;负责船舶保安和防抗海盗管理工作;负责船舶载运危险货物及其他货物的安全监督。

④负责船员、引航员、磁罗经校正员适任资格培训、考试、发证管理。审核和监督管理船员、引航员、磁罗经校正员培训机构资质及其质量体系;负责海员证件的管理工作。

⑤管理通航秩序、通航环境。

⑥负责航海保障工作。

⑦组织实施国际海事条约;履行"船旗国""港口国"及"沿岸国"监督管理义务,依法维护国家主权;负责有关海事业务国际组织事务和有关国际合作、交流。

⑧组织编制全国海事系统中长期发展规划和有关计划;管理所属单位建设工作;负责船舶港务费、船舶吨税、船舶油污损害赔偿基金等有关管理工作;受交通运输部委托,承担港口建设费征收的管理和指导工作;负责全国海事系统统计和行风建设工作。

⑨承办交通运输部交办的其他事项。

2. 中国加入公约情况和接受国际海事公约的方式

自1973年加入IMO以来,我国先后接受了《1974年国际海上人命安全公约》(简称SOLAS)、《1972年国际海上避碰规则公约》《1973年国际防止船舶造成污染公约》《1978年海员培训、发证和值班标准国际公约》《1978年国际海上搜寻和救助公约》等40余个有关海上安全和防污染的国际公约及议定书。

《中华人民共和国缔结条约程序法》规定,国际公(条)约和主要协定的批准由全国人大常委会决定;其他公(条)约和协定,由国务院批准。如2015年8月29日,全国人大常委会批准加入《2006国际海事劳工公约》(简称2006 MLC)。

IMO公约的实施取决于各成员国政府。各缔约国有责任使本国船舶符合公约规定的要求,并可对违章现象予以处罚。

国际海事公约在国内把《联合国海洋法公约》(UNCLOS公约)转化为领海及毗连区法,将STCW公约转化为海船船员适任、评估和发证规则,并且纳入《国际海上人命安全公约》(SOLAS公约)、《国际船舶造成污染公约》(MARPOL公约)等,其他公约由部令或海事局通知。

3. 地方海事局简介

(1)地方海事管理机构的组织架构

省级地方海事机构设在各省交通厅,一般称××省地方海事局,属正局级机构,对省辖制水域的各地市海事管理机构也实行垂直管理体制。

(2)主要职能——面向内河船舶与内河船员行使管理义务与权力

根据法律、法规的授权,地方海事局负责行使国家水上安全监督和防止船舶污染、船舶及海上设施检验、航海保障管理和行政执法,并履行属地安全生产等管理职能。

地方海事局负责内河船员、引航员适任资格培训、考试、发证管理。审核和监督管理内河船员、引航员培训机构资质及其质量体系;负责内河船员证件的管理工作。

地方海事局贯彻执行国家有关水上交通安全的法律、法规、规章,制定具体的管理规定,并监督有关单位遵照执行。

专题2.5 中外航运企业

【学习目标】

1. 认知国际主要航运企业;
2. 了解中国远洋海运集团的发展历程。

2.5.1 马士基集团

马士基集团公司(MAERSK,图2-6)成立于1904年,总部位于丹麦哥本哈根,在全球135个国家设有办事机构,拥有约89 000名员工,在集装箱运输、物流、码头运营、石油和天然气开采与生产,以及与航运和零售行业相关的其他活动中,为客户提供一流的服务。集团旗下的马士基航运是全球最大的集装箱承运公司,服务网络遍及全球。

马士基集团拥有集装箱船、油轮、散货船、供给船和钻探平台共200多艘(个),运力达到1 000万吨。除了运输,马士基集团还从事与石油、天然气有关的行业、工业和造船业、空运行业和零售行业。经过100多年的发展,其已成为在航运、石油勘探和开采、物流、相关制造业等方面都具有雄厚实力的世界性大公司,作为集团的集装箱海运分支,是全球最大的集装箱承运人,服务网络遍及六大洲。

2.5.2 地中海航运公司

地中海航运公司(MSC,图2-7),全称是Mediterranean Shipping Company S. A,于1970年建立,总部位于瑞士日内瓦。它是一家从事航运和物流业务的全球化企业,发展至2020年已在155个国家和地区开展业务,致力于促进全球主要经济体之间及各大洲新兴市场之间的国际贸易。自成立以来,地中海

图2-6 马士基集团标志

图2-7 地中海航运公司标志

航运公司已从最初的仅单艘船舶从事运输业务逐渐发展成为一家全球企业,截至2020年拥有560艘运输船舶,拥有一支配备最新绿色技术的现代化船队,该船队已覆盖200条航运线路上的500个港口,每年运送约2 100万TEU。

地中海航运公司在全球超过150多个国家和地区部署了超过200条航线,在世界上船队运力排名第二,并于1996年进入中国市场。

地中海航运公司提供航线服务,干货运输,冷藏货物运输,超限和散杂货物运输,仓储解决方案,跨区域合作,港口、码头和堆场,清关、运货拖车等服务。

2.5.3 中国远洋海运集团有限公司

中国远洋海运集团有限公司(简称"中国远洋海运集团",图2-8)于2016年2月18日在上海正式成立,由中国远洋运输(集团)总公司(简称"中远集团")与中国海运(集团)总公司(简称"中海集团")重组而成,是国务院国有资产监督管理委员会直接管理的涉及国计民生和国民经济命脉的特大型中央管理企业(简称"央企"),总部设在上海。其注册所在地为上海浦东自贸区陆家嘴金融片区内,注册资本110亿元人民币。拥有总资产8 800亿元人民币,员工11.8万人。

图2-8 中国远洋海运集团标志

2018年7月19日，全球同步发布的《财富》世界500强排行榜中，中国远洋海运集团有限公司排名335位；2019年7月，位列《财富》世界500强榜单第279位。2019年9月1日，2019中国服务业企业500强榜单在济南发布，中国远洋海运集团有限公司排名第40位；"一带一路"中国企业100强榜单排名第52位；2019年12月18日，人民日报"中国品牌发展指数"100榜单排名第95位；2020年4月，入选国务院国有资产监督管理委员会"科改示范企业"名单。

中远集团成立于1961年，远洋航线覆盖全球160多个国家和地区的1 500多个港口，船队规模居世界第二。

中海集团于1997年在上海成立，逐渐形成了以航运为主业，航运与航运金融、物流、码头、船舶修造、科技信息等多元化产业协同发展的格局。

2015年8月，中远集团和中海集团在中央层面的要求下，联合组建了集团层面的5人"改革领导小组"，由中海集团董事长、党组书记许立荣任组长。

2015年8月7日晚间，中远集团和中海集团旗下上市公司中国远洋、中海集运、中海发展和中远航运同时公告，因控股股东中远集团和中海集团正筹划重大事项而停牌。两大航运央企的合并之路就此展开。

2015年12月9日，中国船东协会公布消息：中国远洋海运集团有限公司为中国海运（集团）总公司与中国远洋运输（集团）总公司两大航运央企合并后的新名字。

2015年12月11日，经报国务院批准，中国远洋运输（集团）总公司与中国海运（集团）总公司实施重组。

2016年2月18日，中国远洋海运集团有限公司在上海正式成立。许立荣任集团董事长、党组书记，万敏任总经理、党组副书记，集团总部设在上海。

2016年3月18日，中国远洋海运集团在北京与巴西淡水河谷签署长期运输协议。根据协议，在未来的27年中，中国矿运将每年承运淡水河谷发运的铁矿石约1 600万吨。

2017年7月，中国远洋海运集团拟在武汉设立长江流域总部，并在建设香炉山铁水联运枢纽场站、布局建设全球服务中心、发展近洋直达集装箱航线、推动江海直达航线、拓展汽车滚装运输等方面展开合作，其中江海直达航线和全球服务中心建设将先期启动。

2018年12月，新一批国有资本投资运营公司（两类公司）11家试点企业名单公布，中国远洋海运集团有限公司在其中。

【思考题】

1. 海上运输有哪些优势？
2. 中华人民共和国成立后，我国在外交、外贸和海运上所面临的困难集中体现在哪些方面？
3. 随着世界经济的高速发展和STCW公约马尼拉修正案的正式生效，国际航运业在人才需求方面呈现哪些特点？
4. 为了适应国际航运形势，我国加快航运人才培养的重要性体现在哪些方面？
5. 国际海事组织有哪些组织机构？
6. 我国加入了哪些国际公约？
7. 国际劳工组织的主要职能是什么？
8. 我国海事局的结构框架是怎样的？
9. 简述中国远洋海运集团的发展历程。

模块3　船舶认知

专题3.1　船舶的起源与发展

【学习目标】

1. 了解船舶的发展概况；
2. 了解中国古代舟船的发展历程；
3. 了解新中国造船业的发展概况；
4. 了解船舶未来的发展趋势。

3.1.1　船舶发展简介

　　船舶是人类最早、最广泛使用的一种工具，几千年来，从原始的独木舟演变成如今大型、高速、远航、多用途及自动化的船舶，其中经历了数次重大的变革。机械动力装置的使用使船舶摆脱了自然条件的束缚，增大了动力，完善了设施，提高了可靠性和安全性；螺旋桨推进器的使用提高了船舶的推进效率，从而提高了航速；钢铁材料的使用和焊接技术的采用使船舶强度增大，给船舶提供了向大型化发展的条件；近代电子技术的发展和电子设备的创新，使船舶向自动化方向迅速发展。

　　目前，虽然人们已经能够广泛地使用各种类型的交通工具，如飞机、火车和汽车等，但是船舶被公认为是一种经济性好、运输量大的交通工具。随着全球经济的快速发展，当今世界贸易量的90%以上要靠船舶运输。地球表面有70%以上被水覆盖，在浩瀚的海洋、广阔的湖泊以及奔腾不息的江河上，我们到处都可以看到船舶在活动，它在人类的生活和经济发展中占据着非常重要的地位，发挥着不可替代的作用。现代大型船舶犹如一座活动在水面上的城市，具有足以保证全船人员生存的设备、设施和满足人们精神文化生活需求的服务设施，并具有航行于世界各大洲的能力。高级豪华旅游船甚至称得上是一件艺术品，它的设备、设施和能力代表着一个地区、一个国家乃至整个人类文化、科学技术和生产力的发展水平。

3.1.2　中国古代舟船发展史

　　从远古到18世纪，我国航海事业一直处于世界先进地位，特别是唐代中期以后，"海上丝绸之路"的地位扶摇而上，取代路上"丝绸之路"，成为中西方交往的重要通道。虽然"海上丝绸之路"曾一度因锁国政策及西方列强的入侵而衰退，但随着新时代"一带一路"构想的提出，一个新的航海时代正在拉开序幕，"新海上丝绸

3-1　远古时代船文化

之路"也将重新起航。

舟船作为航运、贸易、战争的工具和彰显国力的载体,在社会稳固、经济发展和文化交流中发挥着重要的作用。船行七千年历史,绵延五千年文化,让更多的人特别是青年一代了解悠久的中国舟船文化,传承和延续船文化在当今文明中的新发展,有利于造船强国、航运强国、海洋强国的建设,是爱国主义、传统文化教育和培养船舶及航运事业未来人才的需要。

1. 舟船出现以前的原始渡水工具

远古时期,古人常用葫芦或浮囊作浮具,用筏作运输工具,但它们皆不是船。只有更具有容器形态的,也就是具有干舷的,才能称作舟或船。

(1) 葫芦——腰舟

葫芦具有体轻、防湿性强、浮力大等特点,所以很早就被人类作为渡水工具。中国古代称葫芦为瓠、匏、壶,后来又称壶芦、葫芦等。过河时人们把几个葫芦拴在腰间,也称为腰舟,如图3-1所示。

(2) 皮囊

在人们从狩猎、采集进入到农耕和饲养牲畜阶段后,还曾用牲畜的皮革制成皮囊来作为浮具。其做法是将整个皮革翻剥下来后,把颈部和三个蹄部的孔口系牢,留一个蹄孔作为充气孔道。用时,先把皮囊吹鼓,然后再扎紧充气孔,便可单独作为浮具了。因皮囊是作为浮具用的,故也称浮囊,如图3-2所示。

图3-1 葫芦——腰舟

图3-2 《武径总要》记载的皮囊(浮囊)

(3) 筏

筏是由单体浮具发展而来的。一根树干或者竹竿,在远古就是一件浮具。树干或竹竿为圆柱形,在水中易于滚动。为使其平稳,也为获得更大的浮力,人们将两根以上的树干或竹竿并拢,用藤或绳系结起来应用。这样一来,集较多的单体浮具为一体就形成了筏,如图3-3所示。

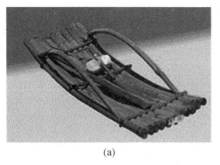

图 3-3 中国古代的竹筏

2. 独木舟

据考证,公元前 8000 年左右,原始人开始在整段木头上采用烧、挖的方式,制作了最早的船——独木舟。图 3-4 所示为在浙江余姚河姆渡新石器遗址发现的独木舟,距今约 7 000 年。独木舟大体问世于旧石器晚期。到了新石器时期,盛产木材的广大地区已普遍使用独木舟了。在人类文明史上,独木舟的问世才算是出现了第一艘船。在木板船尚未出现时,独木舟是最主要的水上交通工具,使用了相当长的时间。

图 3-4 浙江余姚河姆渡新石器遗址发现的独木舟

3. 商周时期的舟船

夏商周三代,沉重的独木舟难以满足日益增长的载重需求,独木舟便开始逐渐向木板船演变。图 3-5 所示为胶东半岛毛子沟商周时期的独木舟,图 3-6 所示为武进淹城出土的西周时期的独木舟。商代甲骨文中的"舟"字是象形字,在一定程度上反映了商代船的结构——它已不是独木刳成的舟,而是用数块木板组装的木板船。据古文献对早期舟船活动的记述推断,早在 3 000 ~ 3 500 年以前的殷商时期就出现了木板船。

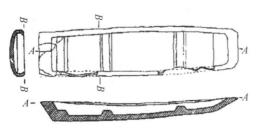

图 3-5 胶东半岛毛子沟商周时期的独木舟　　图 3-6 武进淹城出土的西周时期的独木舟

相传在商末周初,商朝王族箕子出走朝鲜,他从今天的山东半岛沿着渤海海峡中的庙岛群岛与辽宁南海岸到达朝鲜半岛,再顺着半岛沿岸便可到达朝鲜半岛的南部与东南部。这条早期航道的开辟,催生了东方海上丝绸之路的萌芽。

4. 春秋战国时期的舟船

春秋时期,因航区不同,货物运输要求各异,逐渐出现了特点不同、形状不一的各类船舶。民间有轻舟、扁舟等。

战国时期,频繁的战争推动了造船业的发展。木船开始依赖人工划桨,继而有风帆及橹,橹是由长桨演变而来的,是另一种用人力推进船只的工具,也是控制船舶航向的工具。一器多用,这是中国对世界造船与航海技术上的突出贡献。当时的战船已有大翼、中翼、小翼、楼船等类型,图3-7所示为吴国战船大翼,并且考古学家普遍认为,当时便已出现了风帆,图3-8所示为古代风帆绘图。

图3-7 吴国战船大翼

图3-8 古代风帆绘图

5. 秦代的舟船

我国古代造船技术,从秦代开始获得重大发展,在中国历史上达到一个造船高峰,图3-9所示为出土的秦代造船遗址。秦始皇统一六国后,对发展水陆交通尤为重视,通水路、掘灵渠,大兴水利工程。公元前215年,秦始皇北击胡人,征集了大量海船,从后方补给基地经渤海向河北军前运粮。历史学家将此次行动定为中国海上漕运的开始。

据史料记载,秦始皇派徐福入海求仙,觅长生不老之药。徐福船队从山东半岛启航到朝鲜半岛,再由朝鲜半岛南下至日本列岛的东渡路线,拓展了早期的东方海上丝绸之路,图3-10所示为复原的徐福东渡船舶。

图3-9 秦代造船遗址

图3-10 复原的徐福东渡船舶

6. 汉代的舟船

据《汉书·地理志》记载,汉武帝派遣译长率载货的船舶从徐闻县出发,沿经南洋诸岛到达今印度、斯里兰卡,与沿途国家交换明珠及其他奇珍异物。这条航线是我国最早开辟的一条远洋航线,标志着我国古代对外贸易的南方海上丝绸之路的开辟。海上交通的发展,为造船技术开辟了广阔前景,图3-11所示为湖北江陵出土的西汉木船模型。

汉代最著名的船舰当数楼船,因船上能起高楼而得名。楼船是当时的主要战船,也是中国早期出现的战船之一,主要特征是具有多层上层建筑,图3-12所示为嘉兴船文化博物馆馆藏的汉代楼船模型。汉代时,汉武帝刘彻就已经创建了一支楼船水师。他们南征百越、北击卫氏,在打通南北航线的战役中立下了汗马功劳。

图3-11　西汉木船模型

图3-12　汉代楼船模型

7. 三国两晋时期的舟船

三国两晋时期,由于战乱频频,各个政权为了保障自己的生存与发展,都需要促进生产力发展和科学进步,因此造船业和航海交通都得到了一定程度的发展。图3-13所示为三国斗舰模型,图3-14所示为东晋顾恺之所绘《洛神赋图》中的双体画舫。舫,就是两船并列。舫的船行速度较慢,但航行时相对平稳,古代皇室、贵族们往往对其加以装饰,乘坐游幸,称其为画舫。两船并联之后,甲板面积扩大了一倍以上,加之有两组船底舱,大大增加了承载能力;由于船体加宽,提高了稳定性,航行时更加安全。古人一般利用双体船载客、运货。

图3-13　三国斗舰模型

图3-14　《洛神赋图》中的双体画舫

晋代时期,我国出现了举世闻名的两项重要技术发明:水密舱壁技术和车轮舟。水密舱壁技术由卢循首创,将船体分割成 8 个船舱,即使一个船舱破洞进水,仍可保证船体不沉没(图 3-15)。车轮舟是晋代战船的一种,如图 3-16 所示,由祖冲之首创。这种船将人力推进动力的划桨转化为轮桨,使车轮舟的运转能够进退自如,且提高了舟船的机动性。造船业和海上交通的发展,令南方海上丝绸之路得以迅速发展。

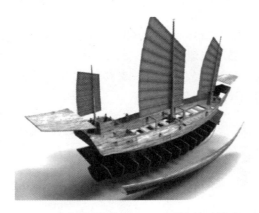

图 3-15　船体分解图——水密舱壁技术

图 3-16　车轮舟

8. 隋唐时期的舟船

隋代只有短短几十年,但在运河开掘、造船及发展海上交通上颇有建树。图 3-17 所示为隋代五牙舰复原模型。隋炀帝好大喜功,多次征发民工无数,在江南采伐大量木料,大造龙舟及各种花船数万艘。最大一艘龙舟共有 4 层,高 45 尺①,长 200 尺,上层有正殿、内殿、东西朝堂,中间两层有 120 个房间,都"饰以丹粉,装以金碧珠翠,雕镂奇丽"。图 3-18 所示为嘉兴船文化馆隋炀帝巡游龙舟模型。

图 3-17　五牙舰复原模型

图 3-18　隋炀帝巡游龙舟模型

唐代国力强盛,造船厂遍布全国,广泛使用了榫接钉合的木工艺和水密隔舱、黄底龙骨、大腊与防摇装置、漆涂防腐技术、金属锚等先进造船技术,且造船技术逐步精良。当时远洋航行的海船,以船身大、构造坚固、抵抗风浪能力强著称于太平洋和印度洋,与西亚和北非一代的阿拉伯帝国交往密切。图 3-19 所示为江苏如皋出土的唐代木船。图 3-20 所

---

① 1 尺≈33.33 厘米(cm)。

模块3　船舶认知

示为中国博物馆陈列的仿制的唐代木帆船。

据《新唐书·地理志》记载,当时我国东南沿海有一条通往东南亚、印度洋北部诸国、红海沿岸、东北非和波斯湾诸国的海上航路,称"广州通海夷道",是当时世界上最长的远洋航线,也是我国海上丝绸之路的最早叫法。

图3-19　江苏如皋出土的唐代木船

图3-20　中国博物馆陈列的仿制的唐代木帆船

9. 宋代的舟船

宋代,由于陆上交通受阻,中外交流主要依赖海上交通。海外贸易不断扩大,海上和内河运输规模远超前代。宋代的造船业十分发达,浙江、福建、广东成为打造海船的中心。宋代的造船、修船已经开始使用船坞,并创造了运用滑道下水的方法。造船技术和航海技术明显提高,指南针广泛应用于航海,中国商船的远航能力大为加强,更多地采取直接横渡大洋的方法来缩短航行时间。广州成为海外贸易第一大港,海上丝绸之路持续发展。图3-21所示为宋代远洋贸易古沉船"南海一号"复原模型,图3-22所示为《清明上河图》中的宋代汴河船。

图3-21　宋代"南海一号"复原模型

图3-22　《清明上河图》中的宋代汴河船

10. 元代的舟船

元代中国积累了几百年的盛名,频频吸引西方各国的贡使、传教士、商人、旅行家陆续来到中国,马可·波罗一待就是17年,并深得忽必烈的信任与重用。1291年,忽必烈"命备船十三艘,每艘具四桅,可张十二帆",派马可·波罗从泉州起航,护送阔阔真公主至波斯成婚。

· 51 ·

元代在经济上采用重商主义政策,鼓励海外贸易,海外航线远达南洋群岛、阿拉伯海、波斯湾、东非等地,并制定了堪称中国历史上第一部系统性较强的外贸管理法则。海上丝绸之路发展进入鼎盛阶段。元代的海上漕运,突破以往任何一个年代,年运量达350万余石。当时海运漕船主要有遮阳船和钻风船两种类型。图3-23所示为《中国古船图鉴》中的元代海运漕船模型。图3-24所示为聊城运河文化博物馆复原版元代漕船。

图3-23 元代海运漕船模型

图3-24 复原版元代漕船

新安沉船是在朝鲜半岛西南部新安海域发现的一艘中国元代沉船。该船是自宁波出发前往日本福冈的国际贸易商船,途中因台风等原因,最终沉没在高丽。图3-25所示为元代新安沉船复刻。图3-26所示为修复后的新安沉船。

图3-25 元代新安沉船复刻

图3-26 修复后的新安沉船

11. 明代的舟船

明代的中国是当时亚洲一个强盛的国家,在各个方面对亚洲各国都有较深远的影响。明代海上交通最具代表性的就是郑和下西洋事件。图3-27所示为郑和下西洋绘图。

在公元1405年至1433年的28年间,郑和率百余艘大小船舰组成的庞大舰队,七次远航西洋,是中国古代规模最大、船只和海员最多、时间最久的海上航行,开始于汉代的海上丝绸之路,经唐、宋、元日趋发达,明代达到高峰。郑和宝船建造复杂、外观精美,是当时世界上规模最大的木帆船,图3-28所示为郑和宝船复原效果图。

模块3 船舶认知

图 3-27 郑和下西洋绘图

图 3-28 郑和宝船复原效果图

明代文献为中国古代的三种主要船舶理出了一条清晰的思路，主要可分为广船、沙船和福船三种，分别如图 3-29、图 3-30、图 3-31 所示。广船又称广东船、乌艚，是中式帆船的一类，它的帆形如张开的折扇，极具特点。沙船是发源于长江口一带，方头方梢、平底浅吃水的船型。福船是福建、浙江一带尖底海船的统称，船头部分尖削，利于破浪。

图 3-29 广船

图 3-30 沙船

图 3-31 福船

12. 清代的舟船

清代最初并不禁海，后来为防止明朝残余的反清势力在海外建立据点，遂实行禁海令。1757年（乾隆二十二年），为抑制日益增多的来华洋商和频发的涉华事端，清政府下令关闭了宁波等地的口岸，只留广州一口通商。由此，船舶业发展开始受限。

在中国实行海禁的时期，西方国家开始进行产业革命，科学技术和社会生产空前发展。在实践中，欧洲人对船舶的航线性能有了较深刻的认识。18世纪，随着蒸汽船"克莱蒙脱"号诞生，西方大航海时代开启，资本主义开始海外扩张。在国门洞开后，西方人为满足船舶就近修理要求，外资轮船修造业入主中国。

鸦片战争后，中国海权丧失，海上丝路开始一蹶不振。19世纪60年代，出现了由曾国藩、李鸿章、左宗棠等人操办的洋务运动，主张中体西用，向西方学习先进技术以"自强"。中国近代造船业得以发端，并出现了中国第一艘轮船——"黄鹄"号，如图 3-32 所示，标志着中国船舶进入蒸汽时代。

图 3-32 中国第一艘蒸汽船——"黄鹄"号

3.1.3 新中国造船业发展概况

3-2 总装造船主流程

近代的造船业是典型的劳动力密集型产业。随着科技的发展,先进的制造技术逐步应用于造船业,生产效率大大提高。20 世纪 40 年代以前,主要应用"铆接技术"将古老的木船建造成为以钢质为主体的船舶;到 50 年代,"焊接技术"普遍地替代"铆接技术";70 年代,随着船舶的大型化发展趋势,人们运用"成组技术",通过对建造过程的相似性分析,实现了以船舶区域、作业类型和阶段分类的建造技术。由此,大量的机械化装备替代了繁重的体力劳动,使原来劳动力密集的造船业发生质的变化,成为现代的"设备密集型"产业。80 年代以来,随着计算机技术在造船业的不断深入,造船精度管理技术和造船工程管理技术的日臻完善,造船业技术的"集成"机制充分发挥作用,正向着"空间分道、时间有序"的壳舾涂一体化方向发展,进而使造船业成为"信息密集型"产业,即现代造船模式的高级状态。

半个世纪以来,铆接技术、焊接技术、成组技术和信息技术逐一促进和主导了造船模式的发展,依次形成了船舶的"整体制造模式""分段制造模式""分道制造模式"和"集成制造模式"。此演变过程是技术与管理紧密结合的过程,每一种模式都是由于引进了某项新的主导技术,建立了一种新的生产模式。其发展如同整个制造业一样,都是"以技术为中心"。21 世纪的造船模式将是"敏捷制造模式",该模式的核心是以"人为中心"的智能化技术。

随着科技的发展,一个新的造船与航海时代正在起航。经过几代人的努力,中国已经取得了世界第一造船大国的地位,同时中国商船船队数量稳居世界第二,逐步开启了中国"21 世纪海上丝绸之路"的愿景。世界造船业三大"皇冠上的明珠"分别为大型液化天然气(LNG)船、大型邮轮和航空母舰,只要攻克这三种船舶的建造难关,就能抢占世界高端船舶建造技术制高点。2008 年,我国第一艘自行建造的 14.7 万立方米薄膜型 LNG 船"大鹏昊"号交付,如图 3-33 所示。2019 年 10 月我国首艘国产大型邮轮开工建造,如图 3-34 所示,正式开始了摘取最后一颗"明珠"的蔚蓝征程。2019 年 12 月 17 日,经中央军委批准,我国第一艘国产航母命名为"中国人民解放军山东舰",舷号为"17",如图 3-35 所示。

3.1.4 船舶发展的未来

目前,船舶的发展将聚焦"智能""绿色"两大重点。智能化是世界船舶制造业发展的新热点、新机遇和新挑战,可提高船舶航行运营的安全可靠性、经济环保性,推动船舶产业的数字化转型、智能化升级。

模块3 船舶认知

图3-33 "大鹏昊"号LNG船

图3-34 我国首艘自主建造的国产大型邮轮样式图

1. 智能船舶

智能船舶是利用通信、物联网等技术自动感知和获取船舶自身、海洋环境、物流等信息数据,并基于计算机技术、自动控制技术和大数据处理分析技术,在船舶航行、管理、货物运输等方面实现智能化运行的船舶。智能船舶具有感知力、记忆和思维力、学习和自适应力以及决策力的四大优势,更加安全、环保、经济和可靠。

图3-36所示为2017年我国研制的全球第一艘智能船舶——最聪明的"大智"号。该船是由上海船舶研究设计院设计,中船黄埔文冲船舶有限公司建造的38 800载重吨智能散货船,总长179.95 m,型宽32 m,型深15 m,突破了全船信息共享、自主评估与决策、船岸一

· 55 ·

体等方面关键技术,完成了全船智能网络系统、智能运行与维护系统、智能航行系统和主机遥控系统的自主研制与集成应用,实现了船舶自身和海洋环境等数据信息的自动感知,以及船岸一体的船舶智能化运行管理,全船智能化技术指标达到世界先进水平。

图 3-35 中国人民解放军山东舰

图 3-36 "大智"号智能散货船

(1)智能船舶基础——船联网

船联网是智能船舶的基础,通过网络把船舶都联系起来,是一种基于实现航运管理精细化、行业服务全面化、出行体验人性化的目标,融合了物联网技术的智能航运信息服务网络。"船"指各类船只,配置了物联网设备(相当于物联网中的传感器、末端设备);"联"指目前船舶的标识、通信,主要通过北斗卫星导航系统、海事卫星、移动互联网等技术实现,该层包含了各通信节点与网络;"网"指经由具体的网络应用系统和互联网架构,将"船""联"结合,采用云计算技术为信息服务层服务。

船联网的部署实现了人船互联、船船互联、船货互联以及船岸互联等功能,有利于实现航运管理精细化、行业服务全面化、出行体验人性化等目标。图 3-37 所示为船联网的架构图。

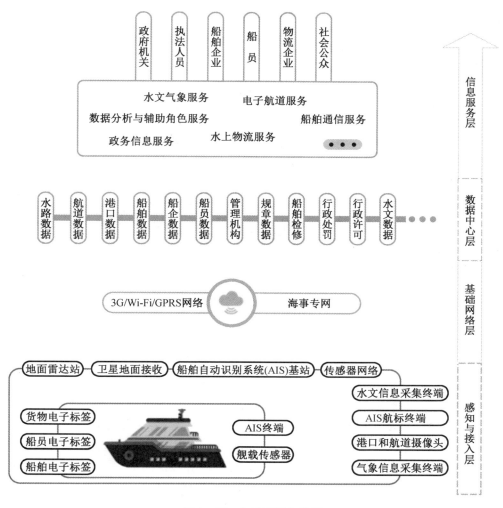

图 3-37　船联网的架构图

(2)智能船舶核心——智能航行

智能航行是智能船舶的核心。"航行脑"系统是服务于船舶智能航行的人工智能系统,由感知、认知、决策和执行等功能空间组成。"感知空间"获取船舶在航环境和自身状态信息;"认知空间"根据感知的信息抽象出航行态势,实现自身状态辨识,最终基于人工驾驶记录和机器学习建立智能船舶驾驶行为谱;"决策空间"利用"感知空间"反馈的信息修正"认知空间"的态势认知,并通过"执行空间"在驾驶行为谱的支持下实现对智能船舶的鲁棒控制,面向智能船舶、自主船舶开展实船应用,达到减少配员、降低排放和提高船舶航行安全性的目的。图 3-38 所示为"航行脑"系统总体框架图。

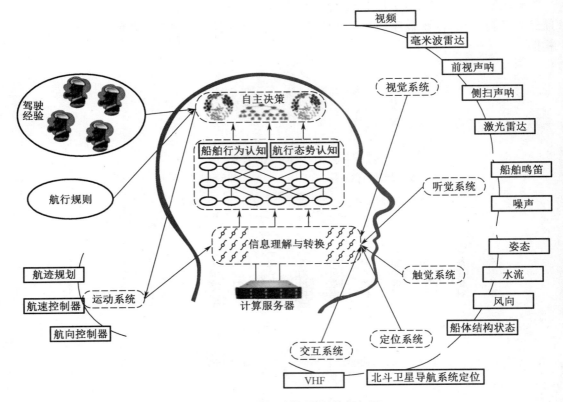

图 3-38 "航行脑"系统总体框架图

(3) 智能船舶的终极目标——自动驾驶、无人驾驶船舶

人类对无人驾驶船舶的向往与研究由来已久。虽然无人驾驶船舶发展还存在一系列技术、社会、法律障碍及其他不确定性,但应该是未来船舶的发展目标和方向,因为人类终归要将自己从航海中无处不在的危险和繁重的劳动中解脱出来。目前,无人驾驶船舶正日益在海洋科学考察、海洋测绘、海洋巡逻、海洋事故监测及救援、海洋石油开采等领域发挥着重要作用,推动造船业进行颠覆性变革,是造船业和航海业的未来。

2018 年 11 月,上海外高桥造船有限公司建造的全球首艘 40 万吨级智能矿砂船"明远"号正式交付(图 3-39)。"明远"号主要用于巴西至中国航线铁矿石运输,由上海船舶研究设计院设计。该船总长约 362 m,型宽 65 m,型深 30.4 m,全船共 7 个货舱、1 个液化天然气舱,具有智能、经济、绿色、环保、节能、安全等特点。该船实现了辅助自动驾驶、能效管理、设备运维、船岸一体通信,它标志着中国智能船舶全面迈入新时代。

2018 年 12 月初,无人船行业领导者——罗尔斯罗伊斯公司和芬兰国有渡轮运营商 Finferries 在芬兰成功展示了世界上第一艘全自动智能渡船——"Falco"号汽车渡轮,成功完成无人驾驶航行,并顺利返航。该渡轮采用传感器融合和人工智能技术来探测物体及避免碰撞,可实现自动导航、自动靠泊等操作。图 3-40 为"Falco"号。

模块3 船舶认知

图 3-39 "明远"号

图 3-40 全球首艘无人驾驶渡轮——"Falco"号

2. 绿色船舶

随着绿色生态观念的深入发展和 IMO 对环保要求的日益严苛,绿色航运已成为未来造船业和航运业的主旋律。绿色航运主要包括绿色船舶、绿色航道、绿色港口以及绿色运营,其中绿色船舶技术是绿色航运的重点。绿色船舶技术主要包括动力系统绿色技术、推进系统绿色技术以及环保船型三个部分。

(1) 动力系统绿色技术

随着石油资源的日益减少和地球环境的日益恶化,节能、环保、高效成为行业关注的热点,绿色船舶动力系统的概念应运而生。新型动力源可降低有害气体排放、解决噪声问题,具有污染少、储量大等特点。新型动力源有核能、风能、纯电池、燃料电池、可再生能源(如太阳能)等。

风帆助航是利用风帆将风能转换成推动船舶前进的部分动力,风帆助航可节约燃油、提高航速,具有明显的节能减排效果。图 3-41 所示为风帆助航油轮。太阳能船舶系统可通过在船舶上搭建太阳能组件,与汽油/柴油发电形成互补,充分利用新能源,达到节能减排的效果。图 3-42 所示为"星球太阳能"号。

图 3-41 风帆助航油轮

图 3-42 "星球太阳能"号

新型低温布雷顿循环发电系统原理图如图 3-43 所示,它解决了燃料在船舶柴油机中燃烧产生的能量中只有一部分转化为机械能的资源浪费问题,以超临界状态的二氧化碳为工质,将热源热量转化为机械能,具有效率高、噪音小等特点。

(2) 推进系统绿色技术

改进船舶推进系统在节能减排上起着至关重要的作用。推进器性能优化程度以及推进器技术水平,直接影响船舶的燃油消耗和排放。船尾轴承水润滑技术具有无污染、来源

· 59 ·

广泛、节省能源以及安全和难燃等特点,可解决传统闭式油润滑系统的泄漏危险、易污染水体的问题。无轴轮缘推进器(图3-44)是一种新颖的船舶推进装置,可有效节约空间,增强稳定性,减少船舶整体质量和噪声,提高推进效率和机动性。磁流体推进器无须配备螺旋桨桨叶、齿轮传动机构和轴泵等,是一种完全没有机械噪声的安静推进器,可从根本上消除因机械转动而产生的振动,从而减少海洋噪声污染,如图3-45所示。

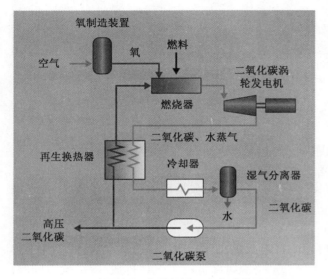

图3-43 新型低温布雷顿循环发电系统原理图

图3-44 无轴轮缘推进器

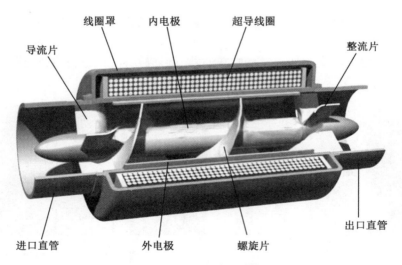

图3-45 磁流体推进器示意图

(3)环保船型

压载水的随意排放可能带来的生物入侵和生态灾难,已经被IMO宣布为海洋面临的"四大危害"之一。开发无压载水舱船舶,可减少环境污染,同时也可达到节能减排的目的。

日本造船研究中心(SRCJ)提出了一种新船型——无压载船(NOBS),通过改变船体形状来保证船舶在无压载水的情况下具有足够的吃水,从而避免了船首遭受碰击和螺旋桨空转等问题的出现。SRCJ 从 2001 年就开始对该船型进行研究和开发,应用于该船型的专利已被世界多数国家所接纳。目前,NOBS 已被证实可以应用到现实中。

专题 3.2　船舶的结构和主参数

【学习目标】

1. 认知船舶的结构;
2. 了解船舶的主参数;
3. 了解船舶的相关数据。

3.2.1　船舶的结构

船舶由主船体、上层建筑及其他各种配套设备所组成,如图 3-46 所示。

图 3-46　船舶基本组成实船图

1. 主船体

主船体是指上甲板及以下由船底、舷侧、甲板、艏、艉与舱壁等结构所组成的水密空心结构,为船舶的主体部分。船舶部位名称如图 3-47 所示。

2. 上层建筑

上层连续甲板上由一舷伸至另一舷的或其侧壁板离船壳板向内不大于 4% 船宽的围蔽建筑称上层建筑,包括艏楼、桥楼和艉楼,其他的围蔽建筑称甲板室。

3. 舱室

除上层建筑内具有各种功能的舱室外,主船体亦由各甲板与舱壁将其分隔成若干舱室,如机舱、货舱、压载舱、深舱、燃油舱、淡水舱等。

4. 配套设备

船舶的配套设备主要有主、辅机及配套设备,电气设备,各种管系,甲板设备(锚机、舵机、系泊及起重设备),安全(消防、救生)设备及生活设施配套设备。

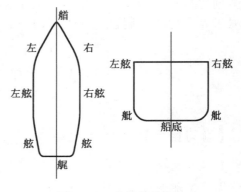

图 3-47 船舶部位名称

3.2.2 船舶的主参数

1. 主尺度

船舶是一个空间几何体,它在空间所占的位置就如其他规则几何体一样,由某些尺度来表征,这些尺度称为船舶主要尺度。

如图 3-48 所示,船舶的主要尺度有总长 L_{OA}、设计水线长 L_{WL}、垂线间长 L_{PP}、型宽 B、型深 D、吃水 T 和干舷 F 等。

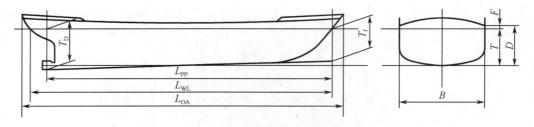

图 3-48 船舶主要尺度

2. 船舶吨位

船舶吨位是用来表示船舶的大小和运输能力的量,它分为容积吨位和重量吨位两种。

3. 船舶的主要标志

船舶根据需要,在其船体外壳板上、烟囱及罗经甲板两侧均勘划着各种标志,主要有水尺标志(图 3-49)、甲板线标志、载重线标志(图 3-50)、球鼻艏和艏侧推器标志及其他标志。

3.2.3 船舶的数据

每条船舶都有自身的数据,主要涉及船名、船舶类型、船籍国、载重吨等多个方面。如图 3-51 所示的某冷藏船,以此为例进行数据解说,如表 3-1 所示。

模块3 船舶认知

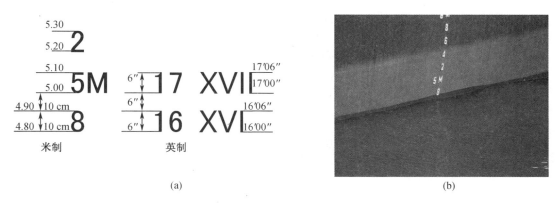

图 3-49 船舶水尺标志

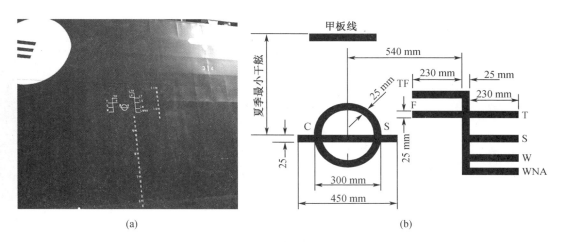

图 3-50 船舶载重线标志

图 3-51 某冷藏船

表3-1 某冷藏船的数据

项目	内容
国旗	巴拿马
船舶呼号	H3EY
劳埃德数①	9 167 801
建造时间	2000年
DWT②	12 902 t
总吨位/净吨位	11 382 t/6 408 t
总长	155 m
B③	24 m
夏季吃水	10.1 m
货舱/舱口/舱室④	4/4/15
通风系统/换气次数⑤	直立式/90
不同的温度⑥	8/2 每个货舱
起重机	2×40 t
货盘起重机	2×8 t
载箱量⑦	294个标准集装箱+60个40 ft箱,或207个40 ft箱
冰箱插头⑧	185
满载香蕉时的航速⑨	大约21.5 kn
消耗量(冷藏车间)⑩	大约49 t IFO 380 RMG 35
辅机	大约6 t IFO 380 RMG 35
舱柜容量	1 800 t IFO 380 RMG 35,150 t MDO DMA
其他装置	船首侧推器

注:①劳埃德数也是船舶在国际海事组织的注册号,即使船东更换,此标识号也会终生跟随船舶而不变;

②载重量;

③型宽;

④货舱、舱口和舱室的数量,大部分货舱有3个中间甲板,从而将每个货舱分隔为4个舱室;

⑤通风设备为直立式,整个货舱的空气每小时更换90次;

⑥隔离舱的数量,其中各个舱室的温度可独立调节,每个货舱有2个隔离舱;

⑦此船能运载294个20 ft箱加上60个40 ft箱,或者是207个40 ft箱(即294/2+60,1 ft=0.304 8 m);

⑧船舶能够为185个冰箱提供电力;

⑨如果船舶满载香蕉,其最大航速约为21.5 kn;

⑩每天的燃料消耗量(包括冷藏车间)大约为380 St的中级燃油49 t(在50 ℃时),或者指定为具有35 St的残机G-35(在100 ℃时)(1 St=10^{-4} m^2/s)。

模块3　船舶认知

专题 3.3　船舶的分类与用途

【学习目标】

1. 了解船舶的分类；
2. 认知运输船，了解不同运输船的特点；
3. 认知舰艇，了解不同舰艇的用途；
4. 认知典型工程船，并了解其用途。

凡从事水上运输、作业、作战以及各种水中运载的工具统称为"船舶"。

3.3.1　船舶分类

船舶的种类繁多，即使是同种船舶在船型、结构、设备、使用性能等诸多方面也不尽相同，各具特点。

船舶的分类方法很多，常用的分类方法如下。

（1）按船舶航行区域来划分，可分为海洋船舶、内河船舶和港湾船舶。海洋船舶又可分为远洋船舶、近洋船舶、沿海船舶 3 种，航行于湖泊上的船舶一般归入内河船舶类。

（2）按动力设备来划分，可分为内燃机船、蒸汽船、蒸汽轮机船、核动力船等。

（3）按航行状态来划分，可分为浮行船、潜水船、滑行船、腾空船。浮行船和潜水船统称为排水型船舶。一般船舶均为排水型船舶。滑行船是指船航行时，船身绝大部分露出水面而滑行的船舶，如高速运行的船舶（快艇、摩托艇、水翼艇等）。腾空船是指船舶航行时，船身被托出水面之上运行的船舶，如气垫船就是在船底与水面间的气垫上腾空航行的。

（4）按推进方式来划分，可分为螺旋桨船、喷水推进船、空气螺旋桨推进船和明轮船等。

（5）按造船材料来划分，可分为钢船、木船、水泥船、铝合金船和玻璃钢船等。

（6）按机舱位置来划分，可分为中机型船、艉机型船、中艉机型船等。

（7）按照船舶的用途来分类，大致可分为如下几种：

①运输船——客船、客货船、渡船、杂货船、集装箱船、滚装船、载驳船、冷藏船、运木船、散货船、油船和液化气船等。

②舰艇——巡洋舰、驱逐舰、护卫舰、航空母舰、登陆艇、扫雷艇、布雷艇、潜艇、各种快艇、运输舰、修理舰、消磁船、医院船等。

③工程船——挖泥船、起重船、布设船、救捞船、破冰船、打桩船、浮船坞、海洋开发船、钻井船、钻井平台等。

④渔业船——网渔船、钓渔船、渔业指导船和调查船、渔业加工船、捕鲸船等。

⑤港务船——拖船、引航船、消防船、供应船、交通船和助航工作船等。

⑥特殊性能船——水翼船、气垫船、地效翼船、双体船、玻璃钢船、超导船等。

· 65 ·

3.3.2 运输船

1. 干货船

用于运输各种固体货物的船舶统称为干货船,常见的有杂货船、集装箱船、滚装船、散货船、矿砂船、冷藏船等。在干货船中,运木船、冷藏船、汽车运输船等又称为特种货船。

3-3 民用船舶

（1）杂货船

杂货船亦称普通货船,主要将各种机器设备、建材、日用百货包装成捆、成箱地装船运输。它是使用最广泛的一种运输船舶,如图 3-52 所示。

图 3-52 杂货船

（2）集装箱船

集装箱船是 20 世纪 50 年代后期发展起来的一种新型专用船舶,是主要用来运输集装箱货物的船舶,如图 3-53 所示。

图 3-53 集装箱船

集装箱船可分为三种类型:①全集装箱船,这是一种专门装运集装箱的船,不装运其他形式的货物。②半集装箱船,在船长中部区域作为集装箱的专用货舱,而船的两端货舱装载杂货。③可变换的集装箱船,实际上是一种多用途船,这种船的货舱根据需要可随时改变设施,既可以装运集装箱,也可以装运其他普通杂货,以提高船舶的利用率。

集装箱的规格种类很多,目前按国际标准化组织(ISO)推荐的规格主要有两种型号:①40 ft 集装箱,其长×高×宽为 40 ft×8 ft×8 ft(即 12.192 m×2.438 m×2.438 m);最大装载质量为 30.48 t。②20 ft 集装箱,其长×高×宽为 20 ft×8 ft×8 ft(即 6.096 m×2.438 m×2.438 m);最大装载质量为 20.32 t。其中 20 ft 集装箱为标准箱(TEU),一个 40 ft 集装箱相当于 2 个标准箱。有的集装箱自身带有制冷装置,用来运输冷冻食品,这种集装箱称为冷藏箱。

(3)滚装船

滚装船的货物装卸,不是从甲板上的货舱口垂直地吊进吊出,而是通过船舶首、尾或两舷的开口以及搭到码头上的跳板,用拖车或叉式装卸车把集装箱或货物连同带轮子的底盘,从船舱至码头拖进拖出。图 3-54 所示为具有一个舷侧跳板和一个船尾跳板的滚装船。

图 3-54 滚装船

(4)散货船与矿砂船

散装运输谷物、煤、矿砂、盐、水泥等大宗干散货物的船舶,都可以称为干散货船,或简称散货船。这些货物不需要包装成捆、成包、成箱装载运输,但是由于谷物、煤和矿砂等的积载因数(每吨货物所占的体积)相差很大,所要求的货舱容积的大小、船体的结构、布置等诸方面有所不同。因此,一般习惯上仅把装载粮食、煤等货物积载因数相近的船舶称为散货船,如图 3-55 所示,而装载积载因数较小的矿砂等货物的船舶称为矿砂船。

(5)冷藏船

冷藏船是用于运输鱼、肉、禽、蛋、水果等冷冻食品和易腐鲜货的专用船舶。图 3-56 所示为某冷藏船货舱和甲板的布置。

通常受货源限制,冷藏船吨位不大,常见的吨位是数百吨至数千吨。为了提高冷藏船的利用率,目前常设计成能兼载集装箱和其他杂货的多用途冷藏船,吨位可达 2 万吨左右。

图 3-55 散货船

图 3-56 某冷藏船货舱与甲板布置

2. 液货船

民用运输船舶除运输上述杂货、散货等干货外,还有一部分专门用于运输液态货物的液货船,随着世界经济的快速发展和对能源的巨大需求,这类船舶在现代商船中占有很大比例。液货船主要包括油船、液化气船和液态化学品船三类。油船又可分为原油船和成品油船两种;液化气船则包括液化天然气船和液化石油气船两种;液态化学品船则用以专门运输各种不同的液态化学品,如酸、醇、苯等。

（1）油船

通常所称的油船,多数是指运输原油的船,由于石油货源充足,装卸速度快,所以油船可以建造得很大。近海油船的总载重量通常为 3 万吨左右,近洋油船为 6 万吨左右;远洋的大油船为 20 万吨左右;超级油船为 30 万吨以上;最大的油船可达到 55 万吨。油船如图 3-57 所示。

模块3　船舶认知

图 3-57　油船

(2) 液化气船

所谓液化气有两种,即液化天然气和液化石油气。目前世界常规能源除石油、煤炭外,天然气和石油气也作为主要能源之一,广泛用于工业及城市民用方面,其需求量日益增加。为了把天然气和石油气从产地运往消耗地区,须将气体冷却和压缩成为液体,大大减小其体积,装载在船内运输。所使用的专用船即称为液化气船。液化气船是从1960年逐步发展起来的,目前数量已十分可观。图3-58所示为液化石油气船。

图 3-58　液化石油气船

由于天然气和石油气的物理性质不同,故液化时的压力和温度不同,就使得这两种液化气的运输方式也不同。运输液化天然气的船用英文缩写 LNG 表示;运输液化石油气的船则用 LPG 表示。液化气船载运液化气的方法一般有罐式和膜式两种。罐式是在船舱中安

· 69 ·

装几个巨大的高压钢罐,钢罐可造成柱形、球形或筒形以便承受压力,材料用高强度钢制成。膜式是把船体货舱造成双层结构,船体内壳就是承载液货的壳,在液货舱里有一层镍合金薄板制成的膜,它可以承受极低温度而不至于脆裂,但它不能承受压力,液化的载荷通过膜壁和绝缘材料传递到船体上。在货舱内外壳之间还设有绝热层以使货舱内保持低温。绝热层一般用聚氯乙烯及玻璃纤维等材料制成。

(3)液体化学品船

液体化学品一般都具有易燃、易挥发、腐蚀性强等特性,有的还有毒性。因此,对运输液体化学品的船舶在防渗漏、防腐蚀、防火、防爆等方面必须要特别予以注意。又由于液体化学品品种繁多、往往要同船运输,所以液体化学品船货舱的特点之一就是分舱多、货泵多,以便同时运输多种化学品,并且不同化学品各有专用货泵,不能混用。图 3-59 所示为液体化学品船。

图 3-59 液体化学品船

3. 兼用船

散货船、矿砂船和油船等专用船舶,虽然载重量都比较大,但是由于所运输的货物种类单一,回航不能装运其他种类货物,只好压载空放。兼用船亦称多用途船,其可以根据货物种类的变化,在往返航程中装载不同种类的货物,既可以装载原油,也可以装载散货或矿砂。这样既提高了运力,又降低了运输成本。

4. 客船、客货船与滚装客船

客船是指载客超过 12 人的船舶,包括客货船舶。滚装客船系指《1974 年国际海上人命安全公约》(简称 SOLAS 74)所限定的,设有滚装货物处所或特种处所的客船。客船在结构分舱、稳性、机电设备、防火结构、救生设备、消防设施、无线电报、电话等方面的要求上,均与货船有许多不同之处。客船如图 3-60 所示。

图3-60 客船

3.3.3 舰艇

舰艇分为战斗舰艇和辅助舰船两类。战斗舰艇又分为水面舰艇和水下舰艇(潜艇)两类,包括各种舰种,执行不同的任务,如巡洋舰、驱逐舰、护卫舰、登陆舰、航空母舰和潜艇等。辅助舰船是专门为战斗舰艇提供各种战勤保障的舰船。

3-4 军用船舶

1. 巡洋舰

巡洋舰是仅次于航空母舰的大型军舰,是第二次世界大战时海军战斗舰艇的主要舰种。随着航空母舰和其他中小型舰艇的发展,其地位已下降。巡洋舰是远洋作战的大型水面战舰,具有多种作战能力。其主要用于海上攻防作战,掩护航空母舰编队和其他舰队编队,保卫己方或破坏敌方的海上交通线,攻击敌方舰艇、基地、港口和岸上目标;登陆作战中进行火力支援,担任海上编队指挥舰等。巡洋舰装备有与其排水量相称的攻防武器系统、精密的探测计算设备和指挥控制通信系统。按排水量分为轻型导弹巡洋舰和重型导弹巡洋舰;按动力装置分为常规动力巡洋舰和核动力巡洋舰。其满载排水量5 000~30 000吨,最大航速30~35 kn,具有较高的航速,较大的续航力和较好的耐波性。巡洋舰装备的武器原来以大口径火炮为主,现在以导弹为主。目前世界上的巡洋舰都是导弹巡洋舰,外形如图3-61所示。

2. 驱逐舰

驱逐舰是以导弹、鱼雷、舰炮等为主要武器,具有多种作战能力的中型军舰。常规驱逐舰的排水量为2 000~5 000 t,航速为30~35 kn。导弹驱逐舰的排水量为

图3-61 巡洋舰

3 000~9 000 t。驱逐舰是海军舰队中突击力较强的舰种之一,具有较好的机动性和攻击力,用于攻击潜艇和水面舰船、舰队防空以及护航、侦察巡逻警戒、布雷、袭击岸上目标等。驱逐舰外形如图3-62所示。

图3-62 驱逐舰

3. 护卫舰

护卫舰是以反潜武器、舰炮和导弹为主要武器的轻型水面战斗军舰,主要任务是巡逻、警戒,以及护卫海上战斗舰艇、运输船队、登陆作战编队,防止敌潜艇、鱼雷艇和航空兵的袭击,担负防空、对海和反潜多方面任务。护卫舰相对驱逐舰武备较弱、续航力较小,但具有目标小、机动性好、造价低等优点。护卫舰的排水量一般为1 000~3 000 t,航速为25~30 kn。护卫舰常装备中小口径火炮,舰对舰、舰对空导弹,反潜导弹,反潜鱼雷和深水炸弹等武备。其外形如图3-63所示。

图3-63 导弹护卫舰

4. 登陆舰艇

登陆舰艇又称两栖舰艇,它是为输送登陆兵及其武器装备、补给品登陆而专门制造的舰艇。它包括多种不同类型的舰艇,排水量从几十吨到上万吨。大型的登陆舰艇称为舰,小型的登陆舰艇称为艇。登陆运输舰有登陆兵运输舰、登陆物资运输舰、坞式登陆舰和综合登陆运输舰等。登陆型的舰艇是直接靠滩运输部队、物资装备、车辆、坦克上岸,艏部有大开门和吊桥,艉部有艉锚,用于退滩和保持船位。这种舰艇的吃水浅、底部平,排水量一般不大,外形如图 3 – 64 所示。图 3 – 65 所示为登陆后,打开门、放下吊桥运输车辆的情况。两栖战型舰的排水量大,适航性好,续航力高,用于远距离作战,可运送部队、物资到近岸处,由运载的登陆艇和直升机转送上岸。坞式登陆舰内有一个或两个巨大的坞室,在艉或艏部有一活动水闸,水闸打开,艉(艏)部分沉入海水中,装载的登陆艇或两栖车辆可从坞室驶出。现代坞式登陆舰的满载排水量一般在万吨左右,航速 30 ~ 40 km/h,可载 10 ~ 22 艘各类登陆艇或 20 ~ 80 辆两栖车辆。有的还设有直升机平台,可载运直升机数架,实施机降登陆作战。坞式登陆舰的外形如图 3 – 66 所示。

图 3 – 64　大型登陆舰

图 3 – 65　登陆舰登陆运输车辆

图 3 – 66　坞式登陆舰

5. 航空母舰

航空母舰是一种以舰载机为主要作战武器的大型水面舰只。它攻防兼备,作战能力强,能执行多种战役战术任务,很具威慑力,因而倍受世界海军的器重。现代航空母舰及舰载机已成为高技术密集的军事系统工程。航空母舰主要用于攻击水面舰艇、潜艇和运输舰船,袭击海岸设施和陆上目标,夺取作战海区的制空权和制海权。其排水量为数万吨,航速为 26～35 kn,续航力高。航空母舰上有供飞机起落的飞行甲板、弹射装置、阻拦装置和升降机等,机库在飞行甲板下面,上层建筑在中或后部的一侧。一般以舰载机为主,装备导弹、火炮、反潜武器等。航空母舰的动力装置有常规动力潜艇和核动力潜艇两种。图 3-67 所示为某航空母舰。

图 3-67 某航空母舰

6. 潜艇

潜艇也称潜水艇,是能潜入水下活动和作战的舰艇,利用调节压载水舱的水来控制艇的浮力,既可以在水面又可以在水下航行。潜艇具有良好的隐蔽性、机动性和突击力,主要用于攻击水面和水下舰艇、袭击岸上设施和重要目标、破坏海上交通线,也用于布雷和侦察。潜艇有常规动力和核动力两种。常规动力潜艇水面航行用柴油机作为主机,水下航行用蓄电池向电动机供电运转推进,排水量较小,在 3 000 t 以下,水下航速 15～20 kn。核动力潜艇排水量达几千至上万吨,水下航速可达 30～40 kn。按武器装备其可分为鱼雷潜艇和导弹潜艇;按战斗使命其可分为战略导弹潜艇和攻击潜艇。战略导弹潜艇一般是核动力潜艇。一般的无线通信、导航设备只能在水面航行使用,水下航行观察困难,无法使用无线电通信。故下潜一定深度时可以用潜望镜观察水面情况,用声呐探测水下情况。图 3-68 所示为某潜艇。

图 3-68 潜艇

3.3.4 工程船

1. 挖泥船

挖泥船的作用是进行水下挖泥,加宽和清理航道,以便其他船舶顺利通过,它还是吹沙填海的利器。挖泥船有多种形式,如耙吸式、链斗式、绞吸式等。

(1) 耙吸式挖泥船

大型挖泥船采用耙吸式,施工时吸泥管斜靠河床,其端部的耙头将泥耙松,吸泥管再将泥吸入泥舱。船缓慢航行,边耙边吸。耙吸式挖泥船(图3-69)机动灵活,效率高,抗风浪力强,适宜在沿海港口、宽阔的江面和船舶锚地作业。

图3-69 耙吸式挖泥船

(2) 链斗式挖泥船

链斗式挖泥船是利用一连串带有挖斗的斗链,借助导轮的带动,在斗桥上连续转动,使泥斗在水下挖泥并提升至水面以上,同进收放前、后、左、右所抛的锚缆,使船体前移或左右摆动来进行挖泥工作。挖取的泥土,提升至斗塔顶部,倒入泥阱,经溜泥槽卸入停靠在挖泥船旁的泥驳,然后用托轮将泥驳拖至卸泥地区卸掉。链斗式挖泥船对土质的适应能力较强,可挖除岩石以外的各种泥土,且挖掘能力强,挖槽截面规则,误差极小,最适用于港口码头泊位,水工建筑物等规格要求较严的工程。

(3) 绞吸式挖泥船

绞吸式挖泥船是在疏滩工程中运用较广泛的船型,在其吸水管前端围绕吸水管装有旋转绞刀装置,可将河底泥沙切割和搅动,再经吸泥管将绞起的泥沙物料,借助强大的泵力输送到泥沙物料堆积场。它的挖泥、运泥、卸泥等工作过程可以一次连续完成,效率高、成本低。

"新海虎"号(图3-70)被誉为"神州第一挖",它的成功建造改写了我国船厂只能建造10 000 m³ 以下挖泥船的历史。"新海虎"号设计仓容量为13 500 m³,最大挖深42 m,值得骄傲的是,新海虎号的船用设备国产化程度已经超过了70%,从而改变了大型疏浚装备主要依靠进口的局面。该船使用单位是上海中港疏浚股份有限公司,交付后主要用于沿海疏浚和吹填作业。

轮机工程通识导论

图3-70 "新海虎"号

中国南沙填海造岛属于远海造岛,在远离大陆海域造岛是罕见的。南沙填岛过程中大量使用的泥沙就是来自"造岛神器"——绞吸式挖泥船。它的工作过程是通过船舶前端的吸水管安装的旋转绞刀将海底的土壤疏松,然后将海水与土壤形成的泥浆吸入挖泥船的泵体,到达指定区域后进行排泥建造岛屿。如今我国生产的挖泥船运作起来非常简单,所有步骤都可以预先设定完成后自动进行,工作效率极高。

2. 起重船

起重船(3-71)也称为浮吊,船上有起重设备,吊臂有固定式和旋转式两种。起重船起重能力从几百吨到上千吨,用于码头、船坞、桥梁等场所吊装重型构件,可对码头主机进行整机吊装,对上层建筑进行整体吊装。

图3-71 起重船

起重船特别是大型起重船一般具有较大的主尺度(起重量为 4 000 t 的起重船,排水量在 7 万~8 万吨)。起重船按起重机部分相对于船体能否转动可分为旋转式与固定式。

3. 海洋开发船

海洋开发船是指专门从事海洋资源开发利用的船舶,包括海洋调查船、海洋资源开采船和海洋防污染保护船。下面简要介绍前两种船型。

(1) 海洋调查船

海洋调查船是专门用来对海洋进行科学调查和考察活动的海洋工程船舶,可对海底构造、水文状况、气象条件、海水活动规律、海洋生物特点以及水产、矿产资源的储藏量和分布情况进行考察调研。按其调查任务可分为综合调查船、专业调查船和特种海洋调查船。

① 综合调查船可同时观测和采集海洋水文、气象、物理、化学、生物及地质基本资料、样品,并进行数据整理分析、样品鉴定和初步综合研究。"向阳红 10"号是中国自行设计制造的第一艘万吨级远洋科学考察船。

② 专业调查船的船体较综合调查船小,任务单一,常见的有海洋水文调查船、海洋地质调查船、海洋气候调查船、海洋地球物理调查船、海洋水声调查船、海洋渔业调查船等。"蓝海 101"号被誉为"渔业航母",如图 3-72 所示,可在除南北两极冰区以外海域承担渔业资源与渔业环境的常规、专项和应急调查检测等任务。

③ 特种海洋调查船为特种海洋调查提供水下、水面支持,具备数据、样品的现场处理和分析能力。"深海一号"是我国首艘按照绿色化、信息化、模块化、舒适化和国际先进水平建造的全球特种调查船,如图 3-73 所示。

图 3-72 "蓝海 101"号海洋调查船

图 3-73 "深海一号"海洋调查船

(2) 海洋资源开采船

海洋资源开采船可分为油、气田开发船(海洋地质勘探船、海上钻井平台、海上浮式生产储油船等),海底采矿船及海水提铀船。

海上钻井平台是开发石油资源的海洋工程结构,具有高于水面或被托出水面,能避开波浪冲击的平台甲板。平台甲板多数为三角形或四边形,分上下两层,设有井架、钻机等钻井设备和钻管、泥浆泵等钻井器材,备有相应的工作场所、储藏部位和生活舱室等。现在应用最广泛的钻井平台主要有坐底式(图 3-74)、半潜式和自升式(图 3-75)。海上钻井平台总的发展趋势是由固定式发展到移动式,作业水深由浅水到深水,离岸作业距离由近而远,经受风浪能力由小到大。

图 3-74 坐底式钻井平台

图 3-75 自升式钻井平台

海上浮式生产储油船（图 3-76）英文为"Floating Production Storage & Offloading"，缩写为"FPSO"，是一座"海上油气加工厂"，可把来自油井的油、气、水等混合液经过加工处理成合格的原油或天然气，成品原油储存在货油舱，到一定储量时经过外输系统输送到油轮。FPSO 系统主要由系泊系统、载体系统、生产工艺系统及外输系统组成，涵盖了数十个子系统。作为集油气生产、储存及外输功能于一身的 FPSO 具有高风险、高技术、高附加值、高投入、高回报的综合性海洋工程特点。FPSO 具有抗风浪能力强、适应水深范围广、储/卸油能力大及可以转移、重复使用等优点，广泛适用于远离海岸的深海、浅海海域及边际油田的开发。

图 3-76 海上浮式生产储油船

3.3.5 渔业船

渔业船是从事渔业工作的船舶总称。因各地渔法和捕捞对象的不同，其类型和特点差异比较大,根据任务不同,可分为捕捞渔船、渔业辅助船(如渔政船、渔业加工船)等类型。图3-77所示为渔政船。图3-78所示为远洋渔船。

图3-77 渔政船

图3-78 远洋渔船

3.3.6 特殊性能船

特殊性能船应用流体力学理论,使船在高速航行时全部或部分脱离水面,以减少水的阻力,尤其是兴波阻力,同时大幅度减轻波浪造成的船体摇晃,有效提高船舶航速和耐波性。双体船是在两个分离的水下船体上部用加强构架连接成一个整体的船舶,如图3-79所示。气垫船是利用表面效应原理,船体与支撑面间形成气垫,使船体全部或部分脱离开支撑面航行的高速船舶,如图3-80所示。水翼船是在船底安装水翼,以提供浮力将船身抬离水面,从而减少水的阻力来增加航行速度,如图3-81所示。地效翼船是利用地面效应原理制成的船只,如图3-82所示。地效翼船可分为冲翼艇和水翼艇两种。

图3-79 双体船

图3-80 气垫船

图3-81 水翼船

图3-82 地效翼船

专题 3.4　船舶动力的类型与发展

【学习目标】

1. 认知船舶动力的类型；
2. 了解船舶动力的发展现状。

千百年来，为了满足船舶作业需要及其安全性能，人类一直在不断探索更理想、更强大的船舶动力，以求更方便、更有效地进行船舶驾驶和控制。漫长的时代发展，不同的历史时期，人们使用着不同的动力进行船舶推进，船舶最初由使用人力、风力驱动发展到使用机械动力，后再进行齿轮驱动等，经历了传统动力、蒸汽动力、柴油机动力、内燃机动力、核动力以及新型混合燃气动力等具有重大时代性和代表性的各种动力。随着航运业的发展与生态环境之间的矛盾日益尖锐，加之绿色生态观念的深入发展和 IMO 对环保要求的日益严苛，船舶动力不断朝着绿色、环保的方向发展。

3.4.1　传统动力

船舶从史前刳木为舟起，经历了独木舟和木板船时代，那时船舶的动力主要依靠传统的人力、畜力和风力（即撑篙、划桨、摇橹、拉纤和风帆）等。20 世纪七八十年代，为了节约能源，有些国家吸收机帆船的优点，研制出了一种以机为主、以帆助航的船舶，用电子计算机进行联合控制。日本建造的"新爱德丸"号风帆助力油轮便是这种节能船的代表，如图 3-83 所示。

图 3-83　"新爱德丸"号风帆助力油轮

3.4.2　蒸汽动力

19 世纪初，欧洲迅速发展，各国的经济、军事竞争十分激烈，纷纷将在陆地上已经使用得比较成熟的蒸汽机陆续安装在船舶上。

3-5　蒸汽时代船文化

英国人罗波特·富尔顿于1807年首先建造了第一艘蒸汽机船——"克莱蒙特"号,如图3-84所示。"克莱蒙特"号安装的蒸汽机功率为15 kW,推进器为明轮推进器,航速约为8 km/h。"克莱蒙特"号的试验成功使蒸汽机带动明轮推进器的船舶成为当时世界的潮流,宣布了船舶动力的发展进入了一个新时代。

图3-84 "克莱蒙特"号蒸汽机船

1839年,第一艘装有螺旋桨推进器的蒸汽机船"阿基米德"号在英国问世,主机功率为58.8 kW。"阿基米德"号带来了船舰技术的发展,除了影响了商用船只外,同时也促使了皇家海军采用螺旋桨,还启发了"大不列颠"号的设计。该船是当时世界上最大的船只,也是第一艘穿越大西洋的螺旋桨推进式轮船。螺旋桨推进器充分显示出它的优越性,因而被迅速推广,逐渐替代明轮推进器成为现代船舶主流推进器。

1868年,中国第一艘载重600 t、功率288 kW的蒸汽机兵船"惠吉"号建造成功。该船是上海江南制造总局第一号火轮船,如图3-85所示。该船设计制造者为近代爱国科学家徐寿等人,船长185 ft,宽29.2 ft,吃水8 ft,约392马力[①],载重600 t,船上有炮18门,采用蒸汽机驱动轮船两侧明轮(推进器装在船身两侧)获得动力,是木质明轮兵船。"惠吉"号的建成是我国近代造船史上的一个里程碑。

图3-85 "惠吉"号兵船示意图

---

① 1马力(米制)=0.735 5 kW

1894年，英国的帕森斯用发明的反动式汽轮机作为主机，安装在快艇"透平尼亚"号上，在泰晤士河上试航成功，航速超过了60 km/h，这表明蒸汽轮机的工作效率已经远远超过传统往复式蒸汽机。蒸汽轮机主要由冷凝器、锅炉、汽轮机组成，燃料在锅炉中燃烧，锅炉中的水变成水蒸气从而推动汽轮机转动。蒸汽轮机具有工作平稳、可靠性高、热效率低、油耗高、单机功率大、经济性差等特点。

早期汽轮机船的汽轮机与螺旋桨是同转速的。后约在1910年，出现了齿轮减速、电力传动减速和液力传动减速装置。在这以后，船舶汽轮机都开始采用了减速传动方式。

3.4.3 柴油机动力

1897年，德国狄塞尔制造厂推出了当今世界上第一台使用压缩机点火的柴油内燃机——"狄塞尔"内燃机，从而彻底翻开了柴油机工业发展的历史新篇章。1902—1903年在法国建造了一艘柴

3-6 内燃机时代船文化

油机海峡小船。1903年，世界上第一艘柴油机船舶"万达尔"号由俄国人建造成功。该船虽然装备了3台88 kW的柴油机，但真正推动螺旋桨工作的却是由这3台柴油机分别带动的3台电动机。所以，"万达尔"号还应该是世界上第一艘电力推进的船舶。随着柴油机制造技术和控制技术的不断提高，柴油机本身具有的效率高、占地少、管理和控制方便的优点，使得它在船舶上得到了广泛的应用。20世纪中叶，柴油机动力装置成为运输船舶的主要动力装置。

此外，柴油机还是船舶燃气轮机推进系统和电力推进系统的主要设备。作为柴油机推进系统的主要设备，低速柴油机和中速柴油机的技术发展趋势是：单机、单缸功率越来越大；不断降低排放和烟度，提高环保性能；优化产品性能，提高主机经济性；用智能型主机替代传统型主机，提高综合经济效益等。

3.4.4 燃气轮机动力

1947年，英国首先将航空用的燃气轮机改型，然后安装在海岸快艇"加特利克"号上，以代替原来的汽油机，其主机功率为1 837 kW，转速为3 600 r/min，经齿轮减速箱和轴系驱动螺旋桨。这种装置的单位质量仅为2.08 kg/kW，远比其他装置轻巧。20世纪50年代，燃气轮机开始用于民用船舶。燃气轮机的优点是质量小、体积小、单机功率大、机动性能高、操纵和管理方便。但是，燃气轮机的经济性比较差、寿命短，对燃油的品质要求高，维护保养困难。因此，燃气轮机动力装置在民用船舶上应用极少。20世纪60年代前后，又出现了使用燃气轮机和蒸汽轮机联合动力装置的大、中型水面军舰。

目前，海军力量较强的国家，在大、中型船舰中，除功率很大的采用汽轮机动力装置外，几乎都采用燃气轮机动力装置，且舰用燃气轮机系列已发展完善并定型。随着燃气轮机使用范围的扩大，使用方式由一轴一机扩展到一轴多机，包括蒸汽轮机和燃气轮机联合装置、柴油机和燃气轮机联合装置、柴油机和燃气轮机交替使用装置、燃气轮机和燃气轮机联合使用装置或交替使用装置等。按不同的使用方式，用同一种燃气轮机组合的功率范围基本可以覆盖从快艇到轻型航母等各类大、中型水面舰艇。作为燃气轮机推进系统的主要设备，燃气轮机的技术发展趋势是：对现有机型进行技术改造，降低排放和信号特征，不断改善其可靠性和可用性；在简单循环燃气轮机基础上，发展回热或中冷回热船用燃气轮机，从而提高单机的功率和效率。

3.4.5 核动力

原子能的发现和利用又为船舶动力开辟了一个新的途径。1954年,美国建造的核潜艇"鹦鹉螺"号下水,功率为11 025 kW,航速为338 km/h,如图3-86所示。

图3-86 "鹦鹉螺"号核潜艇

1959年,苏联建成了核动力破冰船"列宁"号,功率为32 340 kW;同年,美国核动力商船"萨瓦纳"号下水,功率为14 700 kW。核动力装置的主要特点是燃料的质量极轻、船舶的续航能力极大、不用空气助燃、不需进排气管道等。但是,由于造价高、核反应堆的防护难度大、技术复杂等原因,在民用船舶上的使用甚少。现有的核动力装置都是采用压水型核反应堆汽轮机,主要用在潜艇和航空母舰上。

核动力最大的优点就是十分环保,随着社会的发展和绿色生活的兴起,环保的核动力装置将会有巨大的发展潜力。鉴于其在船舶推进的应用中体现出功率大、耗费少、稳定性高、易控性强以及环保性高等特点,核动力是符合现代船舶发展的理想动力。现阶段,全世界广泛采用核动力装置,其应用逐步扩大至大功率船舶、大吨位船舶以及潜艇领域,整体有着相当积极的发展前景。不过核动力装置技术要求高、维护和保养成本高以及核燃料的反射性污染是我们在使用时需要考虑的问题。

3.4.6 燃料电池动力

燃料电池动力是利用燃料电池作为船舶主动力或辅助动力。燃料电池是一种通过电化学反应将化学物质转换为电能的转换装置。燃料电池具有很多优点,如有较高的能量转换率,能量转换持续性长,且十分节能环保,近年来被广泛应用到船舶动力系统中来。在我国,燃料电池动力系统当前已经进入实用阶段。燃料电池噪音小、污染低且能效高,军用船舶、科考船、游览船、客船等都广泛地采用了燃料电池作为船舶的动力。

当前,燃料电池的应用还具有一定的限制性,燃料电池价格高、燃料供应与提取的技术还不够成熟,这些都成为限制燃料电池动力系统普及的阻碍。加强燃料电池作为船舶动力的应用,一是提高燃料电池燃料提取水平,促进燃料供应站以及之后供应网的建设工作;二是加强对燃料电池的研发工作,以提高燃料电池的使用性能和可靠性,保障燃料电池动力系统使用的安全。

2017年11月,世界首艘2 000 t级内河水域新能源电动自卸船"大慧"号(图3-87)在南沙吊装下水,该船以双电(锂电池+超级电容)为动力,它的成功研制标志着绿色航运的到来。

图 3-87 "大慧"号

3.4.7 混合动力

随着技术的不断发展,新型混合动力成为当前热门的船舶动力。混合式船舶动力是一种泛指同时应用两种及两种以上的动力能量综合资源或动力存储设备,为大型船舶航行提供动力推动和作用力的综合支撑。它于 20 世纪 70 年代从传统轴带式柴油发电机的设计基础上逐渐开始发展。新型现代混合动力装置通过传动耦合柴油机(气体机)与电机来驱动,或者具有一种以上电力来源(如柴油机发电、气体机发电、燃料电池、太阳能、风能、锂电池、超级电容等)的电动机来驱动。

混合动力在目前技术条件支持下,发展空间与潜力巨大。但是针对混合动力系统关键技术的研究还不够完善,如变频器的应用、机桨匹配特性、安全保护和监测控制系统等。

3.4.8 太阳能动力

太阳能具有清洁、环保、资源丰富且取之不尽、用之不竭的特点。当前太阳能技术被广泛地应用在各行各业,船舶动力应用太阳能也是其发展趋势之一。通过利用太阳能发电技术,可将太阳能电池作为船舶的主动力或辅助动力。

当前,太阳能在船舶动力中的应用还处于起步阶段,技术还有待于进一步完善,未来有待于进一步发展。对太阳能动力的应用,还需要进一步提高光电技术的能量转化效率,加大太阳能电池板的表面积,以此来提高船舶的续航能力,提高航行里程和航行时间。

专题3.5　名 船 名 舰

【学习目标】

1. 认知国内外代表性的船舰；
2. 了解名船名舰队。

3.5.1　古代最大的木制帆船——郑和宝船

郑和宝船(图3-88)是郑和船队中最大的海船,是郑和船队中的主体,也是郑和率领的海上特混舰队的旗舰,它在郑和船队中的地位相当于现代海军中的旗舰、主力舰。郑和宝船供郑和船队的指挥人员、使团人员及外国使节乘坐。同时,用它来装运宝物,有明朝皇帝赏赐给西洋各国的礼品、物品,也有西洋各国进贡明朝皇帝的贡品、珍品,还有郑和船队在海外通过贸易交换得来的物品。为此,称为"宝船",意为"运宝之船"。

图3-88　郑和宝船

根据《明史·郑和传》记载,郑和乘坐的是44丈[①]长、18丈宽的大号宝船。船首正面有威武的虎头浮雕,两舷侧前部有庄严的飞龙浮雕或彩绘,后部有凤凰彩绘,舭部板上方绘有展翅欲飞的大鹏鸟。郑和宝船采用全木结构。明代船舶工艺发展到有锹钉、铁锔、铲钉、蚂蟥钉等,使复杂的木结构可以轻而易举地通过各种船钉拼合、挂锔、加固在一起,不至于"散架"。郑和宝船的桅帆总体设计上采用纵帆型布局、硬帆式结构,帆篷面上带着撑条相当于筋的加固作用。史书记载的郑和宝船据推算排水量近2 500 t,在当时拥有极为先进的工艺水平。

---

① 1丈≈3.33米。

3.5.2 "永不沉没的船"——"泰坦尼克"号

"泰坦尼克"号(RMS Titanic),又译作"铁达尼"号(图3-89),是英国白星航运公司下辖的一艘奥林匹克级游轮,排水量46 000 t,于1909年3月31日在哈兰德与沃尔夫造船厂动工建造,1911年5月31日下水,1912年4月2日完工试航。"泰坦尼克"号是当时世界上体积最庞大、内部设施最豪华的客运轮船,有"永不沉没的船"的美誉。

图3-89 "泰坦尼克"号

"泰坦尼克"号全长269.06 m,宽28.19 m,从龙骨到船桥顶部的高度为31.69 m,吃水10.5 m,吃水线到甲板的高度为18.3 m,总注册吨位46 328 t,排水量52 310 t,动力43 MW,航速每小时23~24 kn,总共可搭载3 547名乘客和船员。动力装置包括两台往复式四缸三胀倒缸蒸汽机以及一台帕森斯式低压蒸汽轮机,驱动3个螺旋桨。船上的25台双端以及4台单端锅炉的动力来自159台煤炭熔炉,强大的动力使"泰坦尼克"号的最大速度达到23 kn。全船分为16个水密舱,连接各舱的水密门可通过电开关统一关闭。"泰坦尼克"号良好的防水措施,使得它在任何4个水密舱进水的情况下都不会沉没。不幸的是,在它的处女航中便遭厄运——它从英国南安普敦出发驶向美国纽约。1912年4月14日23时40分左右,"泰坦尼克"号与一座冰山相撞,造成右舷船首至船中部破裂,6间水密舱进水。4月15日凌晨2时20分左右,船体断裂成两截后沉入大西洋底3 700 m处。2 224名船员及乘客中,1 517人丧生,其中仅333具罹难者遗体被寻回。"泰坦尼克"号沉没事故为和平时期死伤人数最多的一次海难。

3.5.3 中国人的航母梦——"辽宁"号和"山东"舰

"辽宁"号航空母舰(代号001型航空母舰,舷号16,简称"辽宁"舰),是中国人民解放军海军隶下的一艘可以搭载固定翼飞机的航空母舰,也是中国第一艘服役的航空母舰,如图3-90所示。

"辽宁"号航空母舰前身是苏联海军的库兹涅佐夫元帅级航空母舰次舰"瓦良格"号。20世纪80年代中后期,"瓦良格"号于乌克兰建造时遭逢苏联解体,建造工程中断,完成度68%。1999年,中国购买了"瓦良格"号,于2002年3月4日抵达大连港。2005年4月26日,"瓦良格"号开始由中国海军继续建造改进。解放军的目标是对此艘未完成建造的航空母舰进行更改制造,将其用于科研、实验及训练。2012年9月25日,改建完成,正式更名"辽宁"号,交付中国人民解放军海军。

图3-90 "辽宁"号航空母舰

2013年11月,"辽宁"舰从青岛赴中国南海展开为期47天的海上综合演练,其间中国海军以"辽宁"号航空母舰为主编组建了大型远洋航空母舰战斗群,战斗群编列近20艘各类舰艇。这是自"冷战"结束以来除美国海军外西太平洋地区最大的单国海上兵力集结演练,亦标志着"辽宁"号航空母舰开始具备海上编队战斗群能力。

中国人民解放军海军"山东"舰,舷号为17,是中国首艘自主建造的国产航空母舰,由中国自行改进研发而成,是中国真正意义上的第一艘国产航空母舰。该舰于2013年底在大连造船厂建造,2019年12月17日,在海南三亚某军港交付海军。

3.5.4 超大型原油船"零"突破——"德尔瓦"号

"德尔瓦"号是我国自行建造的第一艘30万吨级超大型油船(VLCC),由大连新船重工有限责任公司为伊朗国家油船公司建造,如图3-91所示。该船入挪威船级社(DNV)船级,挂伊朗旗,达到了当今国际先进水平,实现了中国超大型油船建造"零"的突破。

"德尔瓦"号货舱区为纵骨架式结构,双层底和甲板区域纵向构件采用高强度钢,高强度钢的质量超过全船钢材质量的30%,其余船体结构均使用普通碳钢。船体结构疲劳寿命要求提高到40年(常规船舶通常为20~25年),设计人员对货舱区所有纵骨在货舱中部和横舱壁处的连接进行了认真研究和特殊考虑。该船主机采用苏尔寿7RTA84T-D机型,设有3台柴油发电机、1台应急发电机、2台辅锅炉和1台废气锅炉。

"德尔瓦"号适于载运闪点低于60℃的原油产品,航行于无限航区。货舱区为双壳结构,由两道纵舱壁和横舱壁将其分为15个货油舱、2个污油舱。货舱分为3组,配有3台货油泵和3组管路。机舱和甲板室设于艉部,燃油深舱也设置了双壳保护。本船设有球艏、球艉、悬挂舵和单螺旋桨。

图 3-91 伊朗"德尔瓦"号

3.5.5 万吨级远洋科学考察先锋——"向阳红 10"号

"向阳红 10"号是中国自行设计制造的第一艘万吨级远洋科学考察船,1979 年 11 月由上海江南造船厂建成并交付国家海洋局东海分局使用,如图 3-92 所示。

图 3-92 "向阳红 10"号科学考察船

"向阳红 10"号排水量 13 000 t,设置 9 000 马力柴油机 2 台,舰载大型直升机 2 架,双桨双舵,并且在舵上还带有螺旋桨,船中舯部有防摇鳍,船的操纵性和适航性能极好,最大航程 12 000 n mile,巡航速度 20 kn。其在 12 级风中可以坚持航行,在任何两舱进水的情况下,不致下沉。"向阳红 10"号主要承担大洋的海洋水文、气象、水声、物理化学、地球物理、地质地貌、海洋生物等调查研究,为发展海洋科学和开发海洋资源服务,完成了我国首次南极考察队对南大洋、南极洲的科学考察任务。

1999 年,"向阳红 10"号由江阴澄西船舶修造厂改装,主要对航天测量、航海气象、通信导航设备及船体结构、动力装置、甲板机械、房舱进行了重大改造,后正式交付中国卫星发射测控系统部海上测控部使用,更名为"远望 4 号"航天测量船。2011 年,国家海洋局批准新建科考船"向阳红 10"号,2014 年 3 月 28 日入列国家海洋调查船队。

3.5.6 创造载人深潜新纪录——"蛟龙"号和"奋斗者"号

"蛟龙"号又称"海极 1"号,如图 3-93 所示,是一艘由中国自主集成研制的 7 000 m 级载人潜水器。"蛟龙"号由中国船舶工业集团公司第七〇二研究所设计,长、宽、高分别是 8.2 m、3.0 m、3.4 m,空重不超过 22 t,最大荷载是 240 kg,最大速度为 25 kn,当前最大下潜深度为 7 062.68 m,最大工作设计深度为 7 000 m,理论上它的工作范围可覆盖全球 99.8% 海域。

图 3-93 "蛟龙"号

2012 年 6 月 1 日 10 时 30 分,"蛟龙"号舱门打开后,3 名潜航员进入潜器,开始舱内操作检查。潜器下潜之后与船上的通信主要依靠声学吊阵装备,它类似于"水中天线"。2012 年 7 月 16 日上午,随着"向阳红 09"号船顺利返抵青岛,为期 44 天的"蛟龙"号载人潜水器 7 000 m 级海试任务圆满完成,同时也标志着"蛟龙"号历时 10 年的研制和海试工作圆满结束。

"蛟龙"号可运载科学家和工程技术人员进入深海,有效执行海洋地质、海洋地球物理、海洋地球化学、海洋地球环境和海洋生物等科学考察,对于我国开发利用深海的资源具有重要的意义。

"奋斗者"号是我国研发的万米载人潜水器,如图 3-94 所示,于 2016 年立项,由中国船舶工业集团公司第七〇二研究所"蛟龙"号、"深海勇士"号载人潜水器的研发力量为主的科研团队研制。

图3-94 "奋斗者"号

"奋斗者"号载人潜水器采用了安全稳定、动力强劲的能源系统,拥有先进的控制系统和定位系统以及耐压的载人球舱和浮力材料。2020年10月27日,"奋斗者"号在马里亚纳海沟成功下潜,首次突破万米;11月10日,创造了10 909 m的中国载人深潜新纪录。

【思考题】

1. 讨论中国古代舟船发展的历程。
2. 造船技术的未来发展方向是什么?
3. 说说新中国造船业的发展概况。
4. 船舶主船体由哪几个部分组成?
5. 船舶有哪些舱室?
6. 船舶主参数有哪些?
7. 根据船舶常用的分类方法,对船舶进行分类。
8. 常见的运输船有哪几种?
9. 战斗舰艇有哪些?各自能执行什么样的任务?
10. 谈谈挖泥船和起重船的用途。
11. 简述船舶动力的类型与发展状况。
12. 简述船舶动力的发展历程。

模块4 航海类专业培养体系

专题4.1 航海技术专业人才培养体系

【学习目标】

1. 了解航海技术专业人才的要求;
2. 了解航海技术专业核心理论课程的内容;
3. 了解航海技术专业各评估项目的基本内容及学习要求。

航海技术专业属于交通运输工程和载运工具运用工程学科,其主要培养适应社会需求的德、智、体、美、劳全面发展的,具备船舶驾驶、船舶运输管理等方面的知识和技能,符合国家教育方针和国际国内相关法规要求,综合素质好,环保意识和可持续发展意识强,具有国际竞争能力的高级航海技术应用型人才。

学生毕业后适合在海洋运输各企事业单位、政府主管机关、研究单位和教育培训机构从事船舶驾驶、航运管理、港口引航、海事管理、科研或教学等工作。

4.1.1 航海技术专业人才基本要求

为系统培养航海技术专业人才,大多航海高等院校开设船舶原理、航运业务与海商法、GMDSS综合业务、通信英语、船舶结构与设备、航海气象与海洋学、航海仪器、航海学、海上货物运输、船舶管理、船舶操纵、船舶值班与避碰等课程,并且提出人才培养的素质知识、能力要求。

1. 素质要求

(1)热爱祖国,拥护中国共产党的领导,政治立场正确。

(2)有良好的道德品质,具备社会责任感,遵守社会公德和法律。

(3)理论联系实际,勤奋好学,掌握基础的科学知识和基本专业技能,得到创新意识、适应能力的初步培养和训练,具有到一线工作的吃苦精神。

(5)具有健康的身体、健全的人格、良好的心理素质和行为习惯,具有合作精神。

2. 知识要求

(1)掌握船舶驾驶及运输管理所必需的较为系统的基础科学理论,扎实的学科基础理论和必要的专业知识,了解相关的科技发展动向。

(2)掌握组织船舶安全航行、货物运输、航运管理等方面的实践知识和技能,具有海洋环境保护观念。

(3) 熟悉国际、国家关于船舶驾驶、海洋运输、港口贸易等方面的政策和法律、规章。

(4) 了解基本的军事和国防知识。

3. 能力要求

(1) 具有较强的分析、解决航海技术和工程实际问题的能力,初步的科技研究和开发能力,组织管理、生产经营能力和自学能力。

(2) 具有正确运用本国语言、文字的表达能力,基本掌握一门外语,具有较强的外语与计算机应用能力。

(3) 掌握文献检索、资料查询的基本方法,具有较强的自学能力和一定的独立工作能力。

(4) 了解体育运动的基本知识,掌握科学锻炼和养护身体的知识与方法,身心健康,达到大学生体育合格标准。

4.1.2 航海技术专业核心课程介绍

高等航海教育兼具学历教育与高等职业教育的双重性质,与产业经济的联系十分紧密,因此,高等航海教育核心课程设置受到 STCW 公约影响,学校必须按照公约要求设置核心课程。

1. 船舶操纵与避碰

船舶操纵与避碰涵盖了高等航海教育中船舶操纵、船舶值班与避碰、船舶信号的内容,包含船舶操纵基础、各种环境下的船舶操纵、应急操船、搜寻和救助行动、轮机概论、避碰规则内容的全面知识、航行值班中应遵守的原则、驾驶台资源管理、用视觉信号发出和接收信息等。

2. 船舶管理

船舶管理涵盖了高等航海教育中船舶管理、航运业务与海商法的内容,包含船员职务职责、船舶安全生产规章制度、国际海事公约、国内海事行政法规、船舶检验、海洋与海洋环境保护、船舶应急、船舶资源管理、远洋运输相关知识、班轮运输、集装箱运输与多式联运、不定期船运输、海上旅客运输与海上拖航、船舶碰撞、海难救助、共同海损法律与实务、海事赔偿责任限制与油污损害赔偿、海上保险、保赔与海事争议、沿海运输有关法规、规范与实务、船舶修理等。

3. 船舶结构与货运

船舶结构与货运涵盖了高等航海教育中船舶结构与设备、海上货物运输的内容,包含船舶常识、船体结构基础知识、干货船主要管系、起重设备、货舱、舱盖及压载舱、船舶货运基础、船舶载货能力、船舶稳性、船舶吃水差、船舶抗沉性、船舶强度、包装危险货物运输、普通杂货运输、特殊货物运输、集装箱货物运输、散装谷物运输、散装固体货物运输、散装液体货物运输等。

模块4 航海类专业培养体系

4. 航海学

航海学涵盖了高等航海教育中的航海学、航海仪器、船舶导航雷达、航海气象与海洋学的内容,包含航海基础知识、海图、船舶定位、天球坐标系与时间系统、天文船位误差、罗经差、潮汐与潮流、航标、航线与航行方法、船舶交通管理、电子海图显示与信息系统(ECDIS)、电子定位和导航系统、回声测深仪、磁罗经和陀螺罗经、使用来自导航设备的信息保持安全航行值班、使用雷达和自动雷达标绘仪保持航行安全、气象学基础知识、海洋学基础知识、天气系统及其天气特征、天气图、船舶气象信息的获取和应用、船舶气象导航等。

5. 航海英语

航海英语内容主要是与航海技术有关的文献文章及英文版航海图书资料、法规文件及其常用术语、词汇词组等。作为船员适任证书理论考试科目,航海英语考试大纲所列考察内容主要是与航海相关的,例如,航海图书资料、航海仪器、航海气象、船舶操纵、船舶避碰、船舶结构与设备、船舶货运技术、国际海事公约、航运法规与业务、船舶安全管理等方面的英语阅读与写作能力。

4.1.3 航海技术专业的实训、实习主要内容与评估考证要求

随着国际海运事业的发展,船舶也正在向着大型化、多样化、智能化的方向发展,尽管现代化的船舶上都安装了先进的通信、导航、助航设备,但是各种各样的事故仍然层出不穷,不仅造成了巨大的经济损失,而且导致了大量的人员伤亡。通过对大量事故的科学分析发现,导致事故的原因都与航海人员的人为因素和设备局限性有关。因此,制定完善的培训体系,加强对航海人员的培训,从而培养出具有较高理论素养和操作技能的航海人员,是最大限度地减少人为失误,减少甚至避免事故发生的重要环节。

我国是 STCW 公约的缔约国,在 2010 年,马尼拉修正案通过后,为完成缔约要求,中国国家海事局制定了一系列的船员培训、考试和发证办法,以加强对我国航海从业人员的教育培训,提高理论素养和实践技能。其中《中华人民共和国海船船员适任评估大纲和规范》列出了航海技术专业(船舶驾驶)各层次不同科目的实践技能要求。

航海技术专业评估规范制定的评估科目总计有如下 7 项。

1. 驾驶台资源管理

驾驶台资源管理主要涵盖驾驶台物资、人力资源的管理和综合运用,包括船舶在特殊水域航行的计划制定与实际操作,偶发事件的预测、判断、应对措施等。

2. 电子海图(ECDIS)

电子海图内容包括系统的组成与检查、数据与显示、安全参数的设置、利用 ECDIS 进行航线设计与航次计划、航行监控、记录航海日志、认识过分依赖电子海图的风险、系统测试与备用配置等。

3. 航海仪器

学习船舶上安装的磁罗经和陀螺罗经、计程仪、回声测深仪、船载 GPS/DGPS 卫星导航

· 93 ·

仪、船载 AIS 设备的正确操作。

4. 航线设计

本项目训练内容有:海图及图书资料改正,海图及图书资料的抽选,查阅航海图书资料,绘制航线、编制航线表、航迹推算。

5. 货物积载与系固

本项目训练内容有:船舶主要配载标志辨识及应用、货物包装和标志辨识及应用、货物积载与系固方法辨识、货物配载图辨识及应用、船舶相关性能核算。

6. 雷达操作与应用

使用雷达和自动雷达标绘仪以保持航行安全,训练内容有:雷达基本操作与设置、雷达观测、雷达导航、雷达人工标绘、雷达自动标绘、AIS 报告目标、试操船。

7. 航海英语听力与会话

充分考虑 STCW 公约马尼拉修正案的要求以及航海英语适任考试大纲中针对船舶驾驶员在阅读能力、写作能力、听力能力和会话能力的要求。例如掌握航海英语词汇 3 000 个以上;能读懂 STCW 公约对船舶三副要求读懂的文献,例如航海仪器的说明书;能完成 STCW 公约对船舶三副要求的英语写作任务,例如填写航海日志;能够听懂并理解 STCW 公约对船舶三副要求听懂的英语交流内容,例如通过 VHF 所进行的口语交流内容;能够进行 STCW 公约对船舶三副要求进行的口语沟通,例如与 VTS 之间的交流。

专题 4.2　轮机工程专业人才培养体系

【学习目标】

1. 了解轮机工程技术专业人才的要求;
2. 了解轮机工程专业核心理论课程的内容;
3. 了解轮机工程专业各评估项目的基本内容及学习要求。

4.2.1　轮机工程专业人才基本要求

轮机工程专业是历史悠久、知识丰富且有很强实践性和国际竞争力的综合应用型专业。本专业按照"培养高素质、强能力,具有创新精神和发展潜力的交通行业一线应用型人才"的定位,以船舶与海洋工程、电气工程等理论为基础,以信息化、数字化、智能化轮机为发展方向,培养适应海洋运输企事业单位生产和管理第一线需要的高素质应用型人才。

本专业培养适应社会需求的、德、智、体、美、劳全面发展的符合国际公约和国家法规相关要求,具备轮机工程系统知识及技能,综合素质好,能在海洋运输各企事业单位、政府主管机关、教育培训机构从事现代化轮机管理、机电设备管理、船机修造管理或教学等方面工作,能胜任现代化船舶机电管理技术工作,在相关领域具备一定国际竞争能力的应用型高级工程技术人才。

本专业学生主要学习轮机工程和船舶电子电气设备管理等的基本理论和基本知识,受到船舶管理、轮机维修、船舶电气、船机修造等方面的基本训练,具有实际操作、管理现代化船舶机电设备、轮机科技创新的基本能力。

毕业生应获得以下几方面的素质、知识和能力。

1. 素质要求

(1)热爱祖国,拥护中国共产党的领导,政治立场正确,思想稳定,具有为国家富强、民族振兴而奋斗的理想。

(2)具有良好的思想品德品质、社会公德和海员职业道德,敬业爱岗、艰苦奋斗、遵纪守法、团结合作,有为航运事业奉献的意识和精神。

(3)理论联系实际,勤奋好学,掌握基础的科学知识和基本专业技能,得到创新意识、适应能力的初步培养和训练,具有到一线工作的吃苦精神。

(4)积极参加体育锻炼,达到大学生体育锻炼标准和国家海事局要求的身体素质;受到必要的军事训练和半军事管理,具有健康的身体、健全的人格、良好的心理素质和行为习惯。

2. 知识要求

(1)掌握船舶机电管理领域所必需的较为系统的基础科学理论、扎实的学科基础理论和必要的专业知识,了解相关的科技发展动向。

(2)掌握船舶管理、轮机维修、电子电气与控制工程、船机修造的实践知识和技能,具有海洋环境保护观念。

(3)熟悉国际、国家关于航海、水运方面的公约、方针、政策和法规。

(4)了解基本的军事和国防知识。

3. 能力要求

(1)具有较强的分析解决轮机工程和船机修造工程实际问题的能力,初步的科技研究和开发能力、组织管理能力。

(2)具有较强的英语和计算机应用能力,能比较熟练地阅读本专业英文图书资料,书写业务函件及单据等,并具备一定的听说能力。

(3)有独立获取本专业知识、更新知识和应用知识的能力,掌握文献检索、资料查询的基本方法,具有较强的自学能力。

(4)系统地掌握船舶机电设备管理所需的各种知识,能胜任船舶机舱值班工作,具有较强的动手能力和独立工作能力。

(5)能熟练掌握车、钳、焊等基本工艺,具有对船舶机电设备的运行工况及其性能参数进行测量分析和调整的能力。

(6)了解体育运动和心理学的基本知识,掌握科学锻炼身体的基本技能,达到国家规定的大学生体育合格标准,具备健全的心理和健康的体魄,具有适应国际海船船员要求的身体素质和心理素质。

4.2.2 轮机工程专业核心课程介绍

轮机工程专业根据国际海事组织 STCW 公约马尼拉修正案和我国相关海事法规的要求,以"服务航运经济发展为宗旨,行业需求为导向,航海岗位职业技能培养为主线",培养具有较强的实践技能和创新能力的高级应用型人才,将海船船员适任标准融入日常教学中,实施学位教育与职业资格教育相融合的"双证书"培养模式,实现毕业生与工作岗位的"无缝对接",确保培养出符合国际要求的航运人才。

学生在校期间,一方面,学生需要通过学历教育,毕业时获取学历证书;另一方面,需要参加国家海事局组织的适任考试,获取"三管轮"适任证书考试合格证明,具备一毕业就能上岗的资格和能力。

根据专业教学的基本要求,轮机工程专业按照夯实基础、专业理论+基本技能+职业技能教育、参加海上航行适岗实习和毕业设计的流程,开展学历教育+职业教育的教育形式构建基于国际海事组织的 STCW 公约、满足教育法规要求的"应用型人才国际化培养"模式。

其主要的教学内容分为理论教学、实践教学和船员专业技能适任培训三大部分。其中,理论教学和实践教学具有双重功能,既满足学历教育,又满足船员适应拟任岗位所需的专业技术知识和能力;船员专业技能适任培训是专门为满足职业证书而设置的。

根据《中华人民共和国海船船员适任考试大纲》的规定,无限航区一等三管轮证书适任考试的科目为:主推进动力装置、船舶辅机、船舶电气与自动化、船舶管理、轮机英语五门。根据以上五门适任考试科目的考试大纲,结合学历教育的要求,本专业开设的核心理论课程有:船舶主推进装置、船舶辅机、船舶电气与自动化、船舶管理、轮机英语等。各门核心课程的主要介绍如下。

1. 船舶主推进装置

船舶主推进装置是轮机工程专业的重要专业课之一,是 STCW 公约所要求的海船船员必修知识,也是国家海事局海船船员适任证书考试的必考内容之一。柴油机是船舶推进装置的主动力,也是船舶发电装置的原动力,还是救生艇的推进装置和应急消防泵的动力来源。因此,轮机工程专业的学生必须系统地学习本课程的理论知识,并进行必要的实验和实践技能的训练,掌握船舶柴油机的使用、维护、保养所必需的知识技能。通过本课程的学习,使学生掌握柴油机的基本工作原理、性能、各附属系统等方面的基本理论知识,掌握柴油机的基本结构形式、零部件的构造、维护保养、运转管理等方面的基本知识,以满足现代船舶对轮机管理人员主推进动力装置理论与实践技能的要求。

本课程的主要内容有:理论力学,材料力学,机构与机械传动,金属材料及其工艺,船机零件的摩擦与磨损,船机零件的腐蚀及其防护,船机零件的疲劳破坏,柴油机的基本知识,柴油机主要部件及检修,燃油的喷射与燃烧,柴油机的排放控制,柴油机的换气与增压,船舶动力系统,柴油机的调速装置,柴油机的启动、换向和操纵,柴油机电子控制技术,示功图的测录与分析,柴油机的运行管理与应急处理,动力装置概述,轴系、螺旋桨、柴油机及推进轴系的振动和平衡,船舶推进装置的工况配合特性。

船舶主推进装置课程的特点:

(1)本课程是一门应用性和实践性很强的学科,学生学习后可掌握船舶柴油机的工作

原理、使用、维护、保养等知识,如果要获得高级船员资质,还应通过国家海事局组织的评估考试;

(2)对于轮机工程专业,本课程是必修课;

(3)本课程强调理论与实践相结合,注重知识与经验相结合;

(4)本课程内容系统性较强,各章节联系比较密切,部分内容比较抽象,有一定的学习难度。

2. 船舶辅机

船舶辅机是一门多科性的综合专业课程,其内容庞杂,涉及范围广,学科覆盖能力强。在教学中既要重视理论知识的讲授,又要重视学生实践技能的培养。船舶辅机是轮机工程专业的一门重要的主干专业课程,也是国家海事局规定的海船船员适任证书统一考试科目。

本课程研究的主要内容有:船用泵和空气压缩机、甲板机械、船舶制冷装置和空气调节装置、船舶辅锅炉装置和海水淡化装置。

船舶辅机课程的特点是:

(1)是实用性很强的一门学科;

(2)其理论知识较为抽象,涉及多门基础学科,计算复杂,学习难度较大,易造成教师难教和学生厌学的情况;

(3)课程必须满足 STCW 公约和《中华人民共和国海船船员适任考试大纲》的相关要求,内容不断更新;

(4)本课程强调理论与实践相结合;

(5)课程的各部分内容没有直接密切的联系。

船舶辅机课程的目的在于使学生较为全面地理解各种船舶辅机的工作原理、性能特点、典型结构,并掌握管理要点;培养学生科学地管理、使用、维修及评估设备系统的技术能力,分析处理常见故障的独立工作能力和及时了解与正确管理船舶辅机先进技术设备的能力,满足 STCW 公约和《中华人民共和国海船船员适任考试大纲》对本课程的要求,并具有一定的设计能力。

3. 船舶电气与自动化

船舶电气与自动化是为轮机工程专业学生开设的专业课程。该课程涉及的内容较多,具有较强的理论性和实践性,是电工技术、控制技术和自动化技术在船舶上应用的一门综合性课程。通过本课程的学习,学生能从中获得船舶电气设备的工作原理和运行管理方面的基本知识、基本理论和基本技能,以及独立操作和管理船舶电气设备的综合能力,掌握自动控制技术并建立系统的概念。掌握分析实际问题和应对问题的方法,为日后适任岗位、进一步深入学习和研究打下坚实的基础。

该课程研究的主要内容有:

船舶电气与自动化涵盖的内容有船舶电子、电气基础,船舶电机与电力拖动系统,船舶发电机和配电系统,船舶电气、电子设备的维护与修理、故障诊断与功能测试,船舶反馈控制系统基础,船舶计算机及船舶网络基础,船舶机舱辅助控制系统,船舶蒸汽锅炉的自动控制,船舶主机遥控系统,船舶机舱监测与报警系统,船舶火灾自动报警系统。

本课程根据当代船舶电气工程技术的发展和航运管理的实际需要,结合多年理论教学和实践教学的体会,注重理论原理与应用技术相结合,突出应用型和针对性,取材新颖,深浅适度,为日后适任岗位及进一步深入学习和研究打下扎实的基础。

4. 船舶管理

船舶管理是轮机工程技术专业的专业必修课之一,是依据 STCW 公约中船舶作业管理和人员管理功能而设置的一门课程。该课程是建立在轮机工程专业的各项基础课程和专业课程之上的一门跨学科综合应用型课程,同时又是高级船员职务晋升考试的必考课程,其涉及知识面广、实践性强。本课程需在专业基础和其他专业课程学习完成的基础上进行学习,可使过去学过的各门专业课的理论和管理方面的知识得到进一步的系统化提升。

随着船舶模式的不断创新及管理认识的提高,海船船员综合素质方面的要求也越来越高,因此,从适岗的要求出发,需要加强知识能力教育和资源管理能力的应用。通过本课程的学习,确保学生达到海船船员操作级的基本理论要求,同时为管理级打下坚实的理论基础。

船舶管理的主要内容由船舶原理、船舶及船员相关国际法规、船舶经济性及安全管理、船舶资源管理四个相关的知识模块组成,各知识模块所包含的内容如下。

(1)船舶原理知识模块:

①船舶发展与分类;②船舶结构;③船舶适航性能。

(2)船舶及船员相关国际法规知识模块:

①船舶防污染管理;②船舶营运安全管理;③船舶人员管理。

(3)船舶经济性及安全管理模块:

①船舶营运经济性管理;②船舶安全操作及应急处理。

(4)船舶资源管理知识模块:

①船舶物料、备件、油料管理;②机舱资源管理。

船舶管理的主要特点:

(1)船舶管理是实践性很强的学科;

(2)本课程涉及的法规等方面知识理论性较强,操作内容较少,易造成教师照本宣科和部分学生缺少兴趣的情况;

(3)本课程是原动力装置管理(轮机管理)、造船大意、船舶安全与管理、资源管理等课程的综合,需先修较多学科,重在理论结合实践,对于国内部分院校在校期间无法上船实习的学生来说,学习难度较大;

(4)本课程的内容有系统性,因此,要求学生首先掌握基本知识,然后通过具体案例,将理论知识应用到具体实践中。

5. 轮机英语

轮机英语是为轮机工程专业学生开设的一门专业必修课,轮机英语教学紧密围绕专业培养,符合国际海事组织 2010 年修订的《1978 年国际海员培训、发证和值班标准国际公约》和能胜任现代船舶机电管理技术要求、具有国际竞争力的高级工程技术人才的目标,结合轮机工程专业毕业生远洋工作的鲜明特点,在模拟真实工作的环境中传授给学生切实需要的理论和实际工作知识。

在公共英语和轮机基础英语教学的基础上,巩固、扩大学生的英语基础,培养学生阅读和翻译简明轮机英语出版物和有关技术资料的能力以及书写与本专业有关的简短文书的能力,使学生能以英语为工具,进行业务交流,在理论上达到 STCW 95 公约中规定的管理级船员应具备的英语水平,在实践技能上达到操作级船员应具备的英语水平。

课程主要教学内容:

本课程的主要教学内容包括船舶主推进动力装置、船舶辅助机械装置、船舶电气及自动化设备、船舶轮机的管理、国际公约和规范、轮机英语书写等,具体内容如下。

(1)船舶主推进动力装置

教学目的和要求:使学生能熟练阅读并理解船舶柴油机结构、工作原理、柴油机各工作系统、船舶轴系及主机新技术等方面的英文出版物和技术资料。

(2)船舶辅助机械装置

教学目的和要求:使学生能熟练阅读并理解船用泵,船用锅炉,液压甲板机械,船舶制冷和空调装置,船舶防污设备及船舶消防设备的结构、原理、使用及维修保养等英文内容及技术资料。

(3)船舶电气及自动化设备

教学目的和要求:使学生能熟练阅读并理解船舶电气及自动化设备工作原理及管理的英文资料。

(4)船舶轮机的管理

教学目的和要求:使学生熟练阅读并理解船舶动力设备管理的相关英文资料。

(5)国际公约和规范

教学目的和要求:使学生能熟练阅读并理解国际海上安全运行法规及有关国际公约的英文资料。

(6)轮机英语书写

教学目的和要求:使学生能熟练运用英语书写轮机日志,编制物料单、修理单;掌握如何书写油类记录簿和事故报告;掌握电函、信函的书写格式。

4.2.3 轮机工程专业的实训、实习主要内容与评估考证要求

实践教学在应用型轮机工程专业人才培养中有着理论教学不可替代的作用,学生的动手能力、综合能力和创新能力都需要实践教学环节来支撑。轮机工程专业以实践技能培养为核心,以企业需求为导向,以校企共建为途径,构建实践教学体系,实现产学无缝对接,形成"实验、实训与创新实践多维一体、有机结合"的实践教学体系。

实践教学体系努力实现"三通过、三提升"(即通过实验,提升学生动手能力;通过实训,提升学生综合应用能力;通过专业学科竞赛、创新科技项目和进企业项目组顶岗实习,提升学生创新素质),有效地培养学生学习、分析与解决问题的能力,强化学生的团队合作、规范竞争、开拓创新等海船轮机员应具备的基本意识和素质。

轮机工程专业评估大纲制定的评估科目总计有7项,具体为:金工工艺、船舶电工工艺和电气设备、船舶电气与自动控制、动力设备拆装、动力设备操作、机舱资源管理、轮机英语听力与会话。

1. 金工工艺

(1)教学目的

本课程是轮机管理专业教学计划中的重要实践环节。学生通过本课程达到了解车、钳、焊工艺基础知识;掌握初步的车、钳、焊操作技能,从而达到 STCW 公约中对轮机员车、钳、焊操作技能的要求;为学生顺利通过海事局海船船员适任评估中的金工工艺评估奠定基础。

(2)质量标准及要求

通过本实训项目的训练,在满足轮机工程专业学历要求的同时,使学生达到中华人民共和国海事局《中华人民共和国海船船员适任评估大纲和规范》对船员所规定的金工工艺项目的相关知识和技能,以及操作和应用能力的要求,满足国家海事局签发船员适任证书的必备条件。

(3)基本内容

车工工艺:工件的安装与找正;刀具安装、使用、刃磨;各种量具使用方法;外圆、内孔、端面、螺纹、锥面等车削加工方法;掌握车床安全操作与保养。

钳工工艺:锉刀、刮刀、手锯、台钻、管钳、丝锥、板牙等手动和电动工具的使用方法和操作技能;行铲、锉、锯割、钻孔、攻丝、套丝、刮研、管加工等加工方法和钳工装配。

电焊工艺:手工电弧焊设备特点及工艺使用范围;手工电弧焊进行板平焊、对接焊、角焊、管对接焊;熟知电焊安全操作规程。

气焊工艺:气焊设备特点及工艺使用范围;气焊(割)火焰调整、回火处理;气焊板切割、管对接焊并熟知气焊安全操作规程。

2. 船舶电工工艺和电气设备

(1)教学目的

本课程的任务是使学生达到中华人民共和国海事局《中华人民共和国海船船员适任评估大纲和规范》对船员所规定的船舶电工工艺和电气测试项目的实际操作要求,满足国家海事局签发船员适任证书的必备条件。

(2)质量标准及要求

学生通过本实训项目的训练,在满足轮机工程专业学历要求的同时,能达到中华人民共和国海事局《中华人民共和国海船船员适任评估大纲和规范》对船员所规定的船舶电工工艺和电气设备项目的相关知识和技能,以及操作和应用能力的要求,满足国家海事局签发船员适任证书的必备条件。

(3)基本内容

其内容有:万用表的使用;钳形电流表的使用;交流电压表和电流表的使用;便携式兆欧表的使用;继电器、接触器的维护和参数调整;电磁制动器间隙的测量和调整;线路、电路板及电气元件焊接;电气控制箱的维护与保养及故障的查找与排除;船用电机的维护保养;电缆的使用;照明设备的维护与检修。

3. 船舶电气与自动控制

(1)教学目的

本课程的任务是使学生掌握主配电板的组成、功用与日常维护的基本要求;掌握船舶电站的操作、管理和一般故障的处理;掌握船舶电力系统的继电保护装置组成并具有判断与排除故障的能力;掌握岸电箱的正确使用方法;了解船舶自动电站的安全运行管理规程和管理技术,能正确判断和处理船舶自动化电站的运行工况和主要故障;具备船用蓄电池的使用和维护、保养及具备现代海洋船舶轮机自动化的原理、性能以及日常维护能力和正确操作能力。

（2）质量标准及要求

学生通过本实训项目的训练,在满足轮机工程专业学历要求的同时,能达到中华人民共和国海事局《中华人民共和国海船船员适任评估大纲和规范》对船员所规定的电气与自动控制项目的相关知识和技能,以及操作和应用能力的要求,满足国家海事局签发船员适任证书的必备条件。

（3）基本内容

其内容有:船用配电板认识;船舶电站操作;船舶电力系统的继电保护;发电机电压调整器的认识和调整;船舶电站的维护与管理;船舶自动化电站;船用蓄电池;PID调节器的使用操作与调整;冷却水温度控制系统的操作与管理;燃油黏度控制系统的操作与管理辅锅炉燃烧时序控制系统的操作;分油机自动控制系统的操作机舱监视与报警系统的使用操作等。

4. 动力设备拆装

（1）教学目的

本课程的任务是使学生熟练掌握典型船舶机械、设备的拆装步骤和基本要领、专用工具使用、所要求的间隙测量方法、重要零部件的修复方法及修复后的检验,以及船舶各主要辅助设备的操作要领及运行中的维护管理,使学生能够顺利通过国家海事局的实操评估考试。

（2）质量标准及要求

学生通过本实训项目的训练,在满足轮机工程专业学历要求的同时,能达到中华人民共和国海事局《中华人民共和国海船船员适任评估大纲和规范》对船员所规定的动力设备拆装项目的相关知识和技能,以及操作和应用能力的要求,满足国家海事局签发船员适任证书的必备条件。

（3）基本内容

其内容有:气缸盖拆装与检查;气阀机构的拆装与检验、气阀的研磨与密封面检查、气阀间隙的测量与调整;气缸套拆装与测量;活塞组件拆装;活塞环拆装和测量;连杆与连杆螺栓拆装和检修;主轴承的拆装与测量;喷油泵的拆装与检修;喷油器的拆装与检修;曲轴臂距差的测量与计算、曲轴轴线状态分析;空气分配器、示功阀、气缸启动阀和安全阀的拆装与检修;分油机的解体、检修与装复;离心泵的拆装;往复泵的拆装;齿轮泵的拆装;活塞式空压机的解体、检修与装复;锅炉排污阀和给水止回阀的解体、研磨、组装;锅炉水位计解体,更换床垫后组装;锅炉喷油嘴解体、检查,雾化片研磨、组装。

5. 动力设备操作

（1）教学目的

本课程的任务是使学生能熟练掌握船舶动力设备正确规范操作、动力装置测量仪器与测试方法。其主要目的是培养学生的动手能力、分析和解决问题的能力、加深对专业课的进一步理解。

（2）教学质量标准及要求

学生通过本实训项目的训练,在满足轮机工程专业学历要求的同时,能达到中华人民共和国海事局《中华人民共和国海船船员适任评估大纲和规范》对船员所规定的动力设备操作项目的相关知识和技能,以及操作和应用能力的要求,满足国家海事局签发船员适任证书的必备条件。

（3）基本内容

其内容有:船舶主柴油机操作管理;船舶辅锅炉操作与管理;发电柴油机的操作与管理;活塞式空气压缩机操作与管理;分油机的操作和运行管理;油水分离器的操作和运行管理;造水机的操作和运行管理;液压甲板机械操作管理;泵系操作。

6. 机舱资源管理

（1）教学目的

本课程的任务是使学员达到补差大纲中所涉及的知识、能力与素质要求。学员通过补差培训,能够掌握船舶轮机新技术方面的知识;掌握机舱资源管理的基本内容、管理技能和应急处理能力;掌握公约与法规的一些新内容。

（2）教学质量标准及要求

学生通过本实训项目的训练,在满足轮机工程专业学历要求的同时,能达到中华人民共和国海事局《中华人民共和国海船船员适任评估大纲和规范》对船员所规定的机舱资源管理项目的相关知识和技能,以及操作和应用能力的要求,满足国家海事局签发船员适任证书的必备条件。

（3）培训手段

课堂教学与模拟器训练。

（4）培训内容

船舶轮机新技术:电控柴油机、计算机控制的船舶电站、船舶机舱网络化监控系统。机舱资源管理:概述、组织、轮机部团队、人为失误与预防、通信与沟通、案例分析。公约与法规:STCW公约马尼拉修正案主要内容、《2006年海事劳工公约》、MARPOL公约新生效内容、船舶压载水公约主要内容、《中华人民共和国海船船员适任考试和发证规则》及相关规范性文件、《中华人民共和国海船船员值班规则》《中华人民共和国船员服务管理规定》《中华人民共和国海员外派管理规定》《防治船舶污染海洋环境管理条例》、船舶及其有关作业活动污染海洋环境防治管理规定。

7. 轮机英语听力与会话

（1）课程性质

轮机英语听力与会话课程是轮机工程专业的一门主干专业课程,它也是专门用途英语（ESP）中的一种,属语言类课程。专门用途英语有独特的词汇、句法和结构模式,与基础英语有很大区别。专门用途英语也是一门语言,其教学不仅包含英语语言技能的训练,而且有明显的专业内涵,是语言技能训练与专业知识学习的结合。培养轮机英语应用能力是本课程的目标,而轮机英语应用能力是专业人才所必备的素质。

(2)课程任务

本课程的任务是使学生学习与机舱人员的会话、与驾驶员之间的业务会话、交接船时的业务会话、装油时的业务会话。进行业务会话、听力训练的目的是使学生能更好地胜任以后的专业工作。

(3)教学质量标准及要求

学生通过本实训项目的训练,在满足轮机工程专业学历要求的同时,能达到中华人民共和国海事局《中华人民共和国海船船员适任评估大纲和规范》对船员所规定的轮机英语听力与会话评估项目的相关知识和技能,以及操作和应用能力的要求,满足国家海事局签发船员适任证书的必备条件。

(4)基本内容

①公共英语

日常对话用语;日常值班交接班用语;采购物料备件用语。

②机舱日常业务

主机运行工况用语;辅机运行工况用语;机舱值班操作应急指挥用语。

③驾机联系

机舱值班情况通报;压载水调驳用语;甲板机械操作联系用语;机器处所污水排放联系用语。

④应急用语

紧急通信联系用语;求生与急救用语;溢油与油污染应急处理用语。

⑤对外业务联系

与验船部门联系用语;设备交验用语;文件和资料交接用语;备件和物件交接用语;船舶进厂和离厂时与厂方联系用语;校对修船船账时用语;监修时用语。

⑥PSC/ISM 检查

与 PSCO 交流设备安全用语;与 PSCO 交流防污设备用语;与 PSCO 交流应急求生设备用语。

专题 4.3　船舶电子电气专业人才培养体系

【学习目标】

1. 了解船舶电子电气专业人才的要求;
2. 了解船舶电子电气专业核心理论课程的内容;
3. 了解船舶电子电气专业各评估项目的基本内容及学习要求。

船舶电子电气专业培养适应经济与社会发展需要,德、智、体、美、劳全面发展的,掌握船舶电子电气技术专业知识和技能,具有良好的职业能力、学习能力、实践能力和创新能力,满足国际海事组织 STCW 国际公约中规定的"电气、电子和控制工程""维护和修理"和"船舶操作控制和船上人员管理"等职能要求,能在航运类、船舶修造类企业的生产、管理第一线从事船舶电气设备与系统安装、调试、管理与维护等工作,具有职业生涯发展基础的应用型高级工程技术人才。

4.3.1 船舶电子电气专业人才基本要求

本专业学生主要学习船舶电子电工技术、自动控制原理、船舶电力拖动、船舶电站、船舶导航系统等方面的基本理论和基本知识,进行船舶电站实操、船舶电子电工技术、船舶自动化、船舶电子电气员英语等方面的基本训练,具备船舶电气设备的操作与维护、技术管理等方面的工作能力。

1. 素质要求

(1)热爱祖国,拥护中国共产党的领导,政治立场正确,思想稳定。
(2)具有良好的道德品质,具备社会责任感,遵守社会公德和法律。
(3)理论联系实际,勤奋好学,掌握基础的科学知识和基本专业技能,具有创新意识、适应能力的初步培养和训练,具有到一线工作的吃苦精神。
(4)具有健康的身体、健全的人格、良好的心理素质和行为习惯,具有合作精神。

2. 知识要求

(1)掌握船舶电子电气领域所必需的较为系统的基础科学理论、扎实的学科基础理论和必要的专业知识,了解相关的科技发展动向。
(2)掌握船舶电子电气设备和控制系统的实践知识和技能。
(3)熟悉国家关于海洋开发和保护、船舶航运等方面的方针、政策和法规。
(4)了解基本的军事和国防知识。

3. 能力要求

(1)具有较强的分析解决理论和工程实际问题的能力,初步的科技研究和开发能力,组织管理、生产经营能力和自学能力。
(2)具有正确运用本国语言、文字的表达能力,掌握一门外语,具有较强的外语与计算机应用能力。
(3)掌握文献检索、资料查询的基本方法,具有较强的自学能力和一定的独立工作能力。
(4)了解体育运动的基本知识,掌握科学锻炼和养护身体的知识与方法,身心健康,达到大学生体育合格标准。

4.3.2 船舶电子电气专业核心课程介绍

船舶电子电气工程专业根据国际海事组织 STCW 公约马尼拉修正案和我国相关海事法规的要求,以"服务航运经济发展为宗旨,行业需求为导向,航海岗位职业技能培养为主线",培养具有较强的实践技能和创新能力的高级应用型人才,将海船船员适任标准融入日常教学中,实施学位教育与职业资格教育相融合的"双证书"培养模式,实现毕业生与工作岗位的"无缝对接",确保培养出符合国际要求的航运人才。

学生在校期间,一方面,学生需要通过学历教育,毕业时获取学历证书;另一方面,需要参加国家海事局组织的适任考试,获取电子电气员适任证书考试合格证明,具备一毕业就能上岗的资格和能力。目前,船员适任证书理论考试科目有船舶机舱自动化、船舶管理、船舶电气、信息技术与通信导航系统、船舶电子电气英语。

1. 船舶机舱自动化

船舶机舱自动化的内容有自动控制理论基础、微型计算机控制技术基础、传感器与监测报警、船舶主推进装置的自动控制、船舶辅机自动控制系统。

2. 船舶管理

船舶管理的内容有：国际公约相关知识，国内相关法规知识，有关传热学、力学和流体力学的基本知识，船舶机械工程系统运行的基础知识，船舶防污染程序与设备，船舶安全用电、电子电气管理，领导力和团队工作技能的运用。

3. 船舶电气

船舶电气涵盖了船舶电气基础知识、电力拖动、船舶电站三部分内容，包含电机与拖动基础、电力电子学基础、交流电动机的继电接触器控制、交流变频调速及变频器、甲板机械及船用电梯的电力拖动、舵机电力拖动与控制、船舶电力推进系统、船舶电力系统一般知识、船舶同步发电机并联运行、船舶同步发电机电压及无功功率自动调节、船舶电力系统频率及有功功率自动调节、船舶电力系统继电保护、船舶电站自动化、船舶高压电力系统、船舶高压电力系统的安全操作和管理。

4. 信息技术与通信导航系统

信息技术与通信导航系统包含电子及无线电技术基础、计算机及局域网、通信与导航系统，主要内容有模拟电子技术、数字电子技术、无线电基础知识、计算机应用基础、船舶计算机网络、综合驾驶台系统(IBS)、船舶导航雷达、船载 GPS/DGPS 定位原理与接口、船载自动识别系统(AIS)基本原理与接口、船用测深仪、船用计程仪、船舶航行数据记录仪(VDR)功能及接口、船舶通信系统。

5. 船舶电子电气英语

船舶电子电气英语涵盖了船舶电子电气有关的文献文章及英文版专业图书资料、法规文件及其常用术语、词汇词组等。内容主要是与电子电气相关的，如船舶概论、船舶电气、轮机自动控制技术、船舶计算机网络、通信与导航设备、船舶管理、船舶电子电气函电书写等方面的英语阅读与写作能力。

4.3.3　船舶电子电气专业的实训、实习主要内容与评估考证要求

根据《中华人民共和国海船船员适任评估大纲和规范》的规定，船员适任评估的项目为：船舶电站操作和维护、船舶电子电气管理与工艺、通信与导航设备维护、计算机与自动化、船舶电子电气员英语听力与会话 5 个项目。

1. 船舶电站操作与维护

(1) 教学目的

本课程的任务是使学生掌握主配电板的组成、功用与日常维护的基本要求；掌握船舶

电站的操作、管理和一般故障的处理;掌握船舶电力系统的继电保护装置组成并具有判断与排除故障的能力;掌握岸电箱的正确使用方法;了解船舶自动电站的安全运行管理规程和管理技术,能正确判断和处理船舶自动化电站的运行工况和主要故障;掌握船用蓄电池的使用和维护、保养。

(2)质量标准及要求

学生通过船舶电站操作与维护的训练,在满足船舶电子电气工程专业学历要求的同时,能达到中华人民共和国海事局《中华人民共和国海船船员适任评估大纲和规范》对船员所规定的船舶电站操作与维护项目的相关知识和技能,以及操作和应用能力的要求,满足国家海事局签发船员适任证书的必备条件。

(3)基本内容

其内容有:船用配电板认识;船舶发电机手动并车操作;发电机主开关操作与维护;船舶发电机继电保护;船舶电网故障;船舶应急配电板与岸电箱;发电机并车及保护控制器GPC(或PPU)的参数查询和操作;船舶高压供电系统的操作和维护。

2. 船舶电子电气管理与工艺

(1)教学目的

本课程的任务是使学生较全面地了解船舶电气设备的管理规范,较熟练地掌握船舶电气设备的使用和维护方法、船舶电器的正确拆卸和安装的工艺。为培养适应船舶电气自动化技术的发展、机电合一的、符合 SCTW 公约规定的船舶电子电气工程专业人才打下坚实的理论和实践基础。

(2)质量标准及要求

学生通过本实训项目的训练,在满足轮机工程专业学历要求的同时,能达到中华人民共和国海事局《中华人民共和国海船船员适任评估大纲和规范》对船员所规定的船舶电子电气管理与工艺项目的相关知识和技能,以及操作和应用能力要求,满足国家海事局签发船员适任证书的必备条件。

(3)基本内容

其内容有:万用表的使用;钳形电流表的使用;便携式兆欧表的使用;继电器、接触器的维护和参数调整;电磁制动器间隙的测量和调整;线路、电路板及电气元件焊接;电气控制箱的维护与保养及故障的查找与排除;船用电机的维护保养;电缆的使用;照明设备的维护与检修。

3. 通信与导航设备维护

(1)教学目的

本课程的任务是使学生能熟练掌握通信与导航设备维护的相关知识和技能,并具有正确进行操作和应用的能力;培养学生的动手、分析和解决问题的能力,并使其进一步加深对专业课的理解。

(2)教学质量标准及要求

学生通过通信与导航设备维护训练,在满足船舶电子电气工程专业学历要求的同时,能达到中华人民共和国海事局《中华人民共和国海船船员适任评估大纲和规范》对船员所规定的通信与导航设备维护项目的相关知识和技能,以及操作和应用能力,满足国家海事局签发船员适任证书的必备条件。

（3）基本内容

其内容有：雷达维护保养；GPS 导航仪信号连接；AIS 船载设备的维护与保养；典型罗经的维护保养；INMARSAT-C 船站的维护和检测；INMARSAT-F 船站的维护和检测；MF/HF 无线电设备的维护与检测；VHF 设备的维护和检测；NAVTEX 接收机及船用气象传真接收机的日常维护和检测；SART 的日常维护和检测；EPIRB 设备的日常维护和检测。

4. 计算机与自动化

（1）教学目的

本课程的任务是使学生掌握计算机与自动化的相关知识和技能，并能正确进行操作和应用；为培养适应船舶电气自动化技术的发展、机电合一的、符合 SCTW 公约规定的船舶电子电气工程专业人才打下坚实的理论和实践基础。

（2）教学质量标准及要求

学生通过计算机与自动化实训，在满足船舶电子电气工程专业学历要求的同时，能达到中华人民共和国海事局《中华人民共和国海船船员适任评估大纲和规范》对船员所规定的计算机与自动化项目的相关知识和技能，以及操作和应用能力的要求，满足国家海事局签发船员适任证书的必备条件。

（3）培训内容

其内容有：计算机的使用；局域网维护；PLC 的使用；常见传感器检查；主机遥控系统；机舱检测报警系统的使用和维护；油分浓度检测装置的维护和实验；火警探测装置的功能实验。

5. 船舶电子电气员英语听力与会话

（1）课程性质

船舶电子电气员英语听力与会话课程是船舶电气专业一门重要的专业课程。其教学不仅包括英语语言技能的训练，而且有明显的专业内涵，是语言技能训练与专业知识学习的结合。培养电子电气员英语的实际听说能力是本课程的目标，而电子电气员英语实用的听说能力是专业人才所必备的素质。

（2）课程任务

本课程的教学任务是使学生学习在船上与相关人员进行日常交流，船上电子与电气设备常规维护的交流，与外界沟通及进行法律、法规及国际公约方面的交流，使学生能更好地胜任实际的工作岗位。

（3）基本内容

①电子电气员在船上作业的日常用语

熟悉船舶种类；熟悉船舶部位；熟悉船舶应急种类和电子员的位置；熟悉船舶配电设施和电气设备。

②船舶电子和电气设备常规维护

电子电气设备的维护保养；修理过程的交流；故障的诊断探讨；故障诊断。

③与外界通信

与船上相关部门的业务交流；与验船师的交流；与制造商的交流；申请技术支持。

④法律、法规及国际公约方面标准英语

STCW公约马尼拉修正案中有关电子员的条款;船级社规范;港口国监督。

专题4.4 专业证书培训与考试

【学习目标】

1. 了解船员基本安全培训所涵盖的内容及考试方法;
2. 了解船员专业技能适任培训项目内容及考核方法;
3. 了解特殊专项培训项目及考试方法。

专业证书培训是航海类专业教育的高等职业教育属性的重要体现。《中华人民共和国船员培训管理规则》将海船船员培训按照培训内容分为船员基本安全培训、船员适任培训和特殊培训三类。其中,海船船员适任培训又分为岗位适任培训和专业技能适任培训,船员适任培训系指船员在取得适任证书前接受的使船员适应拟任岗位所需的专业技术知识和专业技能的培训。岗位适任培训是学生职业教育的主要内容,贯穿了在校学习全过程;船员专业技能适任培训则是为了船员人身和财产安全而开展的某项安全技能培训。

本专题将重点介绍专业技能适任培训和特殊培训。

4.4.1 船员专业技能适任培训

1. 船员基本安全培训

船员基本安全培训(代码:Z01)系指在上船前接受的海上安全、救生、求生、应急、急救等基本知识和技能方面的专业培训,它适用于所有在船上工作的人员,包括一些临时随船工作的人员(如随船调研人员、科学考察人员、船东代表等);基本安全培训共有"个人求生技能""防火和灭火""基本急救""个人安全和社会责任"等四个科目的培训,考试分为理论考试和评估考试两部分。

2. 精通救生艇筏、救助艇培训合格证

精通救生艇筏、救助艇培训(代码:Z02),意在通过培训课程掌握救生艇筏、救助艇的专业技能,并且检验在课程学习后,是否具有指挥和进行荡桨操艇的能力及掌握了相关的最低知识,是否满足STCW公约马尼拉修正案的相关要求,是否满足中华人民共和国海事局签发海船船员专业技能适任证书的必备条件。培训主要适用对象:在500总吨或750千瓦及以上船舶上服务的船长、高级船员(GMDSS限用操作员除外)、值班水手、值班机工、高级值班水手、高级值班机工、电子技工;在未满500总吨或未满750千瓦的油船、化学品船、液化气船、客船、高速船上服务的船长、高级船员、值班水手、值班机工。另外,需要符合下列条件:

(1)年龄不小于18周岁;

(2)具有不少于12个月的海上服务资历;

模块4　航海类专业培养体系

(3)完成了船员熟悉和基本安全专业培训,并持有"船员熟悉和基本安全培训合格证";
(4)身体健康,尤其是听力和视力应符合主管机关的规定。
培训学时不少于24小时,考试分为理论考试和评估考试两部分。

3. 精通快速救助艇培训

精通快速救助艇培训(代码:Z03)系指船员在各种紧急情况下释放并操纵快速救助艇和提高救助能力的专业技能训练。凡在配备快速救助艇船舶上任职的船长、驾驶员、轮机长、轮机员及其他指定操纵快速救助艇人员必须完成精通快速救助艇培训,并取得"精通快速救助艇培训合格证"。

考试分为理论考试和评估考试两部分。

4. 高级消防培训合格证

高级消防培训(代码:Z04)系指完成以船舶组织战术及指挥方面为重点的高级消防专业技能训练。该项培训是一种着重于消防组织战术和指挥方面的消防技术的高级培训,而不是简单重复消防的基础知识,船舶基本灭火设备、器材的性能和使用方法等。我国主管机关规定,凡在500总吨或750千瓦及以上船舶服务的船长、驾驶员、轮机长、轮机员,必须完成高级消防培训并取得"高级消防培训合格证"。对500总吨(或750千瓦)以下船舶的相应船员则要视船舶的类型而定,如果是普通的货船,则不必完成高级消防培训,也不必取得"高级消防培训合格证"。如果是液货船、客船、滚装客船,则在船舶上任职的船长、驾驶员、轮机长、轮机员,仍需完成高级消防培训,以及取得"高级消防培训合格证"。培训学时不少于24小时。

考试分为理论考试与评估考试。

5. 精通急救培训合格证

精通急救培训(代码:Z05)系指船员完成以船上人员伤亡时的组织急救、采取的应急措施和指挥抢救运送伤员为重点的船上急救专业技能训练。该项培训也属于STCW公约修正案新增加的培训。根据STCW公约,船员精通急救培训属强制性要求凡是申请参加船员精通急救专业培训的船员应完成船员熟悉和基本安全专业培训,并取得"熟悉和基本安全培训合格证"。考试主要针对在500总吨或750千瓦及以上船舶上服务的船长、高级船员(GMDSS限用操作员除外)及其他指定在船上提供急救的船员以及在未满500总吨或未满750千瓦的油船、化学品船、液化气船、客船、高速船上服务的船长和高级船员。培训学时不少于24小时。

培训考试分为理论考试和评估考试。

6. 船上医护培训合格证

船上医护培训(代码:Z06)系指船员完成以船上伤病人员的医护、采取的应急措施和请求岸上援助和运送病员为重点的船上医护专业技能训练。该项培训也属于STCW公约的强制性要求。凡在500总吨或以上船舶任职的船长、大副和指定为负责船上医护的其他船员,必须完成船上医护培训并取得"船上医护培训合格证"。

培训考试分为理论考试和评估考试。

7. 保安意识培训合格证

保安意识培训(代码:Z07)系指为提高船员基本素质和专业技能,明确船舶保安组织机构及职责,识别船舶保安风险与威胁,确保船舶保安计划的有效实施,根据国际海事组织实施的 STCW 公约马尼拉修正案和中华人民共和国海事局制定的中华人民共和国海船船员《保安意识培训合格证考试大纲》及《负有指定保安职责船员培训合格证考试大纲》的规定,制订教学培训计划。该培训适用于全体船员。通过相应的理论和实操教学,学生应掌握船舶保安措施的有效途径及各种保安设备的操作、测试和校准,通过海事局考试并获得"保安意识培训合格证"。

培训考试分为理论考试和评估考试。

8. 负有指定保安职责船员培训合格证

负有指定保安职责船员培训(代码:Z08)是为提高船员基本素质和专业技能,明确船舶保安组织机构及职责,识别船舶保安风险与威胁,确保船舶保安计划的有效实施,根据国际海事组织实施的 STCW 公约马尼拉修正案和中华人民共和国海事局制定的中华人民共和国海船船员《保安意识培训合格证考试大纲》及《负有指定保安职责船员培训合格证考试大纲》的规定,制订教学培训计划。培训适用于全体船员。通过相应的理论和实操教学,学生应掌握船舶保安措施的有效途径及各种保安设备的操作、测试和校准,通过海事局考试并获得"负有指定保安职责船员培训合格证"。

培训考试分为理论考试和评估考试。

9. 船舶保安员培训合格证

船舶保安员培训(代码:Z09),意在应对世界安全形势受到恐怖主义新挑战,通过培训检验被培训者采取安保措施的能力,检测与评估其是否满足 STCW 公约马尼拉修正案的有关要求,培训对象适用于在船舶上担任船舶保安员的船员。

培训考试分为理论考试和评估考试。

4.4.2 特殊培训

特殊培训是指针对在危险品船、客船、大型船舶等特殊船舶上工作的船员所进行的培训,其包含油船和化学品船货物操作基本培训、油船货物操作高级培训、化学品船货物操作高级培训、液化气船货物操作基本培训、液化气船货物操作高级培训、客船船员特殊培训、大型船舶操纵特殊培训、高速船船员特殊培训、船舶装载散装固体危险和有害物质作业特殊培训、船舶装载包装危险和有害物质作业特殊培训。

1. 油船和化学品船货物操作基本培训

油船和化学品船货物操作基本培训(代码:T01),简称"油化基",即原来的"油安"和"化安"合并,培训分为理论培训和评估培训。其中培训内容包含油船部分和化学品船部分,理论考试中油船部分包括油船的基本知识,油的物理性质、有关油船作业导致危害的基本知识,危害控制的基本知识,应急反应、安全操作、货物操作的基本知识。化学品船部分包括化学品船的基本知识,化学品船货物操作的基本知识,化学品船操作危害和危害控制的基本知识、化学品船的防护和安全措施、化学品船消防、化学品船应急程序,以及油船、化学品船安全文化和安全管理的知识评估培训,包含安全设备和防护装置的使用、逃生器具的使用、氧气复苏器的操作、便携式气体检测仪器的操作、便携式灭火器的操作、大型灭火系统的操作、便携式液位测量仪的操作。培训共计 14 天。培训适用于在油船和化学品船上服务的所有船员。

培训考试分为理论考试和评估考试。

2. 油船货物操作高级培训

油船货物操作高级培训(代码:T02),简称"油高",即原来的"油操"和原油洗舱合并,培训分为理论培训和评估培训。其中理论培训内容包含国际公约和国家规定、油船设计系统和设备的知识、惰性气体系统、洗舱以及气体置换、货物操作与管理、压载水操作与管理、职业健康和安全预防、防污染、应急反应、油船安全管理;评估培训内容包含装卸货油操作、油船惰气系统操作、油船洗舱操作、排油监控设备操作。培训对象适用于在油船上服务的船长、轮机长、驾驶员、轮机员、值班水手、值班机工、高级值班水手、高级值班机工及其他对油船货物相关操作承担直接责任的船员。培训共计 12 天。

培训考试分为理论考试和评估考试。

3. 化学品船货物操作高级培训

化学品船货物操作高级培训(代码:T03),简称"化高",即原来的"化操",分为理论培训和评估培训。其中理论培训内容包括化学品船相关的规则和章程,化学品货物的种类和特性,化学品船的作业危害及危害控制措施,化学品船的设计、系统和设备,化学品船的货物装卸作业、货舱清洗作业,其他关键操作,职业健康和安全防护,化学品船的应急反应,化学品船安全文化和安全管理知识;评估培训包含装卸货物操作、洗舱、排污及舱壁测试操作,氮气充注及维护操作,货舱温度、压力测量及报警操作。培训对象适用于在化学品船上服务的船长、驾驶员、轮机长、轮机员、值班水手、值班机工、高级值班水手、高级值班机工及其他队化学品船货物相关操作承担直接责任的船员。培训共计 12 天。

培训考试分为理论考试和评估考试。

4. 液化气船货物操作基本培训

液化气船货物操作基本培训(代码:T04),即原来的液化气船安全知识,培训分为理论培训和评估培训。其中理论培训内容包含液化气品的基本知识、液化气船的设计与构造、液化气船的货物操作系统、液化气货品的危害与防护、液化气船对货物危害的控制、人员的安全防护措施、液化气船的消防、液化气船舶防污染、液化气船的安全管理、液化气船的应急程序;评估培训内容包含防护服的穿着使用、防毒面具的使用、空气呼吸器的使用、氧气复苏器的使用、便携式灭火器的使用、干粉灭火装置的操作、气体检测仪器的使用。所有在液化气船上服务的船员必须先参加 T04 培训。培训共计 14 天。

培训考试分为理论考试和评估考试。

5. 液化气船货物操作高级培训

液化气船货物操作高级培训(代码:T05),即原来的液化气船安全操作,培训分为理论培训和评估培训。其中理论培训包含液化气船相关的国际公约和规范、液化气货品的特性与安全载运要求、液化气船的货物操作系统和设备、货物检测仪表及监控报警系统、大型LNG船的特殊设备和操作系统、液化气船的货物操作、液化气船的货物测量与计算、液化气货品运输中的危害控制和安全管理、液化气船舶防污染、船舶应急预案的制定与实施、液化气船的船舶检查;评估培训包括液化气船消防与溢货演习、气体检测仪器的校正、全压式液化气船的装卸货操作、LNG船模拟器装卸货操作。培训适用于在液化气船上服务的船长、驾驶员、轮机长、轮机员、值班水手、值班机工、高级值班水手、高级值班机工及其他对液化气船货物相关操作承担直接责任的船员。培训共计12天。

培训考试分为理论考试和评估考试。

6. 客船船员特殊培训

客船船员特殊培训(代码:T06),培训分为理论培训和评估培训。其中理论培训包括拥挤人群管理,基础培训,通信交流,旅客、货物和船体安全,危机管理和人的行为培训,实操训练;评估培训内容包含拥挤人群管理、危机管理、旅客和货物安全、综合演习。培训对象适用于在客船上服务的所有船员。

培训考试分为理论考试和评估考试。

7. 大型船舶操纵特殊培训

大型船舶操纵特殊培训(代码:T07)系指基于航海操纵模拟器进行的使船员掌握大型船舶操纵技能的培训。我国主管机关定义的"大型船舶"是指80 000载重吨或总长250米及以上的船舶,培训分为理论培训与评估培训。其中理论培训包含大型船舶构造特点及其对操纵的影响、大型船舶特性对操纵与避碰的影响、大型船舶靠离泊作业、大型船舶抛锚作业、大型船舶应急操纵;评估培训包含大型船舶在不同载重情况下的操纵性能参数的测定、大型船舶综合航行训练、大型船舶靠离泊作业、大型船舶抛锚作业、人员落水的搜索与救助应急操纵。培训适用于在中国籍大型船舶上服务的船长和大副。

培训考试分为理论考试和评估考试。

8. 高速船船员特殊培训

高速船系指设计静水时速在沿海水域为25海里/小时及以上、在内河通航水域为35千米/小时及以上动力支撑船舶和排水型船舶,但不包括常规客船、货船、滚装客船和集装箱船舶。高速船船员特殊培训(代码:T08)分为理论培训和评估培训。其中理论培训包括高速船特性、驾驶台监控系统的仪表种类和功能、操纵系统、消防和救生、高速(客)船破损控制、高速(客)船安全生产和管理规定、实操训练;评估培训包含高速船特性、驾驶台监控系统仪表的名称、功用、船舶操纵、航行及风险控制。凡在高速船上任职的船长、驾驶员、轮机长、轮机员等高级船员,需完成规定的高速船船员特殊培训,并取得"中华人民共和国高速船船员特殊培训合格证"。

培训考试分为理论考试和评估考试。

9. 船舶装载散装固体危险和有害物质作业船员特殊培训

船舶装载散装固体危险和有害物质作业的船员特殊培训系指使船员掌握《国际海运危

险货物规则》(IMDG CODE)、《固体装载货物安全操作规则》(BC CODE)中有具体说明可以散装固体或包装形式运输的危险、有害货物和仅在散装运输时会产生危险的物质(MHB)，以及《73/78 国际防止船舶造成污染公约》(MARPOL 73/78)附则Ⅲ具体说明的物质或物品的运输、管理和应急组织知识的培训。船舶装载散装固体危险和有害物质作业船员特殊培训和船舶装载包装危险和有害物质作业船员特殊培训的培训代码为 T09。培训分为理论培训和评估培训,其中理论培训包含公约、规则和建议、特性和性质、船上应用；评估培训包含测定仪器的使用、人员防护设备的使用。培训对象适用于在装载散装固体危险和有害物质船上负责货物作业的船长、高级船员和普通船员。

培训考试分为理论考试和评估考试。

10. 船舶装载包装危险和有害物质作业船员特殊培训

船舶装载包装危险和有害物质作业船员特殊培训(代码:T10),分为理论培训和评估培训。其中理论培训包含公约、规则和建议、危险和有害物质以及具有化学危害物质的分类、健康危害、船上操作应用；评估培训包含测定仪器的使用、人员防护设备的使用培训对象适用于在装载固体危险和有害物质船上负责货物作业的船长、高级船员和普通船员。

培训考试分为理论考试和评估考试。

【思考题】

1. 对航海技术、轮机工程和船舶电子电气专业人才的能力要求各有哪些？
2. 根据轮机工程专业教学的基本要求,其主要的教学内容分为哪几部分？说说各部分的设置目的。
3. 航海技术、轮机工程和船舶电子电气专业各有哪些核心课程？
4. 航海技术、轮机工程和船舶电子电气专业的船员适任证书理论考试科目各有哪些？
5. 船员基本安全培训所涵盖哪些内容？
6. 船员专业技能适任培训有哪些项目？
7. 船员特殊专项培训包含哪些项目？

模块 5　轮机工程技术专业知识概论

专题 5.1　船舶动力装置

【学习目标】

1. 了解船舶动力装置的组成；
2. 了解船舶动力装置的分类；
3. 认知船舶柴油机。

5.1.1　船舶动力装置

1. 船舶动力装置的含义

在以前，作为载运工具的舟、船都是利用水流的自然漂流及风力、人力作为行进的动力。直到 1807 年，以蒸汽作为船舶推进动力源的"克莱蒙特"号的建成，标志着船舶以动力机械作为推进动力装置时代的开始。

当时的推进装置由蒸汽机带动一个桨轮构成，桨轮直径较大且大部分露出水面，因而人们又称其为"明轮"，而把装有明轮的船舶称为"轮船"，把产生动力的蒸汽锅炉和蒸汽机等成套设备称为"轮机"。当时的"轮机"仅是推进设备的总称。随着科学的发展和技术的进步，为适应船上的各种作业、人员生活及财产和人员安全的需要，不仅推进设备逐渐完善，还增设了诸如船舶电站、装卸货机械、冷藏和空调装置、海水淡化装置、防污染设备以及压载、舱底、消防、蒸汽、压缩空气及自动控制等系统，扩大了"轮机"一词所包含内容的范围。

一般来说，"船舶动力装置"的含义和"轮机"的含义基本相同，即为了满足船舶航行、各种作业、人员的生活及财产和人员的安全需要所设置的全部机械、设备和系统的总称。

2. 船舶动力装置的组成

现在的船舶动力装置主要由推进装置、辅助装置、船舶系统、甲板机械、防污染设备和自动设备等六部分组成。

（1）推进装置

①主机

主机是推动船舶航行的动力机械。柴油机自 1897 年问世以来，已经历了一个多世纪的发展，各种性能都有了很大的提高。目前，在内河民用船舶动力装置中，普遍采用柴油机作为推进用主机。

柴油机是一种以柴油为燃料的热力发动机(简称热机),它是内燃机类型中的一种。其燃料的燃烧和热能的放出以及热能转变为机械能都在发动机的内部进行。柴油机具有热效率高、功率范围广、机械损失小、机动性能好等优点。

柴油机是靠压缩而发火的,因此称之为压燃式内燃机。柴油机从大气中将空气吸入气缸,依靠活塞上行压缩,使之达到足够高的温度和压力。再将燃油以雾状喷入气缸,并在高温高压的空气中自燃。燃油燃烧后放出大量的热能,使燃气的压力、温度急剧升高,在气缸内进行膨胀,推动活塞并通过曲柄连杆机构对外做功。燃气膨胀做功后变成废气,排出气缸。柴油机的工作过程涉及两次能量转换:燃料的化学能转化为热能;热能转化为机械能。

由此可见,柴油机一个完整的工作循环是由进气、压缩、喷油燃烧、膨胀做功和排气五个热力过程组成的。

②传动设备

传动设备的作用是隔开或接通主机传递给传动轴和推进器的功率,同时还可以使后者达到减速、换向和减震的目的。其设备包括离合器、减速齿轮箱和联轴器等。

③船舶轴系

船舶轴系用来将主机的功率传递给推进器,并将推进功率传给船体,推动船舶运动。它包括传动轴、轴承、润滑装置、密封装置、制动装置等。

④推进器

推进器是将船舶主机发出的功率转换成船舶推力的设备。绝大多数船舶使用螺旋桨作为推进器,通过其在水中旋转产生的推、拉力带动船舶运动。

(2)辅助装置

辅助装置是指提供推进船舶运动所需能量,以及保证船舶航行和生活需要的其他各种能量的设备。它包括以下系统。

①船舶电站

船舶电站的作用是供给辅助机械及全船所需的电能。它由发电机组、配电板及其他电气设备组成。

②辅助锅炉装置

辅助锅炉装置一般提供低压蒸汽,以满足加热、取暖及其他生活需要。它由辅锅炉及为其服务的燃油、给水、鼓风、供气系统、管路、阀件及控制系统等组成。

③压缩空气系统

压缩空气系统供应全船所需的压缩空气,以满足作业、启动及船舶用气需要。它主要由空气压缩机、空气瓶、管系、阀件及其他设备组成。

(3)管路系统

管路系统是用来连接各种机械设备,并输送相关流体的管系。它由各种阀件、泵、滤器、热交换器等组成。它包括以下系统。

①动力系统

为推进装置和辅助装置服务的管路系统。它主要包括燃油系统、滑油系统、海淡水冷却系统、蒸汽系统和压缩空气系统等。

②辅助系统

为船舶平衡、稳性、人员生活和安全服务的管路系统,也称为船舶系统。它主要包括压载水系统、舱底水系统、消防系统、日用海淡水系统、通风系统、空调系统和冷藏系统等。

(4)甲板机械

为保证船舶航向、停泊、装卸货物所设置的机械设备。它主要包括舵机、锚机、绞缆机、起货机、开/关舱盖机械、吊艇机及悬梯升降机等。

(5)防污染设备

营运船舶所排放的污染源较多,如含油污水、生活污水、垃圾、废气等,为满足 MARPOL 73/78 公约中对船舶排放的要求,船舶必须配备油水分离器、生活污水处理装置、焚烧炉等防污染设备。

(6)自动化设备

自动化设备是为改善船员工作条件、减轻劳动强度和维护的工作量、提高工作效率以及减少人为操作失误所设置的设备。它主要包括遥控、自动调节、监控、报警和参数自动打印等设备。

(7)特种系统

特种系统是为某些特种船舶而设计、装备的系统,如油船的原油洗舱系统、浮式储油船的端点系泊系统、挖泥船的泥浆抽吸系统等。

3. 船舶动力装置的类型

在船舶动力装置各个组成部分中,无论从重要程度、制造成本看,还是从营运费用、日常维护管理所投入的工作量看,推进装置都处于最显著的地位。因此,船舶动力装置往往以推进装置的类型进行分类。

(1)蒸汽动力装置

根据主机运动方式的不同,蒸汽动力装置有往复式蒸汽机和汽轮机两种。往复式蒸汽机最早应用于海船,它由于具有结构简单、运转可靠、管理方便及噪声小等优点,在过去很长的一段时间内占据着主导地位。但由于其经济性差、体积和质量大,现在已经基本上被其他船用发动机所代替。汽轮机自装船使用以来,由于受到柴油机的挑战,发展速度一直很慢。主汽轮机具有单机功率大、运转平稳、摩擦和磨损小、噪声小等优点。但其装置的热效率低,要配置质量尺寸较大的锅炉、冷凝器、减速齿轮装置以及其他辅助机械,因此装置的总质量和尺寸均较大,这就限制了它在中小型船舶上的应用。然而近年来,新技术、新工艺的应用,使汽轮机和锅炉的效率得到了提高。不少资料表明,在功率超过 22 000 kW 和船速超过 20 kn 时,汽轮机动力装置的优越性更为突出。汽轮机动力装置由锅炉、汽轮机、冷凝器、轴系、管系及其他相关机械设备组成。

(2)燃气动力装置

根据发动机运动方式的不同,燃气动力装置有柴油机动力装置和燃气轮机动力装置两种。

①柴油机动力装置

柴油机动力装置具有比较优良的性能,在现代船舶如商船、渔船、工程船及军用舰艇上都得到了极为广泛的应用。目前,以柴油机为主机的船舶占98%以上,柴油机船总功率占造船总功率的90%以上。可见柴油机动力装置占绝对的统治地位。大中型商船所用的柴油机有大型低速机和大功率中速机两大类。这两种柴油机在激烈竞争的同时又相互促进,都在迅速发展。

大型低速柴油机动力装置自 20 世纪 60 年代起发展得特别迅速,一方面是由于当时的船舶向大型化、高速化发展，需要大功率的发动机；另一方面是由于废气涡轮增压技术的进步，为大型低速机的发展提供了条件。20 世纪 70 年代，受两次能源危机的冲击，从节能需要出发船舶不再向大型化和高速化发展，除专业船舶外，一般货船的航速降至 14 kn 左右。为了适应这种形势，大型低速柴油机的尺寸不但不再增加，而且缸径也都降回到 1 000 mm 以内。

大功率中速柴油机动力装置的质量尺寸较小，是低速柴油机的有力竞争者。在中速机动力装置中，可通过合理选配减速比，使桨转速最佳，从而提高推进装置的效率。单缸功率的提高和单机功率的增大，以及可多台（2 ~ 4 台）发动机通过减速器驱动一个螺旋桨，都给中速机的发展创造了有利条件。特别在机舱尺寸要求严格的滚装船和客船上，中速机的应用就更为广泛。目前，中速机的耗油率虽然有显著下降，但仍然略高于低速机，运转中噪声也较大，维护管理也不如低速机方便。

②燃气轮机动力装置

燃气轮机的制造业自 20 世纪 30 年代开始兴盛发展，第一批作为商船主机始于 20 世纪 50 年代。它的基本工作原理与汽轮机大致相似，只是在做功的工质方面有所不同。汽轮机使用的燃料在锅炉内燃烧，将锅炉中的水加热产生蒸汽，推动叶轮做功；而燃气轮机则利用燃料在燃烧室内燃烧，直接利用所产生的燃气推动叶轮做功。

（3）核动力装置

核动力装置是以原子核的裂变反应所产生的巨大能量，通过工质（蒸汽或燃气）推动汽轮机或燃气轮机工作的一种装置。现有的核动力装置几乎全部采用压力水型的反应堆。

4. 船舶推进装置传动方式

船舶推进装置也称主动力装置，是船舶动力装置中最重要的组成部分。它包括主机传动设备、轴系和推进器等。其作用是对船舶产生推拉力，使船舶前进或后退。一旦失效就会使船舶处于被动局面，影响船舶船员安全，因此轮机管理人员应加强值班管理，定期检修。

船舶推进装置按传递到螺旋桨功率方式不同可分为以下几种：

（1）直接传动

主机功率直接通过轴系传给螺旋桨的传动方式称为直接传动。

直接传动又分为定距桨传动和变距桨传动两种。螺旋桨螺距固定的传动称为定距桨传动；螺旋桨螺距变化的传动称为变距桨传动。

（2）间接传动

主机和螺旋桨之间的动力传递经过轴系和传动设备（离合器或减速器等）的传动方式称为间接传动。

（3）特殊传动

除直接传动和间接传动外的其他传动方式统称特殊传动，如 Z 型传动、电力传动、调距桨装置、喷水推进器装置、液压马达传动、同轴对转螺旋桨传动等。

①Z 型传动

Z 型传动又称悬挂式螺旋桨装置。它最显著的特点是螺旋桨可绕垂直轴做 360°回转。当启动一个电动机带动蜗轮蜗杆装置运动时，蜗轮带动旋转套筒在支架中回转，同时使螺旋桨绕垂直轴在 360°范围内做平面旋转运动。

② 电力传动

电力传动是主机驱动主发电机供电到主配电板,再由主配电板供给主电动机,再由电动机驱动螺旋桨运转的一种传动方式。

5.1.2 船舶柴油机

1. 柴油机的定义

机械设备通常可分为动力机械和工作机械两大类。动力机械将其他形式的能量,如电能、风能等,转化为机械能,而工作机械则利用机械能来完成所需的工作。把热能转换成机械能的动力机械称为热机。热机是最重要的动力机械,蒸汽机、蒸汽轮机以及柴油机等都是热机中较典型的机型。

5-1 柴油机结构动画

热机通常是以化石燃料作为能源的,它首先通过燃烧将燃料的化学能转化为热能,工质膨胀将热能转化为机械能。如果两次能量转化过程是在同一机械设备的内部完成的,则称为内燃机;如果两次能量转化过程分别在两个不同的机械设备内部完成,则称为外燃机。汽油机、柴油机以及燃气轮机同属于内燃机,其工作特点是燃料在发动机内部燃烧并利用产生的高温高压燃气直接做功。从能量转换观点,此类机械能量损失小,具有较高的热效率,在尺寸和质量等方面也具有明显优势(如燃气轮机在热机中的单位质量功率最大)。蒸汽机和蒸汽轮机同属于外燃机,其工作特点是燃料在锅炉中燃烧,产生高温高压的蒸气,然后利用蒸气膨胀做功。由于外燃机热能需经中间工质(水蒸气)传递,热损失较大,所以其热效率不高,整个动力装置也十分笨重。内燃机在与外燃机竞争中已经取得明显的领先地位。

5-2 增压器拆装

5-3 示功图

5-4 主柴油机吊缸检修

动力机械的运动机构基本上有两种运动形式,一种为往复式,另一种为回转式。在往复式发动机中,工质的膨胀做功是通过活塞的往复运动来实现的;而回转式发动机则是利用高速流动的工质在工作叶轮内膨胀,推动叶轮转动来工作的。往复式发动机是间歇工作的,其工质的最高温度较高;而回转式发动机是连续工作的,由于受材料热强度的限制,其工质的最高温度不能太高,这就限制了其热效率的进一步提高。

柴油机和汽油机同属往复式内燃机,但又都具有各自的工作特点。汽油机使用挥发性好的汽油为燃料,采用外部混合法(汽油与空气在气缸外部进气管中的汽化器内进行混合)形成可燃混合气。其燃烧为电点火式(电火花塞点火)。这种工作特点使汽油机不能采用高压缩比,因而限制了汽油机经济性的大幅度提高,而且也不允许作为船用发动机使用(汽油的火灾危险性大),但它广泛应用于运输车辆。柴油机使用挥发性较差的柴油或劣质燃料油,采用内部混合法(燃油与空气的混合发生在气缸内部)形成可燃混合气;缸内燃烧采用压缩式发火(靠缸内空气压缩形成的高温自行发火)。

柴油机是以柴油或劣质燃料油为燃料,压缩发火的往复式内燃机。这种工作特点使柴油机在热机领域内具有最高的热效率,在船用发动机中,柴油机已经取得了绝对统治地位。各种不同类型的发动机的工作特点如表 5-1 所示。

表 5-1 不同类型的发动机的工作特点

柴油机类型		蒸汽机	蒸汽轮机	燃气轮机	汽油机	柴油机
能量转化设备	化学能-热能	锅炉	锅炉	燃气轮机	汽油机	柴油机
	热能-机械能	蒸汽机	蒸汽机			
工作介质		水蒸气	水蒸气	燃气	燃气	燃气
运动形式		往复	回转	回转	往复	往复
发火方式					火花塞点火	压缩发火

2. 船舶柴油机分类

船舶柴油机分类方法较多,现将主要分类方法叙述如下。

(1)按工作循环特点分:有四冲程柴油机和二冲程柴油机。

柴油机的一个工作循环包括进气、压缩、燃烧、膨胀、排气五个过程。四冲程柴油机的曲轴转动两转,也就是活塞运动四个行程完成一个工作循环;而二冲程柴油机的曲轴转一转,也就是活塞运动两个行程完成一个工作循环。

(2)按柴油机进气方式分:有增压柴油机和非增压柴油机。

增压柴油机和非增压柴油机的主要区别在于进气压力不同,非增压柴油机是在大气压力下进气的,而非增压柴油机则是在较高的压力下进气的。

(3)按柴油机转速和活塞平均速度分:有低速机、中速机和高速机。

柴油机的速度可以用曲轴转速 n 或活塞平均速度 C_m ($C_m = 5 \sim S \cdot n/30$ m/s,S 为冲程)来表示。现有船舶柴油机的转速范围是:

低速机:$n \leq 300$ r/min,$C_m < 6$ m/s;

中速机:$300 < n \leq 1\,000$ r/min,$C_m = 6 \sim 9$ m/s;

高速机:$n > 1\,000$ r/min,$C_m > 9$ m/s。

(4)按结构特点分:有筒形活塞式柴油机和十字头式柴油机。

图 5-1(a)所示为筒形活塞式柴油机的构造简图。活塞通过活塞销直接与连杆连接,这种结构的优点是结构简单、紧凑、轻便、发动机高度小。它的缺点是由于运动时有侧推力,活塞与气缸之间的磨损较大。活塞的导向作用由活塞本身下部的筒形裙部来承担,在运动时,活塞与气缸壁之间产生侧推力 F_n。中高速柴油机一般采用此结构。

图 5-1(b)为十字头式柴油机。活塞 1 通过活塞杆 2 和十字头 3 与连杆 6 相连接,导向作用主要由十字头来承担。当柴油机工作时,十字头上的滑块 4 在导板 5 上滑动,侧推力 F_n 产生在滑块与导板之间。活塞设有活塞杆,通过十字头与连杆相连,并在气缸下部设中隔板将气缸与曲轴箱隔离开。十字头柴油机工作可靠,使用寿命长。它的缺点是质量和高度大,结构复杂。目前,大型低速二冲程柴油机都采用这种结构。

(5)按气缸排列分:有直列型(单列式)柴油机,如图 5-2(a)所示;V 型柴油机,如图 5-2(b)所示。

船用柴油机往往要求有较大的单机功率,若采用单缸形式,必须将气缸直径做得很大,这在结构上难以实现,因此出现了多缸柴油机。多缸柴油机按气缸排列形式分为直列型与 V 型柴油机。具有两个或两个以上的直立气缸,并呈单列布置的柴油机称为直列型柴油机。

有两列气缸,其中心线夹角呈 V 形,并共用一根曲轴输出功率的柴油机称为 V 型柴油机。V 型柴油机的气缸中心线夹角通常为 90°、60°和 45°。V 型柴油机具有较高的单机功率和较小的比重量(柴油机净重量与标定功率的比值),主要用于中速机和高速机。

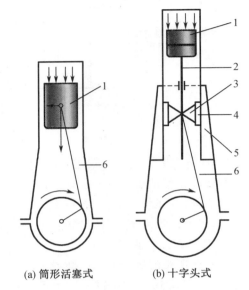

(a) 筒形活塞式　　　　(b) 十字头式

1—活塞;2—活塞杆;3—十字头;4—滑块;5—导板;6—连杆。

图 5-1　筒形十字头式柴油机的构造简图

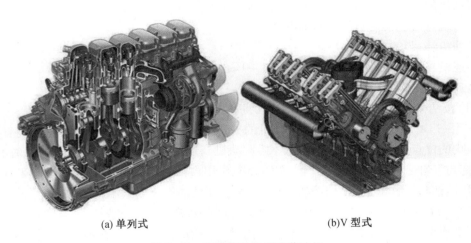

(a) 单列式　　　　　　(b)V 型式

图 5-2　单列式和 V 型式柴油机

(6)按动力装置的布置分:有左机和右机。

双机双轴双桨形式的船舶主推进动力装置,布置在机舱右舷的柴油机称为右机,布置在机舱左舷的柴油机称为左机。

(7)按柴油机能否倒转分:有可倒转式和不可倒转式。

曲轴直接可倒转的柴油机为可倒转柴油机,它可以直接带动螺旋桨。

曲轴不能倒转的柴油机称为不可倒转柴油机。作为主机使用时,它需带有倒顺车离合器、倒顺车齿轮箱或可变螺距螺旋桨装置。

在船舶上,凡直接带动螺距螺旋桨的柴油机均为可逆转柴油机;凡带有倒车离合器、倒顺车齿轮箱或可变螺距螺旋桨的柴油机以及船舶发电柴油机均为不可逆转柴油机。

专题 5.2 船舶辅助机械

【学习目标】

1. 认知各种泵,了解其工作原理和用途;
2. 认知甲板机械,了解其作用;
3. 认知船舶防污染设备及其作用。

5.2.1 泵概述

1. 泵的功能

船上需要输送海水、淡水、污水、滑油和燃油等各种液体。泵是输送流体或使流体增压的机械,将原动机的机械能或其他外部能量传送给液体,使液体能量增加。泵也可以用来输送其他流体,如挖泥船的泥浆泵或抽送气体的真空泵等。

在现代船舶上,泵是一种应用最广、数量和类型最多的辅助机械。如柴油机、锅炉所需的燃油、润滑油、动力油、冷却水、补给水,船员和旅客生活所需的日用淡水、卫生水,船舶安全航行所需的压载水、消防水、舱底水等,都是通过泵来输送的。据资料统计,一艘柴油机货船,需要 36～50 台各种类型的泵,其数量占全船机械数量的 20%～30%,能耗占全船总能耗的 5%～15%,造价为全船设备费用的 4%～8%。

2. 泵的分类

船用泵的数量很多,为了便于设计和生产中选用和管理,应对泵进行分类介绍。
(1) 按泵在船上用途分类
①船舶动力装置用泵
船舶动力装置用泵有燃油泵、润滑油泵、淡水泵、海水泵、液压舵机油泵、液压锚机及起货机油泵、锅炉给水泵、制冷装置用的冷却水泵、海水淡化装置给水泵和排污泵等。
②船舶安全及生活设施用泵
船舶安全及生活设施用泵有舱底水泵、压载水泵、消防泵、日用淡水泵及卫生水泵等。
③特殊船用泵
特殊船用泵有油船货油泵、洗舱泵、挖泥船的泥浆泵、深水打捞船上的打捞泵、喷水推进船上的喷水推进泵、渔船上的捕鱼泵等。
(2) 按泵的工作原理分类
船用泵按工作原理可分为三大类,如图 5-3 所示。

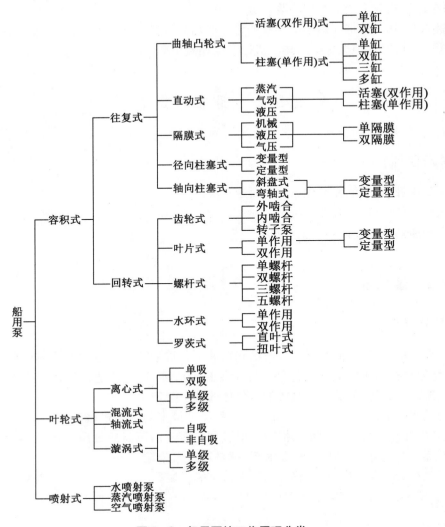

图 5-3 船用泵按工作原理分类

① 容积式泵

容积式泵是靠工作部件的运动使其工作容积周期性地变化而吸、排液体的泵。根据运动部件运动方式的不同又分为往复泵和回转泵两类。根据运动部件结构不同,前者有活塞泵和柱塞泵;后者常用的有齿轮泵、螺杆泵、叶片泵和水环泵等。

② 叶轮式泵

叶轮式泵是通过工作叶轮带动液体高速转动,把机械能传递给液体,而输送液体的泵。根据泵的叶轮和流道结构特点的不同,叶轮式泵又可分为离心泵、轴流泵和漩涡泵等。

③ 喷射式泵

喷射式泵是利用具有一定压力的流体流经喷嘴时产生的高速射流来引射所需输送流体的泵。

根据所用工作流体的不同,喷射式泵主要有水喷射泵、空气喷射泵和蒸汽喷射泵等。

从图 5-3 中可以看出,泵除按上述工作原理的分类外,还可以按泵轴位置分为立式泵和卧式泵;按吸口数目分为单吸泵和双吸泵;按驱动泵的原动机分为电动泵、汽轮机泵及柴油机泵,由主机本身附带驱动的泵亦称机带泵。

5.2.2 往复泵

往复泵是一种容积式泵,它是靠活塞或柱塞的往复运动,使工作容积发生变化而实现吸排液体的泵。往复泵通过活塞的往复运动直接以压力能形式向液体提供能量。

往复泵可分为活塞式和柱塞式两大类。

1. 活塞式往复泵

活塞式往复泵的特点是活塞直径较大且较短,呈盘状结构,其上装有活塞环。因密封性能较差,故不适用于高压环境。按其作用次数可以分为以下几类。

(1) 单作用泵

活塞在一个往复行程中吸、排液体各一次的泵称为单作用泵,如图5-4(a)所示。这种泵只有一个工作空间,其吸入与排出过程是交替进行的,所以它的流量断续,因而极不均匀。

(2) 双作用泵

活塞在一个往复行程中吸、排液体各两次的泵称为双作用泵,如图5-4(b)所示。这种泵有两个工作空间,吸排液体同时在各自的空间进行,流量几乎是相同尺寸单作用泵的两倍,且流量均匀得多。

(3) 多作用泵

在活塞一个往复行程中吸、排液体各多次的泵称为多作用泵。一般奇数多作用泵由多个单作用泵组合而成,而偶数多作用泵则由多个双作用泵组合而成。船上常用的有三缸三作用泵和双缸四作用泵。

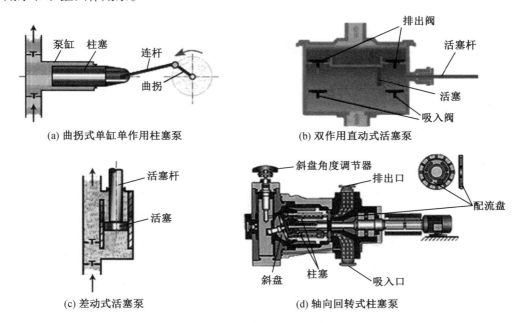

图 5-4 往复泵的类型

(4) 差动作用泵

活塞在一个往复行程中一次吸入的液体分两次排出或两次吸入的液体一次排出的泵称为差动作用泵,如图 5-4(c)所示。

2. 柱塞式往复泵

柱塞式往复泵(简称柱塞泵)是液压系统的核心部件,具有额定压力高、结构紧凑、效率高和流量调节方便等优点,被广泛应用于高压和流量需要调节的场合,如图 5-4(d)所示。

柱塞式往复泵常见的有径向柱塞泵和轴向柱塞泵两大类型。

5.2.3 齿轮泵

齿轮泵是常见的回转式容积泵,其主要工作部件是互相啮合的齿轮。齿轮泵按其啮合的方式可分为外齿轮泵、内齿轮泵和转子泵等;按齿轮的形式可分为直齿轮泵、斜齿轮泵和人字齿轮泵等。

图 5-5 所示为齿轮泵的结构及工作原理图。

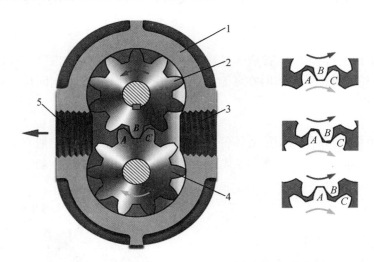

1—泵体;2—主动齿轮;3—吸入口;4—从动齿轮;5—排出口。

图 5-5 齿轮泵的结构和工作原理图

在泵体 1 中装有一对完全相同且互相啮合的齿轮,其中由电动机驱动的齿轮 2 为主动齿轮,被带动回转的齿轮 4 为从动齿轮。主、从动齿轮,泵壳和泵盖构成的吸、排腔被啮合的轮齿隔离。

当主动齿轮按图示方向逆时针回转时,右腔齿轮退出啮合,容积增大,吸入液体;充满齿间的液体随齿轮转动而带到左腔;左腔齿轮进入啮合,容积减小,齿间被挤压的液体从出口排出。只要齿轮连续回转,泵就不断地吸入和排出液体。齿轮泵如果反转,其吸排方向就相反。

5.2.4 螺杆泵

螺杆泵是利用螺杆的回转吸排液体的。按泵内工作的螺杆数,螺杆泵可分为单螺杆泵、双螺杆泵和三螺杆泵等。船上以三螺杆泵和单螺杆泵应用最广。

三螺杆泵的结构和工作原理如下:

图 5-6 所示为船用三螺杆泵。三螺杆泵主要由固定在泵体 12 中的泵缸 11 以及安插在缸套中的主动螺杆 8 和与其啮合的从动螺杆 7 和 10 组成。主动螺杆是凸螺杆，从动螺杆是凹螺杆，它们都是双头螺杆。主、从动螺杆转向相反。各啮合螺杆之间以及螺杆与缸套内壁之间的间隙都很小，并可借啮合线从上到下形成多个彼此分隔的容腔。随着螺杆的啮合转动，与泵吸入腔相通的容腔首先在下面吸入端开始形成并逐渐增大，不断吸入液体，然后封闭。接着，一方面这个封闭容腔沿轴向不断向上推移直至排出端（犹如一个液体螺母在螺杆回转时不断沿轴向上移），另一方面，新的吸入容腔又紧接着在吸入端形成。一个接一个的封闭容腔移到排出端与泵排出腔相通，其中的液体就不断被挤出。

5-5　单螺杆泵工作原理

5-6　三螺杆泵结构

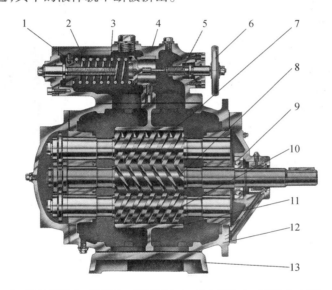

1—防转滑销；2—弹簧；3—调节螺杆；4—安全阀体；5—弹簧；6—手轮；
7,10—从动螺杆；8—主动螺杆；9—轴承；11—泵缸；12—泵体；13—底座

图 5-6　三螺杆泵

5.2.5　离心泵

1. 离心泵的工作原理

离心泵的工作原理可由图 5-7 所示单级离心泵的结构简图来说明。

5-7　离心泵的分解动画

它的主要工作部件是叶轮 1 和泵壳 9。叶轮 1 通常是由 5~7 个弧形叶片 10 和前、后圆形盖板所构成。泵壳 9 呈螺线形，亦称螺壳或涡壳。叶轮用键和反向螺母 13 固定在泵轴 4 上，装于泵壳 9 内，泵轴 4 的一端伸出泵壳与原动机相连。固定叶轮用的反向螺母 13 通常采用左旋螺纹，以防反复启动因惯性而松动。当离心泵工作时，预先充满在泵中的液体受叶片 10 的推压，随叶轮 1 一起回转，产生一定的离心力，从叶轮中心向四周甩出，于是在叶

·125·

轮中心处形成低压，液体便在液面上的气体压力作用下由吸入接管14被吸进叶轮。

从叶轮流出的液体，压力和速度都比进入叶轮时增大了许多。涡壳将它们汇聚并平稳地导向扩压管7。扩压管流道截面逐渐增大，液体流速降低，大部分动能变为压力能，然后进入排出管。因此，只要叶轮不停地回转，液体的吸排也就会连续地进行。液体通过泵时所增加的能量，显然是原动机通过叶轮对液体做功的结果。

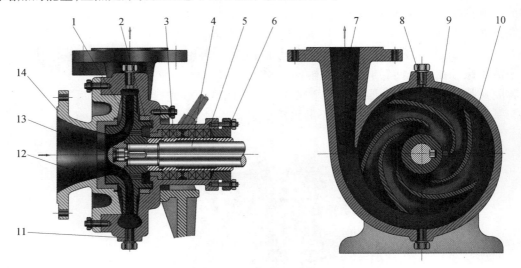

1—叶轮；2—平衡环；3—填料；4—泵轴；5—轴套；6—填料压盖；7—扩压管；8—固定螺母；
9—泵壳；10—叶片；11—放水螺帽；12—阻漏环；13—反向螺母；14—吸入接管。

图 5-7 离心泵的基本结构

2. 离心泵的分类

离心泵常按以下几种方式分类：
(1) 按泵轴的方向分为立式泵和卧式泵；
(2) 按液体进入叶轮的方式分为单吸泵和双吸泵；
(3) 按叶轮的数目分为单级泵和多级泵。

离心泵所能产生的最大排压有限，故不必设安全阀。目前，船用水泵和液货船的货油泵大都使用离心泵，也有个别新船将离心泵用作主机滑油泵。要求自吸的如压载泵、舱底水泵、油船扫舱泵等，也可使用自吸式离心泵或加设抽气自吸装置的离心泵。

5.2.6 喷射泵

喷射泵(亦称射流泵)不同于容积式泵和叶轮式泵，是靠高压工作流体经喷嘴后产生的高速射流来引射被吸流体，与之进行动量交换，以使被引射流体的能量增加，从而实现吸排。

通常工作流体和被引射流体皆为非弹性介质的称为喷射泵(亦称射流泵)，工作流体只要有一种为非弹性介质的则称为喷射器。喷射泵(器)常用的工作流体有水、水蒸气、空气；被引射流体则可以是气体、液体或有流动性的固、液混合物。

水射水泵的结构如图 5-8 所示。水射水泵主要由喷嘴、吸入室、混合室和扩压室组成。

喷嘴由渐缩的圆锥形或流线型的管加上出口处一小段圆柱形管道所构成,一端与工作水入口管相连,另一端一般采用螺纹与泵体连接,插于吸入室内;与吸入室连接的是由圆锥形管(喉管)与圆柱形管组成的混合室,混合室又称喉管,常做成圆柱形;与混合室相连的是截面渐扩的扩压管,类似锥管,它前端接混合室,后端与排出管相连。

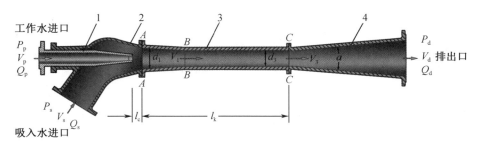

1—喷嘴;2—吸入室;3—混合室;4—扩压室。

图 5-8 水射水泵的结构

5.2.7 液压系统

液压技术有许多突出的优点,如传递能量大,易于传递及控制等,在民用和国防等领域从一般传动到高精确度的控制系统都得到了广泛的应用。在船舶工业中,液压技术的应用非常普遍,如全液压挖泥船、打捞船、打桩船、采油平台、水翼船、气垫船和各类船舶甲板机械等。

1. 液压传动的基本原理

液压传动的基本原理是帕斯卡定律:即加在密闭液体上的压强,能够大小不变地由液体向各个方向传递。

如图 5-9 所示,因为压强 P 能够大小不变地由液体向各个方向传递,液压的传动则是通过压强 P 来传播,即 $F_1/S_1 = F_2/S_2 = P$。若左边小活塞的面积为 S_1,右边大活塞的面积为 S_2,则 $F_1 = S_1 \times P$,$F_2 = S_2 \times P$,所以当 $S_1 < S_2$ 时,$F_1 < F_2$。

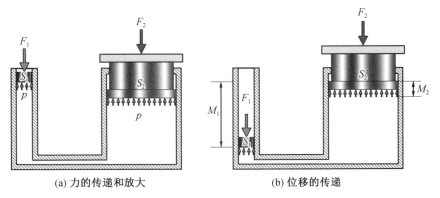

(a) 力的传递和放大　　(b) 位移的传递

图 5-9 液压传动的原理

正因为传播中的压强是不变的,所以在一个面积小的活塞上施加一个很小的作用力,在另一边面积大的活塞上就会产生更大的作用力,并且力的大小变化是随着作用面积的变化成比例变化,即 $F_2 = F_1 \times S_2/S_1$。

2. 液压系统的基本组成

为了叙述液压系统的基本组成,这里以一个船舶液压绞缆机为例,用液压职能符号表示的液压系统,如图 5-10 所示。

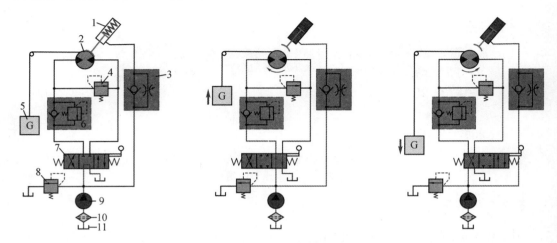

1—液压缸;2—液压马达;3—溢流阀;4—单向节流阀;5—重物;6—单向顺序阀;
7—三位四通阀;8—溢流阀;9—液压泵;10—滤油器;11—油箱。

图 5-10　绞缆机液压系统

从图中可以归纳出一个完整的液压系统由五个部分组成,即动力元件、执行元件、控制元件、辅助元件(附件)和液压油。

(1) 动力元件

动力元件的作用是将原动机的机械能转换成液体的压力能,向液压系统提供足够流量和足够压力的液压油即液压泵,其结构形式可以分为齿轮泵、叶片泵、螺杆泵、柱塞泵(轴向式、径向式)。

(2) 执行元件

执行元件(如液压缸和液压马达)的作用是将液体的压力能转换为机械能,驱动负载做直线往复运动或回转运动。执行元件分为液压缸、摆动液压马达和旋转液压马达三类。

①液压缸:实现直线往复机械运动,输出力和线速度。

②摆动液压马达:实现有限往复回转机械运动,输出力矩和角速度。

③旋转液压马达:实现无限回转机械运动,输出扭矩和角速度。

(3) 控制元件

控制元件(即各种液压阀)在液压系统中控制和调节液体的压力、流量和方向。根据控制功能的不同,液压阀可分为压力控制阀、流量控制阀和方向控制阀,以及在此基础上研制出的电液比例控制阀。它的输出量(压力、流量)能随输入的电信号连续变化。电液比例控制阀按作用不同,相应地分为电液比例压力控制阀、电液比例流量控制阀和电液比例方向控制阀等。

(4) 液压辅助元件

辅助元件包括蓄能器、油箱、滤油器、油管及管接头、密封圈、快换接头、高压球阀、胶管总成、测压接头、压力表、油位计、油温计等。

(5)液压油

液压油就是利用液体压力能的液压系统使用的液压介质,在液压系统中起着能量传递、系统润滑、防腐、防锈、冷却等作用。

5.2.8 舵装置

1. 操舵装置的功用

控制船舶航向(即保持既定航向或改变航向)的方法随船舶的装备情况存在差异而不同。装有直翼推进器的船舶,可利用推进器本身;采用喷水推进的船舶,可利用改变喷水方向;装有转动导管的船舶,可利用导管的偏转;装有侧推器(横向喷流舵)的船舶,可利用侧推器和其他措施。一般船舶上使用最普遍的是操舵装置。

操舵装置简称舵机,功用是保证船舶按要求迅速可靠地将舵叶转到并保持在指定的舵角,以使船舶航行在给定的航线上。它是确保船舶安全航行的重要设备。

舵机按其动力源可分为手动舵机、蒸汽舵机、气动舵机、电动舵机和电动液压舵机。由于电动液压舵机尺寸小,重量轻,效率高,耐冲击,工作可靠,故在现代船舶上广泛采用。

2. 操舵装置的组成

完整的操舵装置(即舵机)由下列各部分组成,如图 5-11 所示。

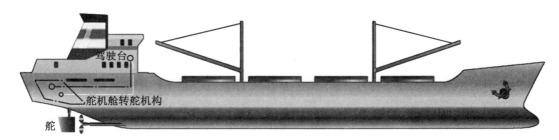

图 5-11 操舵装置布置示意图

(1)远距离操纵机构

远距离操纵机构远距离操纵机构由设于船首驾驶室的发送器和设于船尾舵机房的受动器组成,用以把舵令转换成对转舵动力的控制动作,以便提供转舵动力,或停止转舵动力的供给,或改变转舵动力供给方向。电动液压舵机的远距离操纵机构常见的有液压式、电力式和电液式三种。

(2)转舵动力机械

转舵动力机械安装于舵机房或机舱,是提供转舵动力源的机械设备。如电动液压舵机的转舵动力机械是电动液压泵组。

(3)转舵机构

转舵机构安装于舵机房内,是将转舵动力转换为转舵力矩的机构。如电动液压舵机中普遍采用的是往复式转舵油缸。

(4) 舵

舵安装于舵机房的舵柱(或舵杆)上,是产生转船力矩的设备。按舵杆轴线位置分有平衡舵、半平衡舵和不平衡舵,其结构如图 5-12 所示。此外还有许多特种舵,如襟翼舵、可转导管舵、转柱舵、喷射舵、反射舵、倒车舵、倒航舵、侧推器、主动舵等。

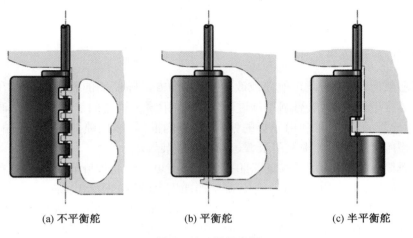

(a) 不平衡舵　　　(b) 平衡舵　　　(c) 半平衡舵

图 5-12　舵示意图

(5) 追随机构

追随机构安装于舵机房内,是在舵转至舵令要求的舵角时,切断转舵动力的供给,自动使舵停止转动的机构。常用的有杠杆式(分不带和带副杆式)和电力式(分电桥式和自整角机式)。

(6) 应急装置

应急装置是用以维持舵机正常工作的应急备用的操舵设备。如在操舵装置失灵时使用。

(7) 辅助装置

辅助装置包括舵角指示、最大舵角限位装置等。

5.2.9　锚装置与锚机

1. 锚装置的功用

锚装置是船舶在营运中,等待货物、泊位、引水、联检以及避风或驳载装卸时,通过向水底抛锚,利用卧在水底的锚和足够长度的锚链所产生的抓附力使船舶停泊,称为锚泊。锚装置的主要功用如下:

(1) 防止船在风浪、水流作用下漂移,保持船位不变;
(2) 帮助船舶移动船位;
(3) 在航行中因故暂时停航或遇到紧急情况时固定船位;
(4) 其他特殊用途,如登陆艇的冲滩或退滩等。

2. 锚装置的组成

锚装置主要由锚、锚链、掣链器、锚链筒和锚机五部分组成,如图 5-13 所示。

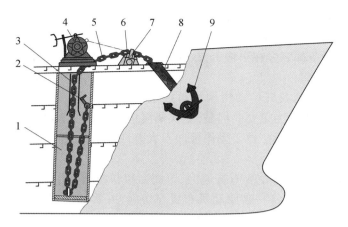

1—锚链舱;2—弃锚器;3—锚链管;4—锚机;5—掣链钩;
6—锚链;7—掣链器;8—锚链筒;9—锚。

图 5-13 锚装置的组成

(1)锚

锚是一种特殊形状的金属重物,它在水底能牢牢地抓住泥沙,使得与之相连的锚的另一端固定下来。锚的抓力与其质量有关,一般要求锚能以最小的锚重获得最大的抓力。多数船舶的锚设在船首,左右舷各一个,可以共用一台锚机,也可以分用两台。此外还有些船舶在船尾设有艉锚。

锚的类型很多,按其结构可分为固定锚爪式和活动锚爪式两类。

(2)锚链

锚链是锚与船体的连接件,可把船舶拉住,使船舶不致因风浪、水流等作用而漂离。

(3)掣链器

掣链器位于锚机与锚链筒之间的甲板上,用以夹住锚链。抛锚后,闸上掣链器,可将锚链的拉力传给船体,使锚机不处于受力状态。航行时,掣链器承受锚和部分锚链的重力,并将收到锚链筒内的锚贴紧船体,不致发生撞击。

(4)锚链筒

锚链筒是斜穿过甲板与舷侧,引导锚链灵活地通向舷外的通道。收锚时锚杆应不受阻碍地进入锚链筒,锚爪与船体贴紧;抛锚时锚必须能在其自重的作用下自由地脱离锚链筒。

(5)锚机

锚机是锚装置中最重要的组成部分,主要由原动机、传动机构和链轮组成。它的主要目的是收放锚链以便起锚和抛锚。此外锚机通常还兼用于船首绞缆,实际是锚缆两用机。因此锚机除了设有锚链轮外,还有绞缆卷筒。

3. 锚机的类型

(1)按动力分主要有电动锚机和液压锚机

电动锚机具有结构简单,制造、管理和维修方便,能实现自动化操作等优点,在船舶上一直长期使用。

液压锚机与电动锚机相比具有体积小,占地面积少,容易实现正反转、无级调速和恒功率驱动与启动,制动迅速、平稳,对电站冲击负荷小等优点。但它效率低,耐超负荷能力差,噪声大,制造和维修困难。随着液压技术的逐步推广,液压锚机的应用更为广泛。

(2) 按链轮轴线布置分主要有卧式锚机和立式锚机

卧式锚机所有设备都装设在甲板上,故操作比较方便,但也常常遭受风浪的侵蚀,并占据较大的甲板面积。

立式锚机由于原动机及其传动机构均可放置在甲板以下,从而避免了卧式锚机的缺点。这对军舰而言,显得尤为重要。但是,立式锚机锚链轮的立轴承受很大弯矩,因此锚链轮在布置时,要尽量靠近甲板。由于操作管理不太方便,所以一般商船多采用卧式锚机,而军舰则采用立式锚机。

(3) 按布置形式的不同分主要有普通型、单侧型和联合型等

所谓普通型锚机,就是将一台原动机布置在中间,并将两个锚链轮分别配置在它的两侧。这种型式中,若原动机与锚链轮共用一个底座,则称为整体型;而当底座分开时,则称为分离型。

所谓单侧型锚机就是指一台原动机只配置一个锚链轮,并在船首甲板的两侧各布置同样的一台锚机。目前,大型船舶多采用单侧型锚机。至于联合型锚机则为两个单侧型锚机的组合。在这种型式中,一个锚链轮即可由一台原动机驱动,也可同时由两台原动机驱动。

5.2.10 系泊设备

1. 系泊设备的作用

船舶停靠码头或系浮筒时,需靠缆索将船舶固定在码头上,称为系泊。缆索和用于固定、导引缆索的设备以及用于收卷和放出缆索的机械总称为系泊设备。

系泊设备的作用:使船舶与地面(水下地面、码头、浮筒等)牢固地系位以保持船位,并在船舶靠离码头和进出船坞时,还可以利用系泊设备,通过收卷或放出不同的缆索使船舶移动或调整位置。系泊设备主要包括缆索、带缆桩、导缆孔和导缆钳、系缆机和缆车。

2. 绞缆机分类

绞缆机按动力可分为电动系缆机和液压系缆机;按张力是否自动调节可分为普通系缆机和恒张力系缆机(自动系缆机),恒张力系缆机可分为泵控式和阀控式两种;按轴线布置可分为卧式和立式系缆机。

在船首,常用锚机兼作系缆机。此时,系缆卷筒通常和锚机一起,用同一动力驱动,并可以通过离合器啮合或脱开。有的起货机也同时带有系缆卷筒,但在船尾则大多设置独立的系缆机。

5.2.11 船舶起货机

船舶起货机是船舶自行装载货物的主要设备。根据船舶装卸货物的特点要求,船舶起货设备必须能携带货物起、落,同时还必须能够携带货物在船舶和码头之间的上空做横向移动。

1. 船舶起货机的分类

船用起货机类型很多,按其结构及作业方式,可分为吊杆式起货机和回转式液压起货机(克令吊);按其驱动机械的能源不同,可分为蒸汽起货机、电动起货机和液压起货机。克

令吊的动力源为液压形式,在现代船舶上广泛应用。

2. 吊杆式起货装置

(1) 吊杆式起货装置的分类

① 吊杆承载能力的不同分为轻型和重型两类。

a. 轻型吊杆装置——吊货杆的起货质量在 10 t 以内。

b. 重型吊杆装置——吊货杆的起货质量在 10 t 以上。目前在新建的大型运输船舶上的重型起货,起吊的安全工作负荷达 60~120 t,甚至高达 300 t。

② 按作业使用吊杆数来分可分为单吊杆起货装置及双吊杆起货装置。

如图 5-14 所示为用支索回转的单吊杆式起货设备。起货绞车 7 收放控制吊钩;回转绞车 6 上装有两个卷筒,两卷筒上的绕绳方向相反,当回转绞车 6 带动两直径相同卷筒做同向旋转时,则两卷筒就分别卷入和放出支索 4,可以控制吊货杆 3 旋转角度;变幅绞车 5 卷入或放出可以控制变幅索,从而控制吊货杆 3 的幅度。

单吊杆式起货装置能较快地投入工作,但其装卸的效率较低,且货物在空中易产生较大的振荡。

如图 5-15 所示为双吊杆起货设备作业情况。先将吊货杆 6 调整在货舱口上方,它称为船中吊杆。另一根吊货杆 5 调整伸出舷外位置,它称为船外吊杆。起货绞车 7,8 控制吊货杆的吊货索 1,2 从而控制吊钩。

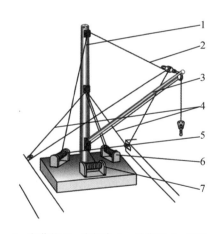

1—起货柱;2—变幅索;3—吊货杆;4—支索;
5—变幅绞车;6—回转绞车;7—起货绞车。

图 5-14 用支索回转的单吊杆式起货设备

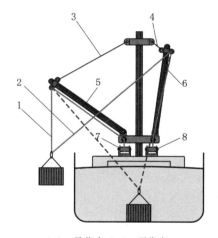

1,2—吊货索;3,4—顶货索;
5,6—吊货杆;7,8—起货绞车。

图 5-15 双吊杆起货设备作业情况

双吊杆起货装置因吊杆不摆动提高装卸效率,消除了货物在吊运时的振荡,能增加吊杆伸向舷外的跨距,减轻港区内的装卸作业量。缺点是,伸出吊杆需要调整位置时,装卸作业必须中断;可以起吊的货重小于吊杆的安全负荷;作业前准备时间较长。

(2) 克令吊

图 5-16 所示为双塔克令吊。在回转式起货机中,起货绞车、变幅绞车、回转绞车,以及吊杆和索具等装在一个共同的回转座台上,所有各组成部分都可随座台一起回转。旋转起货设备通过旋转马达驱动小齿轮与装在座台上的大齿轮啮合运动,带动旋转平台和整个起

货设备一起进行旋转运动,旋转可在360°范围内进行。除固定式旋转起货设备外,还有其安装座台可沿甲板上铺设的轨道移动的走行式旋转起货设备。另外,也有将两个旋转起货设备安装在同一旋转平台,既可分别独自进行装卸作业,也可并在一起用机械装置连锁同步动作并联工作,使其起重能力提高大约一倍。这样可以把货物调运到要求的位置。

与吊杆式起货设备相比,克令吊具有重量轻、占地少、操作灵活、装卸效率较高、能准确地把货物放到货舱的指定地点,并能迅速地投入工作等优点;但也存在结构复杂、投资高、吊臂的横动幅度和起升高度较小以及需要三台绞车等缺点。

图 5 – 16 双塔克令吊

(3)悬臂式起重机

悬臂式起重机是一种比较新型的甲板起重机,如图 5 – 17 所示。它主要用于集装箱船或可装载集装箱的多用途船装卸集装箱,它利用伸出舷外的水平悬臂和在悬臂上行走的滑车组小车来完成装卸货作业。

3.船舶对起货机的基本要求

(1)功率足够,即能以额定的起货速度吊起额定的负荷;
(2)起降灵敏,即能依据操作者的要求,方便灵敏地起、降货物;
(3)速度可调,即能依据吊货轻重、空钩升降和货物着地等不同情况,在较广的范围内调节运行速度;
(4)制动可靠,即能依据操作者的要求,在起、降过程中随时停止,并握持货重;
(5)操作简便,即能在保证高效安全的情况下减轻操作者的体力和脑力劳动。

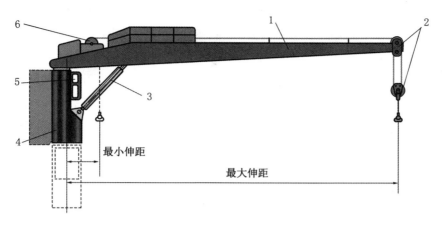

1—悬臂;2—吊货滑车组;3—液压千斤顶;4—立柱;5—控制室;6—起货机。

图 5-17 悬臂式起重机

5.2.12 船用锅炉装置

1. 船用辅助锅炉的功用及分类

锅炉是将水加热,使之产生蒸汽的设备。在蒸汽动力装置船舶中,锅炉产生的蒸汽主要供蒸汽主机推进船舶之用,这种锅炉称为主锅炉;而在内燃机动力装置船舶中,锅炉产生的蒸汽仅用于加热燃油、滑油,主机暖缸,驱动辅助机械及生活杂用等,这种锅炉称为辅助锅炉,简称辅锅炉。

(1)船用辅助锅炉的作用

①它所产生的低参数蒸汽可以用来加热主、辅机所使用的低价重质燃料油或重油,以改善液体油料的流动性能和雾化性能,保证主、辅机安全、可靠、经济地运转。

②在内燃机排气管道上设置废气锅炉可以提高内燃动力装置的经济性。

③为油船上部分蒸汽动力机械及设备提供气源。如:货油泵、洗舱泵、锚机、原动机等动力机械。还能为货油加热器和油舱的清洗等设备提供大量蒸汽。

④为某些工作场所和船舶信号设备提供低参数的蒸汽,如满足清洗油池、吹洗海底阀、滤器和油污的机器零件以及汽笛等需要。

⑤为满足船员、旅客生活上需要,如船舶利用低参数蒸汽制造淡水、冬季取暖及厨房用汽等。

(2)船用辅助锅炉分类

船舶辅锅炉的型式很多,通常按下列方法进行分类。

①按其结构、水循环、工作压力的不同分为如下几类。

a. 烟管、水管和水、烟管联合锅炉

烟管锅炉受热面管内流动的是高温烟气,管外是水;水管锅炉受热面管内流动的则是水或者是汽水混合物,而烟气在管外流过;此外,尚有一种锅炉,它的一部分受热面管子按水管锅炉方式产生蒸汽,而其余受热面管子则按烟管锅炉方式工作,称之为水、烟管联合锅炉。目前,水管锅炉正被广泛应用。

b. 自然循环、强制循环锅炉

对水管锅炉而言,管内的水必须沿着一定的方向流动,以保证受热面管子不被高温烧坏。

自然循环锅炉,即其管内水的流动是由于工质的密度差而引起的。相反,强制循环锅炉的管内水流动是借助泵来实现的。

c. 低、中、高压锅炉

这种分类依据的蒸汽工作压力是随着生产水平的发展而变化的。目前一般蒸汽工作压力在 2.0 MPa 以下者为低压锅炉;2.0~4.0 MPa 的为中压锅炉;4.0~6.0 MPa 的为中高压锅炉;超过 6.0 MPa 的为高压锅炉。船用锅炉主要是低压锅炉。

② 按炉筒的布置方式分,有立式和卧式锅炉。

③ 按管群的走向分,有横管和竖管锅炉。

④ 按热量的来源分,有燃油、燃煤和废气锅炉。

2. 废气锅炉

一般大型低速增压二冲程柴油机的排气温度为 250~380 ℃,四冲程中速柴油机的排气温度可达 400 ℃,具有大量余热回收,因此在机舱顶部柴油机排气管中安装了废气锅炉,其同时具有柴油机排气消音作用。废气锅炉产生的蒸汽量在满足加热和日常生活用之外一般还有剩余,有的船还将多余蒸汽用于驱动一台汽轮发电机。常见的废气锅炉有立式烟管式和强制循环盘香管式。

5.2.13 海水淡化装置

1. 船舶对淡水的需求

船舶每天都要消耗相当数量的淡水,以满足船上人员和动力装置的需要。远洋船舶为增加载货吨位,不宜携带过多淡水,一般都设有海水淡化装置(习惯称造水机),以减少向港口购买淡水的费用,并增加船舶的续航能力。

一般含盐量 <1 000 mg/L 的水可算是淡水。船上淡水主要用于柴油机和其他辅机的冷却、锅炉补给水、生活洗涤和饮用,有时也用来冲洗甲板。机器冷却淡水和冲洗甲板只要是清洁淡水即可。洗涤用水一般要求氯离子浓度 <20 mg/L(Cl^-)、硬度 <3.5 mmol/L。饮用水必须不含有害健康的杂质、病菌和没有异味,含盐量 500~1 000 mg/L,pH 值为 6.5~8.5。造水机生产的淡水几乎不含矿物质,也不能杀灭病菌。若供饮用则最好经过矿化器和紫外线杀菌器处理。航线不长的船饮水可由专门的饮用水舱供给,靠港后再补充。船舶对淡水水质要求最高的是锅炉补给水,故船舶海水淡化装置对所造淡水含盐量的要求一般都以锅炉补给水标准为依据。我国船用锅炉补给水标准规定补给蒸馏水的氯离子浓度应 <10 mg/L。

船舶对淡水的需要量是:生活用水每人每天 150~250 L;动力装置用水以主机功率计,柴油机船每千瓦每天需 0.2~0.3 L,汽轮机船每千瓦每天需 0.5~1.4 L;辅锅炉的补水量可按蒸发量的 1%~5% 计,中、高压锅炉按蒸发量的 1%~3% 计。一般主机功率为 7 500 kW 左右的柴油机货船,造水机的容量大多不超过 20~25 m^3/d。机舱设备采用中央淡水冷却系统、厕所采用淡水冲洗的船淡水消耗较多,造水机的容量要大一些。

2. 海水淡化装置的分类及在船舶上的应用

海水淡化的方法很多,主要有蒸馏法、电渗析法、反渗透法和冷冻法等。船用海水淡化装置大多采用蒸馏法。

船用蒸馏式海水淡化装置一般采用真空式蒸馏器。海水的蒸发和蒸汽的冷凝是在具有一定真空度的工作容器内完成的,这既有利于降低海水的沸点温度,减少结垢、便于清除,也有利于动力装置冷却水中废热的利用,提高装置的经济性。目前船用蒸馏式海水淡化装置真空度都大于80%。

真空蒸馏海水淡化装置有闪发式和沸腾式两种。目前在船舶上的,绝大多数采用真空沸腾式海水淡化装置,闪发式在船舶上的使用已日趋减少。

在闪发式中,海水的加热是在单独的加热器内完成,然后喷入真空容器内闪发成蒸汽。由于加热器与蒸发器分开,海水在加热器中被加热时并不沸腾汽化而致海水浓缩,蒸发器内又无加热面,因而减轻了海水结垢的危害;但海水在喷入真空容器内闪发时所需的汽化潜热来自海水本身,使喷入真空容器内的海水大部分不能闪发成蒸汽,限制了淡水产量,其经济性也不如沸腾式。

5.2.14 船舶制冷装置

制冷是从某一物体或空间吸取热量,并将其转移给周围环境介质,使该物体或空间的温度低于环境温度,并维持这一低温过程的技术。用于完成制冷过程的设备称为制冷装置。在船上,居住舱室的空调以及粮食和货物的冷藏都需要制冷装置。

1. 制冷装置在船舶上的应用

(1) 船舶伙食冷藏

船舶航程越远,所需携带的食品越多,储藏时间也越长。一般船舶为了储存易腐食品,几乎都设有伙食冷库,用于船员、旅客的伙食冷藏。一般食品腐坏的原因主要是微生物(细菌、霉菌、酵母菌等)活动繁殖所分泌的物质使食物中的有机物水解变质。而水果、蔬菜等在采摘后仍有新陈代谢的呼吸作用,吸收氧气,放出二氧化碳和热。这种呼吸作用可保护它们不受微生物侵害,但又会使它们继续成熟,消耗养分,以致腐烂。叶菜呼吸作用较强,熟烂也就较快。用冷藏法保存食品,是创造条件尽量抑制微生物活动,并适当减弱蔬菜、水果的呼吸作用,可延缓食品变质而较少改变其原有风味。冷库所创造的保存食品的条件主要有温度、湿度、二氧化碳和氧气浓度,以及臭氧浓度。

(2) 船舶空气调节

船舶为了能向船员和旅客提供适宜的工作条件和生活环境,一般都设有空气调节装置,制冷装置为空气调节提供了必需的冷源。

(3) 冷藏运输

如货物的冷藏运输、鱼类保鲜、冷藏集装箱等。

(4) 专门用途

天然气液化和贮运、"冷藏链"运输以及舰艇的弹药贮存、隐藏潜航等。

迄今为止,船上广泛采用装有压缩机的压缩式制冷装置。目前正在开发准备装船的吸收制冷装置。

2. 制冷类型和方法

（1）蒸汽压缩制冷

蒸汽压缩式制冷系统是由压缩机、冷凝器、节流装置、蒸发器四个主要部分组成，工质循环其中，用管道一次连接，形成一个完全封闭的系统，制冷剂在这个封闭的制冷系统中以流体状态循环，通过相变，连续不断地从蒸发器中吸取热量，并在冷凝器中放出热量，从而实现制冷的目的。

（2）气体绝热膨胀制冷

气体膨胀制冷是人工制冷方法中发明最早的方法之一。目前，在气体液化装置及低温制冷机中，主要采用的膨胀制冷方法有压缩气体绝热节流、等熵膨胀和等温膨胀。前两种方法造成气体降温，有时称为内冷法；后一种方法使气体在等温下吸热。

（3）半导体制冷

半导体制冷又称电子制冷，或者温差电制冷，是从20世纪50年代发展起来的一门介于制冷技术和半导体技术边缘的学科，它利用特种半导体材料构成的 P－N 结，形成热电偶对，产生珀尔帖效应，即通过直流电制冷的一种新型制冷方法，与压缩式制冷和吸收式制冷并称为世界三大制冷方式。

除此之外，工业活动中制冷方法还包括涡流管制冷、绝热放气制冷、绝热退磁制冷、化学方法制冷、蒸汽喷射式制冷、吸收式制冷、吸附式制冷等。

3. 蒸汽压缩式制冷原理

蒸汽压缩式制冷装置是由压缩机、冷凝器、节流阀、蒸发器四大基本部分所组成，如图5－18所示。冷剂工质在以上四个基本部件所组成的装置中循环。压缩机抽吸由蒸发器出来的气态冷剂，压缩成高温高压气态，并送到冷凝器冷却冷凝，移出热量后呈液态，再经节流阀节流降压降温后送至蒸发器汽化吸热，使被冷物温度下降，最后气态冷剂被抽吸进压缩机，以此构成一个制冷循环。

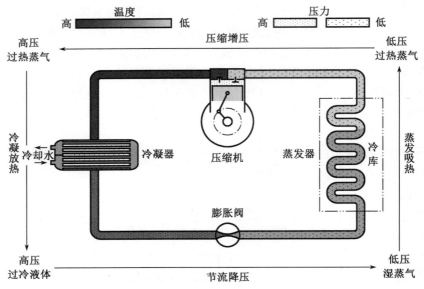

图5－18　压缩机制冷工作原理图

（1）制冷压缩机

制冷压缩机是制冷循环的动力,它由原动机(如电机)拖动而工作,它的作用是及时抽出蒸发器内蒸气,维持低温低压,再通过压缩过程提高制冷剂蒸气的压力和温度,创造将制冷剂蒸气的热量向外界环境介质转移的条件,即将低温低压制冷剂蒸气压缩至高温高压状态,以便能用常温的空气或水作冷却介质来冷凝制冷剂蒸气。

（2）冷凝器

冷凝器是一个热交换设备,它利用环境冷却介质空气或水,将来自制冷压缩机的高温高压制冷蒸汽的热量带走,使高温高压制冷剂蒸气冷却,并冷凝成高压常温的制冷剂液体。冷凝器向冷却介质散发热量的多少,与冷凝器的面积大小成正比,与制冷剂蒸气温度和冷却介质温度之间的温度差成正比。所以,要散发一定的热量,就需要足够大的冷凝器面积,也需要一定的换热温度差。

（3）节流元件

将高压常温的制冷剂液体通过降压装置的节流元件,得到低温低压制冷剂,再送入蒸发器吸热汽化。目前,蒸气压缩式制冷系统中常用的节流元件有膨胀阀和毛细管。高压常温的制冷剂液体不能直接送入低温低压的蒸发器。根据饱和压力与饱和温度一一对应原理,降低制冷剂液体的压力,从而降低制冷剂液体的温度。

（4）蒸发器

蒸发器也是一个热交换设备。节流后的低温低压制冷剂液体在其内蒸发(低温沸腾)变为蒸气,吸收被冷却介质的热量,使被冷却介质温度下降,达到制冷的目的。蒸发器吸收热量的多少与蒸发器的面积大小成正比,与制冷剂的蒸发温度和被冷却介质温度之间的温度差成正比。当然,也与蒸发器内液体制冷剂的多少有关。所以,蒸发器要吸收一定的热量,就需要与之相匹配的蒸发器面积,也需要一定的换热温度差,还需要供给蒸发器适量的液体制冷剂。

制冷剂在蒸发器和冷凝器内,主要是物态变化,其功用是将冷库的热量传递给舷外海水,实现制冷。制冷剂在压缩机、膨胀阀内,主要是热力参数的变化,一是使制冷剂压力降低,为保证制冷剂在蒸发器内能够汽化,另一是使制冷剂压力升高,为在冷凝器内液化提供了条件。

5.2.15 船舶空气调节装置

随着国际海运和造船事业的不断发展,空气调节技术在船舶上得到广泛应用,随着《2006海事劳工公约》的生效,对海员工作环境和生活环境提出了更高的要求。船舶空调的调节水平也不断提高,设有电子计算机自动调节能量和具有全年空调的船舶不断出现。

船舶空气调节的主要目的是为船员、旅客创造舒适的"气候"条件,使他们有一个良好的生活环境,减少旅途疲劳,得以愉快地旅行。

空调"气候"条件取决于若干气象因素的变化及其组合情况。在讨论人的舒适感时,涉及的气象因素主要有空气温度 t、相对湿度 Ψ、空气流速 v 及空气新鲜、清洁程度。实际上人与空调"气候"条件的关系,就是人体与周围环境之间保持必要的热平衡——人体热平衡。人体热平衡是人健康舒适最基本条件之一。而取得这种热平衡及人体对周围环境达到热平衡时的状态,又取决于许多因素的综合作用。这些因素有环境因素(如空气温度、湿度、流速等)和以及人的因素(如人的活动、适应性、衣着等)。

1. 集中式空调装置

船舶空调装置一般是将空气集中处理后再分送到各个舱室,称为集中式空调或中央空调;有的还能将集中处理后送往各舱室的空气进行分区处理或舱室单独处理,称为半集中式;某些特殊舱室,例如机舱集控室,因热负荷与一般舱室相差太大,需单独设专用的空调器,称为独立式空调。

如图 5-19 所示给出船舶集中式空调装置的示意图。通风机 7 由新风吸口 6 吸入外界空气(称为新风),同时也从通走廊的回风总管 4 吸入一部分空气(称为回风),二者混合后在空气调节器 1 中经过滤,然后加热、加湿,或冷却、除湿,达到要求的温度和湿度,最后送入若干并列的主风管 2,再经各支风管分送到各舱室的布风器 3,对舱室送风。而舱室中的空气则通过房门下部的格栅流入卫生间(若有的话)及走廊,走廊中的空气部分作为回风又被空调器吸入,其余排往舱外。

可能产生不卫生气体或有味气体的舱室(例如厕所、浴室、医务室、病房、公共活动舱室、餐厅、厨房等),应设机械排风系统,由抽风机 5 将空气排至舱外,以保持舱室内负压,避免这些舱室的气味散发到走廊和其他舱室。较大客船的走廊也都能机械排风。舱容小而自然排风条件好的处所,可以采用自然排风。

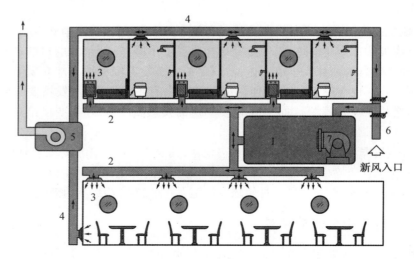

1—空气调节器;2—主风管;3—布风器;4—回风总管;5—抽风机;6—新风吸口;7—通风机。

图 5-19 船舶空调装置的示意图

2. 集中式空气调节器

加热与冷却之冷热源由系统集中供给,空气处理(新风与回风混合、消声、净化、降温、除湿和加热、加湿)全部在空调器内进行的空气调节器,称为集中式空气调节器,如图 5-20 所示。

空气调节器由吸入混合室、消音滤尘室、空气处理室及分配室组成。内设风机、过滤栅墙、吸音墙壁、空气冷却器、挡水板(图 5-21)、空气加热器、加湿器等,其作用是对自然空气进行再处理。

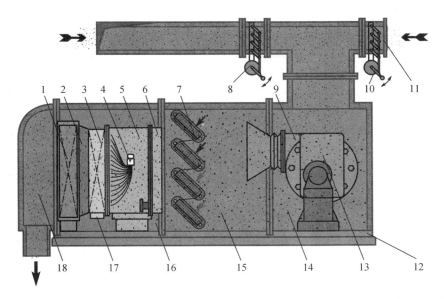

1—空气加热器;2—加湿器;3—挡水板;4—空气冷却器的冷剂分配器;5—空气冷却器;6—冷剂流出集管;7—滤器;8—回风量调节门;9—风机;10—新风量调节门;11—具有滤网的新风入口;12—底架;13—检查门;14—混合室;15—消声室;16—空气处理室;17—集水盘;18—分配室。

图 5-20 集中式空气调节器

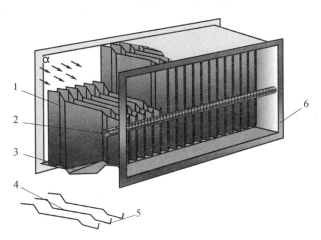

1—挡水曲板;2—加湿器;3—集水盘;4—挡水曲板线条图;5—挡水沟;6—支架。

图 5-21 挡水板

3. 供风设备

供风设备主要有供风管道与布风器。

(1) 供风管

供风管由 0.5~2 mm 镀锌铁皮制成,设于天花板中,表面有隔热层,以防散热与结露。风管的截面有矩形和圆形两种,矩形管占据空间的高度小,管路与支路交接方便,常用于中、低速空调系统;圆形管,当流通截面积相同时其湿周最小,摩擦阻力小。此外制造、安装和维修均方便,常用于高速空调系统。

(2)布风器

布风器是空调系统最末端的设备,装于空调舱室内,其任务是把加工处理后的空气以一定的流速和方向供入舱室,使供风与室内空气混合良好,温度分布均匀,能保持人的活动区内风速适宜;并能对舱室气候进行个别调节,阻力噪声较小,结构紧凑,外形美观,价格低廉。

布风器按安装位置的不同分为顶式和壁式两类。壁式布风器靠舱壁底部垂直安装,使用方便。顶式布风器安装在天花板上,不占舱室地面,在艺术造型上能与顶灯配合,起到装饰效果,在船舶空调中采用较多。布风器按诱导作用的强弱可分为直布式和诱导式两类。

5.2.16 船用油水分离器

含油污水的处理方法很多,主要有物理分离法、化学分离法和生物化学法等。

物理分离法是利用油水密度差或过滤、吸附、聚合等物理方法使油水分离的方法。其主要特点是分离过程不改变油或水的化学性质,主要包括重力分离、过滤分离、聚合分离、吸附分离、气浮分离、超滤膜分离、反渗透分离等方法。

化学分离法是向含油污水中投入絮凝剂或聚集剂,使油凝聚成凝胶体沉淀或使油凝聚成胶体上浮,而达到油水分离;或者利用对水电解产生的气泡附着油滴上浮,以实现油水分离的方法。

生物化学法是利用好气性微生物对油具有分解氧化作用而对含油污水进行处理的方法。目前船用油水分离器以物理分离法为主,其主要采用的方法如下:

1. 重力分离法

重力分离是在重力场内利用油水密度差使油上浮而达到油水分离目的,主要用于分离直径在 50 μm 以上的较大油粒,对于粒径更小、呈乳化状态的油粒则很难分离。重力分离具体有静置分离和流道分离等不同方式。

(1)静置分离

静置分离是将含油污水静置于舱柜中一段时间,利用油水密度差使油粒上浮而分离。油粒在静置的污水中受重力、浮力和运动阻力三种力的共同作用,理论分析可得到油粒上浮速度与油粒直径的平方、油水密度差成正比,与水的黏度成反比,说明含油污水静置分离时油粒直径越大,分离速度越快;油粒直径越小,油粒越难分离;适当提高水温,可降低水的黏度,并可增大油水密度差,有利于油水分离;但水温过高时,水黏度降低和油水密度差增大的效果会明显减弱,而油黏度变小,更易乳化,对油水分离反而不利。

(2)流道分离

静置分离处理含油污水时,不仅需要较大的容积,工作也难以连续进行,特别在油粒直径较小时需要较长的时间。如果油粒在重力分离过程中有机会发生碰撞、聚合,使直径增大,将加快上浮速度,提高分离效果。因此在实际应用的油水分离器中都采用流道分离,即使含油污水流过多层平行板、波纹板、锥形板等流道,以改善水流状况,增加油粒相互碰撞、聚合机会,提高油水分离效果。

2. 过滤分离

根据对油附着能力的强弱,材料有非亲油性、中等亲油性和强亲油性之分。过滤分离是让含油污水通过多孔的非亲油性材料滤层(如石英砂、煤屑、焦炭、滤布、特制的陶瓷塑料制品等),利用滤层的微孔、缝隙能让水通过而对油的阻挡作用,把分散的油粒从连续的水流中分离出来,继而在滤层表面相互接触聚合成大的油粒而上浮。因油粒主要被阻挡在滤层前部,微孔、缝隙容易堵塞,故滤层必须经常用反冲洗的方法对其进行清洗,以保持良好性能。

3. 聚合分离

聚合分离是让含油污水通过多孔的中等亲油性材料介质,其较小直径的油粒在通过介质中曲折孔道的过程中聚合,形成较大直径的油粒,离开介质后上浮,达到油水分离的目的。油粒在多孔的中等亲油性材料介质中通过时个数减少、直径增大的过程叫"聚合过程",也叫"粗粒化过程",该介质称为"聚合元件"或"粗粒化元件",材料主要有涤纶、尼龙等纤维材料、多孔弹性材料(聚氨脂类、海绵、弹性泡沫塑料)以及聚苯乙烯等固体颗粒材料等。

4. 吸附分离

吸附分离是让含油污水通过高比表面积的多孔的强亲油性材料(常用的有亲油性纤维、硅藻土、焦炭和活性炭等),其细小油粒被介质内部多孔的孔道表面所吸附,而达到油水分离。由于吸附主要由强亲油性材料介质内部多孔的孔道表面完成,因此吸附材料不仅注重高的比表面积,以提高对油的吸附量,而且存在吸附饱和,此时吸附与脱附达到相对平衡,吸附材料失去油水分离作用;虽然油被吸附后可通过加热等方法脱附,使吸附材料再生,但在实际使用中通常在吸附饱和前就予以更换,加大了使用成本;另外大油粒会堵塞吸附材料微孔,使吸附效能下降,因此吸附分离往往作为最后一级来分离细微油粒,分离后的含油量可达到 5 ppm(1 ppm = 1 mg/L)。

目前船用油水分离器主要采用重力分离作为油水的初级分离,以分离较大直径油粒,分离后的油分浓度可达到 100 ppm 以下;以过滤分离、聚合分离作为次级,分离较小直径油粒,分离后的油分浓度低于 15 ppm;也有采用吸附分离作为末级来处理细微油粒的,分离后的油分浓度可达到 5 ppm。

5.2.17 船舶生活污水处理装置

根据《MARPOL 73/78 公约》规定,40 总吨及以上和经核定许可载运 15 人以上的国际航行船舶,应安装主管机关许可的污水粉碎消毒系统或生活污水处理装置,按规定排放生活污水;或配备主管机关认为容积足够储存所有生活污水的集污舱,保证把生活污水排入岸上接收装置。

1. 收集储存处理

这种方式是在船上设置生活污水储存装置,当船舶处在禁止生活污水排放的水域,将暂时全部收存;当船舶行驶至允许排放海域或靠港后,再将污水排放或送岸上接收处理。

收集储存式处理系统设备简单,造价低;但储存舱、柜的容积大,需使用杀菌和除臭药剂,支付岸上接收处理费用,特别是目前非所有港口都有生活污水接收设备,这些都限制了收集储存处理方式的应用。

2. 生物化学处理

生物化学处理是利用微生物分解生活污水中有机物来处理污水的方法。船舶上大多使用活性污泥法,原理是利用喜氧微生物在有氧与适宜的温度下,通过其自身的消化作用,分解污水中的有机物质,将其转化成二氧化碳和水;微生物在此过程中也得以繁殖。

生化处理装置结构简单,处理效果好,杀菌、消毒药剂用量少,成本低。缺点是长时间停用或管理不善会造成微生物死亡,再次正常使用需一个月左右的时间培养微生物;此外装置对污水负荷的变化适应性较差,装置的体积也较大。

3. 物理化学处理

物理化学处理是先用物理方法对生活污水进行固液分离,然后向存放液体的处理柜加入絮凝剂、杀菌消毒剂,在污水中产生絮凝胶团吸附污水中的有机悬浮物质并杀菌消毒,再经沉淀柜沉淀后排往舷外或循环使用;分离出的固态污泥存入污泥柜中,然后由焚烧炉焚烧或在允许区域排往舷外;该系统可以实现无水排放。

物理化学处理装置结构简单,尺寸小,启用、停止方便,对污水负荷适应性好;但药剂用量大,成本高。

5.2.18 船用焚烧炉

1. 船舶垃圾处理方法

船舶垃圾按来源主要分为生活垃圾与生产垃圾。生活垃圾主要有食物残渣、瓶罐、包装箱盒、塑料袋,以及生活污水处理装置排出的污泥等。生产垃圾主要有与动力装置有关的废油、污油、油泥、废滤芯、垫床、填料、废金属、棉纱布头等;还有与货运有关的垫舱废料、破损的包装材料、货损或卸货残留物等。船舶垃圾按形态或可燃性又可分为固态和液态、可燃和不可燃等。

目前船舶垃圾的处理方法主要有:

(1)暂时收存

暂时收存是在船上设置垃圾收存柜,当船舶进港后由岸上垃圾收集处理机构回收处理,但需支付一定的费用;或者在船舶航行到非特殊区域时按公约规定投弃,塑料制品除外。

(2)粉碎处理

粉碎处理是利用粉碎机将固体垃圾粉碎成粒经小于 25 mm 的碎粒后,除特殊区域在离岸最近距离 3 n mile 以外排放,主要用于处理不可燃烧的玻璃、陶瓷、金属类垃圾及食物垃圾等。

(3)焚烧处理

焚烧处理是将可燃的垃圾送入焚烧炉内焚烧,焚烧后的灰烬再排放入海;不需要很大的收存空间,也无垃圾的腐臭污染环境;但通常需要消耗燃料,燃烧时的废气对大气有二次污染。

2. 船用焚烧炉

船用焚烧炉是焚烧船舶上可燃烧的固态或液态垃圾的专用设备。由于被焚烧的可燃物不仅形态、数量各异,而且其可燃性、热值等差异很大。因此,船用焚烧炉应满足下列基本要求:

(1)对含有固体杂质和较多水分的污油能可靠地完全燃烧。一般通过采用对污油、水搅拌均匀化,适当预热提高温度,控制油、水比例(一般不超过50%),滤除较大杂质,缩短污油柜与焚烧炉距离,选用对杂质不敏感且雾化性能好的污油燃烧器等方法予以满足。

(2)控制适当的炉内温度,一般为 600~900 ℃。炉内温度过低不利于污油完全燃烧,也会使固体垃圾燃烧困难;过高则可能对炉体造成损害。因此,焚烧炉都设有燃烧重油的辅助燃烧器,用于预热炉膛,点燃污油燃烧器;在污油含水超过50%或仅焚烧固体垃圾时保持炉内温度。而当污油含水较少时,可采取在污油中掺水或减少喷油量的方法来限制炉温。

(3)保持焚烧过程中炉膛内适当的负压,防止高温燃气由固体垃圾投料口外泄,危及人身安全,所以一般要求系统设有引风设备。

(4)焚烧炉外壁温度不宜太高,排烟温度不宜高于350 ℃,应尽量减少排烟中有害物质的浓度,以防对大气形成二次污染。因此,焚烧炉炉周壁都采用具有良好绝热性能的隔热层;并可设由风机供风的空气冷却夹层,加强炉周壁冷却;在炉内设耐火隔墙,延长燃气在炉内的停留时间,保证完全燃烧和减少灰烬向大气的排放;也可使排烟与部分供风混合后排出,从而降低排烟温度。

专题 5.3　船舶电气与自动控制

【学习目标】

1. 了解交流电和直流电的基础知识;
2. 了解船舶电机的组成结构;
3. 认知常用控制电器;
4. 了解船舶供电装置;
5. 认知自动控制。

5.3.1　直流电的基础知识

1. 电路

电路是电流所流经的路径,其作用有以下两个方面:一是应用电路进行电能的传输和分配,以实现与其他形式的能量的相互转换,例如:从发电、输电、配电到用电的过程;二是应用电路进行信号的传输、交换和处理,例如:生产过程的自动控制,电视、广播的发射和接收,各种信号、数据的储存和处理等。图 5-22 所示的是两种典型的电路框图。

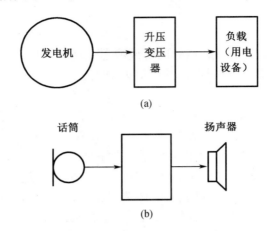

图 5-22　两种典型的电路框图

图 5-23 是一个简单的电路模型,由电源、负载、中间环节(连接导线和开关)三部分组成。

2. 电路中的基本物理量

(1) 电流

电荷做有规则的定向运动形成电流,电流的强弱是用电流强度来表示。如果电流的大小和方向均不随时间变化,这种电流称为直流电流。其电流强度用单位时间内通过导体横截面的电量来度量,电流用 I 来表示,单位是安培(A)。

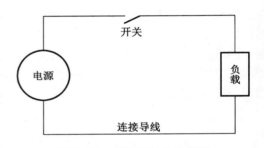

图 5-23　最简单的电路模型

(2) 电位

电路中某点的电位在数值上等于电场力驱动单位正电荷从该点移至零电位点所做的功。零电位点又称参考点,可以任意设定。电位用字母 V 来表示,单位是焦耳/库仑(J/C),称为伏特,简称伏(V)。

(3) 电压

电路中任意两点间的电位差称为这两点间的电压,用字母 U 来表示,单位用伏特(V)表示。

(4) 电动势

电源的电动势:在电源内部存在着非静电力,它能够把正电荷从负极移送到正极,使电源两极之间形成一个电位差。电动势的单位与电压相同,也用伏特(V)来表示。

(5) 电功与电功率

当一段电路中有电流通过时,正电荷从高电位端移向低电位端,电场力对它做了功,这个功通常叫作电流的功,用 W 来表示,简称电功,其单位是焦耳(J)。

3. 欧姆定律

欧姆定律是电路分析中最基本、最重要的定律之一。欧姆定律有两种形式。

(1) 一段电阻电路的欧姆定律

如图 5-24 所示为一段电阻电路。电阻中的电流大小与加在电阻两端的电压成正比,而与电阻成反比,这就是欧姆定律,即

$$I = \frac{U}{R}$$

式中　I——电流,A;
　　　U——电压,V;
　　　R——电阻,Ω。

根据欧姆定律可得

$$U = IR \quad 或 \quad R = U/I$$

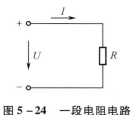

图 5-24　一段电阻电路

(2) 全电路的欧姆定律

图 5-25 是最简单的闭合电路,R 是负载电阻,R_0 是电源内电阻。则全电路的欧姆定律可表示为

$$I = \frac{E}{R + R_0}$$

上式说明,在闭合回路中,电流的大小与电源的电动势成正比,与整个电路的总电阻(即内外电路电阻的和)成反比。

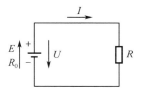

图 5-25　最简单的闭合电路

4. 电阻、电容、电感元件

(1) 电阻元件

电流通过导体时会受到一种阻碍作用,这种阻碍作用最明显的特征是导体要消耗电能而发热。我们把物体对电流的阻碍作用称为电阻。电阻用字母 R 表示,其常用的单位是欧姆(Ω),电导即电阻的倒数,它表示导体通过电流的能力。电导用 G 表示,单位是西门子(S),简称西。

(2) 电容元件

在电气设备中,广泛用到一种叫电容器的元件。电容器由一对相互靠近中间隔以绝缘介质(如空气、纸、云母、陶瓷等)的导体构成。电容器是一种能够储存电荷(或电场能量)的电路元件。电容 C 是元件本身的一个固有参数,其大小取决于极板间的相对面积、距离以及中间的介质材料。电容 C 是一个表示电容器元件储存电荷能力大小的物理量。电容的国际单位为法拉(F)。

(3) 电感元件

在实际电路中,经常用到一种由导线绕制而成的称为"电感线圈"或者"电感器"的元件。电感是一种能够储存磁场(或磁场能量)的电路元件。电感 L 的国际单位是亨利(H)。

5. 电阻串联、并联

（1）电阻的串联

如果电路中有两个或更多个电阻一个接一个地有顺序相连,并且这些电阻中通过的是同一电流,则这样的连接方法就称为电阻的串联。如图 5-26(a)所示。

两个串联电阻可用一个等效电阻来代替,如图 5-26(b)所示,等效的条件是在同一电压 U 作用下电流 I 保持不变。等效电阻等于各个串联电阻之和,即

$$R = R_1 + R_2$$

而且,总电压等于分电压之和,即

$$U = U_1 + U_2$$

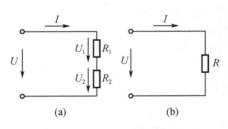

图 5-26 电阻的串联

电阻的串联可以实现分压,各个电阻上的分压分别为

$$U_1 = IR_1 = \frac{R_1}{R_1 + R_2}U$$

$$U_2 = IR_2 = \frac{R_2}{R_1 + R_2}U$$

电阻串联的应用很多,例如在负载的额定电压低于电源电压的情况下,通常需要与负载串联一个电阻,以降低一部分电压。有时为了限制负载中通过的电流,也可以与负载串联一个限流电阻。如果需要调节电路中的电流时,一般也可以在电路中串接一个变阻器来进行调节。

（2）电阻的并联

如果电路中有两个或更多个电阻连接在两个公共的点之间,则这样的连接法就称为电阻的并联,如图 5-27(a)所示。各个并联电阻上承受同一电压。两个并联电阻也可用一个等效电阻来代替,如图 5-27(b)所示。

等效电阻的倒数等于各个并联电阻的倒数之和,即

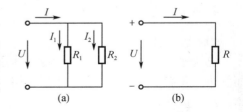

图 5-27 电阻的并联

$$\frac{1}{R} = \frac{1}{R_1} + \frac{1}{R_2}$$

两个并联电阻上的电流分别为

$$I_1 = \frac{U}{R_1} = \frac{IR}{R_1} = \frac{R_2}{R_1 + R_2}I$$

$$I_2 = \frac{U}{R_2} = \frac{IR}{R_2} = \frac{R_1}{R_1 + R_2}I$$

上式称为分流公式。

一般负载都是并联的。负载并联时,它们处于同一电压下,任何一个负载的工作情况基本上不受其他负载的影响。并联的负载电阻越多(负载增加),则总电阻越小,电路中总

电流和总功率也就越大。

有时为了某种需要,可将电路中的某一段与电阻或变阻器并联,以起分流或调节电流的作用。

在实际电路中,往往既有电阻的串联,又有电阻的并联,即称之为混联电路。分析时要利用电阻串、并联的特点。

5.3.2 交流电的基础知识

大小、方向均随时间做正弦规律变化的电动势、电压和电流,分别为正弦电动势、正弦电压和正弦电流,统称为正弦交流电。

1. 正弦交流电的三要素

(1)正弦交流电的产生

正弦交流电动势通常由交流发电机产生,发电机是根据电磁感应原理制成的,在设计时使电枢圆周上磁感应强度按正弦规律变化,由于感应电动势与磁感应强度成正比,当发电机运行时,即得正弦交流电动势,即:

$$e = E_m \sin 2\pi f t$$

式中 e——感应电动势;

  E_m——最大感应电动势;

  f——频率。

此电动势即为正弦交流电动势,正弦交流电的波形如图 5-28 所示。

(2)正弦交流电的三要素

交流电的特征表现在变化的快慢、大小及初始值三个方面,而它们分别由频率 f(或周期 T、电角速度 ω)、幅值 $E_m(U_m、I_m)$ 和初相位 φ_0 来确定。因此,频率、幅值和初相位是确定交流电的三要素。现分述如下:

① 周期、频率

交流电变化一周所需的时间叫周期,用 T 表示,其单位是秒(s),如图 5-29 所示。交流电在单位时间内变化的次数叫频率,用 f 表示,其单位是赫兹(Hz)。

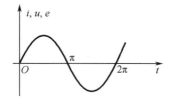

图 5-28 正弦交流电波形图

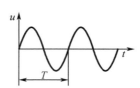

图 5-29 交流电周期波形图

显然,周期与频率都是反映交流电变化快慢的物理量,它们之间的关系是:

$$T = \frac{1}{f} \quad 或 \quad f = \frac{1}{T}$$

我国规定电力系统供电的标准频率是 50 Hz。世界上有少数国家规定 60 Hz 为标准频率。在无线电领域中常用的单位还有千赫(kHz)和兆赫(MHz),它们的换算关系是

$$1 \text{ MHz} = 10^3 \text{ kHz} = 10^6 \text{ Hz}$$

表示正弦交流电的快慢除用周期和频率外,还可以用电角速度(角频率)ω来表示。由于交流电一个周期 T 内电角度变化了 2π 弧度,所以角频率为

$$\omega = \frac{2\pi}{T} = 2\pi f$$

角频率的单位是弧度/秒(rad/s)。

②幅值(最大值)

交流电在任意瞬间的值称为瞬时值,用小写字母 i、u、e 分别来表示瞬时电流、电压和电动势。在交流电变化的过程中,出现的最大瞬时值称为幅值(最大值),用带有下标"m"的大写字母来表示,如电压幅值 U_m、电流幅值 I_m、电动势幅值 E_m。

③初相位

交流电的波形在某时刻 t 所处的相角与初相角为零时做比较,之间相差的电角度为交流电的相位角,记作"φ",单位为弧度。

两个相同频率的正弦交流电,正弦量 e_1 的初相位为 φ_1,正弦量 e_2 的初相位为 φ_2,则它们的相位差为

$$\varphi = \varphi_1 - \varphi_2$$

2. 交流电的有效值

在计量正弦交流电大小时,由于瞬时值是随时间变化的变量,而幅值在一个周期内只出现两次,这两个量都不能用来计量交流电的大小。为了解决对交流电的计量问题,我们引入了有效值这个概念。

正弦电流的有效值实际上就是在热效应方面同它相当的直流值,两个相同的电阻 R,其中一个电阻通以正弦交流电流 i,另一电阻通以直流电流 I,通过的时间相同,如果它们产生的热量相等,我们就说这两个电流是等效的,那么这个直流电流的数值就称为正弦交流电流的有效值。经实验与数学分析得出:正弦交流电的有效值是它的最大值的 $1/\sqrt{2}$。

$$I = I_m/\sqrt{2} \qquad E = E_m/\sqrt{2} \qquad U = U_m/\sqrt{2}$$

在交流电路中,通常都是计算其有效值,用大写字母 I、E、U 分别来表示交流电量的有效值。电机、电器等的额定电流、额定电压也都用有效值来表示,交流电压表与电流表的刻度也都是用有效值来表示。

3. 交流电路的功率和功率因数

交流电路中,电压、电流等都是交变的,在直流电路或是在交流电路中,电阻都是起着限制电流的作用,并把取用的电能转化成热能,而电感、电容等负载则完全不同,在直流电路中,它们仅在接通和断开时起作用。在交流电路中,电感、电容负载在完整的周期内没有能量的消耗,只有电感、电容与电源之间能量的互换,并不消耗电源能量,为了衡量这种能量的互换速率,引入无功功率 Q 这个量来进行描述。

电路中无功功率 Q 为

$$Q = UI\sin\varphi$$

式中,φ 为电流与电压夹角。

无功功率单位是乏(Var)或千乏(kVar)。

有功功率是指负载实际取用的电能。电路中有功功率 P 为

$$P = UI\cos\varphi$$

将 $\cos\varphi$ 称为功率因数,它是表征交流电路状况的重要数据之一。功率因数的大小是由用电设备的性质来决定的。

而将电压与电流的乘积叫作视在功率,用 S 表示,即

$$S = UI$$

视在功率单位是伏安(VA)或千伏安(kVA)。

实际使用的电气设备多为感性负载,其 $\cos\varphi < 1$,在感性负载两端并联一个适当电容后,即可提高功率因数。提高功率因数的意义在于:

(1)充分发挥电源设备的潜在能力;

(2)在功率一定、电压一定的情况下,功率因数越高则线路上的总电流就越小,供电线路上的功率损失也随之而减小。

5.3.3 船舶电机

1.异步电动机

异步电动机也称感应电动机,这是一种结构简单、坚固耐用、维护方便、运行可靠、价格低廉的电动机。在交流船舶上三相异步电动机得到广泛应用。

异步电动机主要由定子和转子两大部分组成。如图 5-30 为异步电动机结构图。

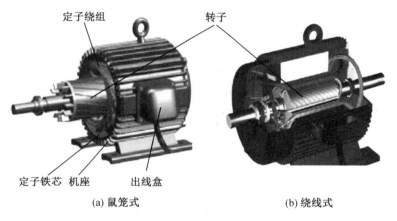

图 5-30 异步电动机结构图

定子由定子铁芯、定子绕组和机座组成。定子铁芯用硅钢片叠成,定子铁芯安装在机座内。机座用铸铁或铸钢制成。三相异步电动机的定子绕组由三个独立的绕组构成。各绕组的线圈数目相等,均匀对称地分布在定子铁芯的槽中。三相异步电动机定子绕组三个首端和三个末端都接在电动机出线盒的接线柱上。

异步电动机的转子有两种类型:一种是鼠笼式的,另一种是绕线式的。

鼠笼式的转子构造简单,由转子铁芯和笼形的绕组构成。转子铁芯也是用硅钢片叠压成的。绕线式的转子铁芯用硅钢片叠成。铁芯的外沿开有分布均匀的槽,槽内安放转子绕组。转子绕组接成星形,附加变阻器接成三相星形,其电阻值可以调节,因此可以调节转子电路的电阻。

2. 同步发电机

交流同步发电机是由定子和转子两大部分组成。

(1) 定子构造

定子为电枢的同步电机,其定子构造和异步电机的基本相同。定子铁芯是由硅钢片叠成。定子铁芯槽内嵌放的三相对称绕组也是依次相差 120°空间电角度或 120°/p 空间机械角度。三相绕组又称电枢绕组。

(2) 转子构造

旋转磁极式同步电机转子是直流磁极,产生恒定的磁极主磁通。转子磁极有两种结构形式,即隐极式和凸极式(或称显极式)。船舶柴油发电机多采用凸极式的。

各磁极励磁线圈连接后构成同步发电机的直流电路,各励磁线圈之间的连接极性应使得所产生的磁极极性 N、S 相同。为从外部将直流励磁电流引入旋转的励磁线圈中,须将励磁绕组的两个出线端分别接到固定在转轴的两个滑环上。两个滑环彼此绝缘并对轴绝缘。通过固定的电刷装置与滑环的滑动接触将直流电流引入励磁绕组中。

有些磁极铁芯顶面圆周槽内还嵌放短路的鼠笼条,称为阻尼绕组。阻尼绕组对暂态过程中可能引起的转子振荡起阻尼作用,有增强同步发电机并联运行的稳定性、抑制柴油机的谐波转矩和加大自整步力矩等的作用,同时它也能提高发电机承担不对称负载的能力。

3. 直流电机

直流电机是实现机械能与直流电能相互转换的机械,有直流发电机和直流电动机两种。直流电动机与三相异步电动机相比,具有调速设备简单,调速性能好,启动、制动转矩大以及过载能力强等优点;但也具有结构复杂,造价高和维修工作量大等缺点,在船舶上直流电动机也是船舶各类拖动装置的主要原动机之一。

直流电机可作为电动机运行,也可作为发电机运行。不管是电动机还是发电机其结构基本是相同的,即都有可旋转部分和静止部分。如图 5-31 所示为直流电机解体图。

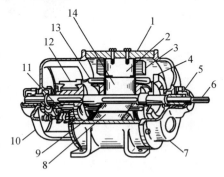

1—机座;2—主磁极;3—励磁绕组;4—风扇;5—轴承;6—转轴;7—端盖;8—换向磁极;
9—换向磁极绕组;10—端盖;11—电刷装置;12—换向器;13—电枢绕组;14—电枢铁芯。

图 5-31 直流电机解体图

(1) 定子部分

定子主要由主磁极、机座、换向极、电刷装置和端盖组成。

①主磁极的作用是产生恒定、有一定空间分布形状的气隙磁通密度。主磁极由主磁极铁芯和放置在铁芯上的励磁绕组构成。当给励磁绕组通入直流电时,各主磁极均产生一定极性,相邻两主磁极的极性是 N、S 交替出现的。

②直流电机的机座有两种形式,一种为整体机座,另一种为叠片机座。整体机座是用导磁效果较好的铸钢材料制成的,该种机座能同时起到导磁和机械支撑作用。叠片机座只起支撑作用,叠片机座主要用于主磁通变化快、调速范围较高的场合。

③换向极又叫附加极,其作用是改善直流电机的换向,一般电机容量超过 1 kW 时均应安装换向极。换向极的铁芯比主磁极的简单,一般用整块钢板制成,在其上放置换向极绕组,换向极安装在相邻的两主磁极之间,换向极绕组和电枢绕组串联在一起。

④电刷装置是直流电机的重要组成部分。通过该装置把电机电枢中的电流与外面静止电路相连或把外部电源与电机电枢相连。电刷装置与换向片一起完成机械整流,把电枢中的交流变成电刷上的直流或把外部电路中的直流变化为电枢中的交流。

⑤电机中的端盖主要起支撑作用。端盖固定于机座上,其上放置轴承支撑直流电机的转轴,使直流电机能够旋转。

(2)转子部分

直流电机的转子由电枢铁芯、电枢绕组、换向器、电机转轴和轴承等部分组成。

①电枢铁芯是主磁路的一部分,同时对放置在其上的电枢绕组起支撑作用。

②电枢绕组用以产生电动势和通过电流,是实现机电能量转换的重要部件。绕制好的绕组或成型绕组放置在电枢铁芯的槽内。

③换向器又叫整流子,对于发电机,换向器的作用是把电枢绕组中的交变电动势转变为直流电动势向外部输出直流电压;对于电动机,它是把外界供给的直流电流转变为绕组中的交变电流以使电机旋转。

5.3.4 常用控制电器

1. 接触器

接触器(图 5-32)常用来频繁地接通或断开电动机或其他设备的主电路。

接触器按动作原理可分为电磁式、气动式和液压式,后两种是特种电器。电磁式接触器又可分为直流和交流两种。

2. 熔断器

熔断器是最简单有效的短路保护电器。熔断器串联于被保护的电路中,当线路或电气设备发生短路时,熔断器的熔体首先熔断,自动将电路切断以起到保护作用。

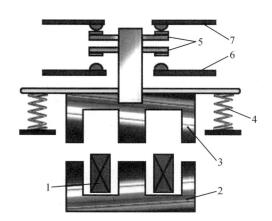

1—线圈;2—铁芯;3—衔铁;
4—释放弹簧;5—动触头;6,7—静触头。
图 5-32 交流接触器结构示意图

3. 时间继电器、电磁式继电器、热继电器

继电器是传递信号的一种电器,根据输入电量(如电压、电流等)或者非电量参数(温

度、压力、速度等)的变化,改变输出信号状态(触头的闭合、断开),作用于控制电路,起到控制和保护作用。

继电器由接受输入信号的测量元件(又称感应元件)和反应输出信号的执行元件所组成。继电器的种类很多,按测量元件的动作原理可分为电磁式、感应式、机械式、双金属片式、电子式、电动式等。

(1)时间继电器

时间继电器是在电路中控制动作时间的继电器。它的种类很多,可分为电磁式(图5-33)、电动式、电子式和机械式等。

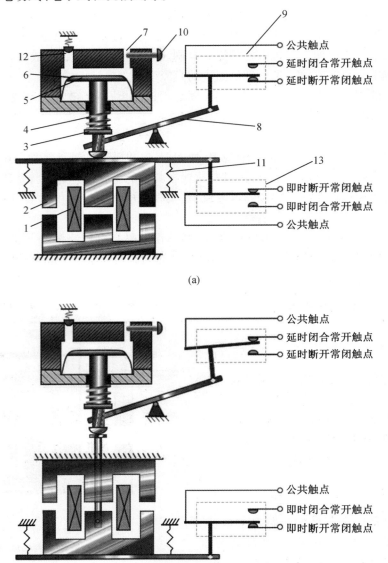

1—线圈;2—衔铁;3—活塞杆;4—释放弹簧;5—伞形活塞;6—橡皮膜;
7—进气孔;8—杠杆;9,13—微动开关;10—调节螺钉;11—复位弹簧;12—出气孔。

图5-33 空气阻尼交流电磁式时间继电器

(2)电磁式继电器

电磁式继电器由电磁铁和触头组成。其动作原理与电磁式接触器相似,通过电磁力和反作用力来决定其衔铁的吸合或释放。与接触器不同的地方是继电器无主、辅触头之分且动作灵敏。它也有交流和直流之分。

(3)热继电器

热继电器(图5-34)是利用电流的热效应而动作的电器。它的主要作用是对电动机实现过载保护,以免电动机因长时间超负荷运行而损坏。

5.3.5 船舶供电装置

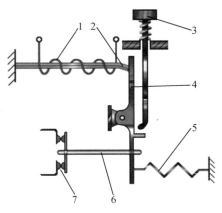

1—发热元件;2—双金属片;3—复位按钮;
4—扣板;5—弹簧;6—杠杆;7—常闭触头。

图5-34 热继电器

1. 船舶电力系统概述

现代船舶上都装备有一个供给电能的独立系统,这就是船舶电力系统。随着船舶日趋大型化和自动化,船舶电力系统的容量也日益增大。

船舶电力系统与陆地上的电力系统有着许多不同的地方。陆上电力系统往往是把若干个独立的发电厂以一定的方式互相联结起来,构成一个庞大的电力网络进行供电,这样可以大大提高供电的可靠性和经济性;而船舶电力系统则不然,它仅是一个独立工作的电力系统,所以其供电可靠性和经济性都比不上陆上电力系统。

(1)船舶电力系统的组成

船舶电力系统是由电源装置、配电装置、电力网和负载组成并按照一定方式连接的整体,是船上电能产生、传输、分配和消耗等全部装置和网络的总称。其结构简图如图5-35所示。

①电源装置:将机械能、化学能等能源转变为电能的装置。船舶电源主要是指发电机和蓄电池。

②配电装置:对电源和用电设备进行保护、监测、分配、转换、控制的装置。

③船舶电力网:是全船电缆电线的总称,也是电能的生产者(各种电源)和电能的消耗者(各类用电设备)的中间传递环节。船舶电力网根据其所连接的负载性质和类别可以分为动力电网、照明电网、应急电网、低压电网和弱电电网等。

④负载:即用电设备。船舶负载有甲板机械、船舶舵机、动力装置用辅机(为主机和主锅炉等服务的辅机,如主机滑油泵、海水冷却泵、淡水冷却泵和鼓风机等)、舱室辅机(生活水泵、消防泵、舱底泵以及为辅锅炉服务的辅机等)、电力推进设备(主电力推进装置、艏艉侧推装置等)、机修机械(车床、钻床、电焊机等)、冷藏通风(冷藏集装箱、空调装置、伙食冷库和通风机等)、照明设备、船舶通信导航设备(无线电通信设备、导航和船内通信设备)等。

(2)船舶电力系统的特点

根据船用负载的特点,船舶电力系统的电站容量、连接方式、电压等级、配电装置等与陆上电力系统有着很大的差别。从驱动发电机的原动机形式分类,船舶发电机组有柴油发电机组、蒸汽发电机组、汽轮发电机组、轴带发电机组等。

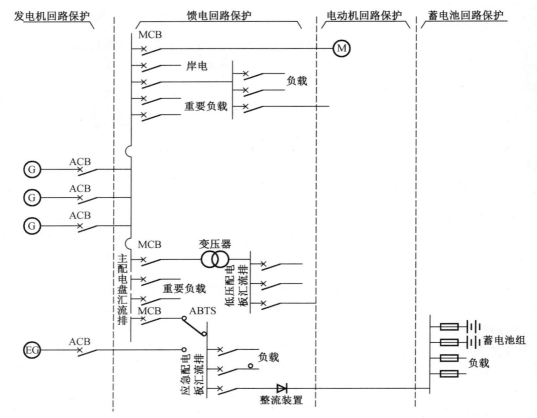

G—主发电机；EG—应急发电机；M—电动机；ABC—空气断路器；MBC—装置式断路器；ABTS—汇流排转换接触器。

图 5-35　典型船舶电力系统简图

　　船舶电站单机容量一般不超过 1 000 kW，装机总功率不超过 5 000 kW（电力推进船和特种船除外），相比陆上要小得多。船舶电力系统大多采用多台同容量同类型的发电机组联合供配电的方式，以方便管理维护。正常航行时仅有 1 台或 2 台发电机向电网供电，但是要求船舶发电机组有较高品质的调速和调压装置来满足负载变化，在突发局部故障时也能保障船舶安全运行。船舶电网的输电距离短，线路阻抗低，各处短路电流大。短路电流所产生的电磁机械应力和热效应易使开关、汇流排等设备遭受损伤和破坏。因此，船舶输电电缆沿舱壁或舱顶走线，电缆的分支和转接均在配电板（箱）或专设的分线盒内完成，不允许外部有连接点。

　　2. 船舶发电机组

　　船舶电源是船舶电力系统的心脏。它发出的电能供全船用电设备（负载）使用。由于各种用电设备对供电的要求不完全相同，因此船舶上往往需要设置多个不同用途的独立电源。船舶常用电源有发电机组和蓄电池。由于柴油机的热效率比较高、启动快、机动性好，所以在民用船舶上发电机的原动机多为柴油机。

　　柴油发电机组是一个复杂的系统，该系统由柴油发电机、供电系统、冷却系统、启动系统、发电机、励磁控制系统、保护单元、电控单元、通信系统及主控系统组成。发动机、供油系统、冷却系统、启动系统及发电机可统一归纳为柴油发电机组的机械部分。而励磁控制器、保护控制器、电控系统、通信系统及主控系统可以统称为柴油发电机组的控制部分。柴油发电系统是柴油发动机、供油系统、启动系统加上无刷同步发电机的总成。其中无刷同步发电机及控制系统部分是柴油发电机系统的核心部件。

（1）柴油发动机

柴油发动机是整个发电系统的动力核心，柴油发电机组的第一级是能量转化装置，是将化学能转化为机械能的关键设备。柴油发动机主要由以下几部分组成：集体组件和曲轴连杆机构、配气机构与进排气系统、柴油机供给系统、冷却系统、润滑系统、启动和电气系统及增压系统等。

（2）无刷同步发电机

随着军事、工业现代化和自动化程度的不断提高，对发电机供电质量的要求也越来越高。作为主要发电设备的同步发电机的改进发展也较快，由原来的有刷同步发电机演化到无刷同步发电机，发电机及其励磁的控制技术也在不断发展和改进。

（3）发电机控制系统

柴油机和发电机连接好之后安装在公共底架上，然后配上各种起保护作用的传感器，如水温传感器、油压传感器，通过这些传感器直观地将柴油机的运行状态显示出来或进行上位机传送，从而实现自动化控制。这些传感器可根据实际控制要求设定限值，当达到或超过这个限定值的时候控制系统会预先报警。控制系统也可自动将机组停掉，从而实现柴油发电机组的自动保护。传感器作为现场的检测单元，起接收和反馈各种信息的作用，这些数据和保护功能的实现，完全依赖于柴油发电机组的控制系统。

3. 船舶配电装置

配电装置是接收和分配电能并对电网实施保护的设备。有些配电装置（例如主配电板、应急配电板和蓄电池充放电板等）还具有对电源装置、用电设备进行测量、保护和控制的功能。

（1）配电装置分类

船用配电装置种类很多，如面向主发电机的控制和监测的主配电板，面向应急发电机控制和监测的应急配电板，面向蓄电池组控制和监测的蓄电池充放电板。此外还有区域分配电板、岸电箱和交流配电板等。

（2）主配电板的构成及功能

船舶主配电板是船舶电力系统的中枢，担负着对主发电机和用电设备的控制、保护、监测和配电等多种功能，一般由发电机控制屏、并车屏、负载屏和连接母线四部分组成。

①发电机控制屏。包含有发电机主开关及操纵器件、指示灯、仪表、发电机励磁控制和保护环节等。每台发电机组均配有单独的控制屏，用于控制、调节、保护、监测发电机。控制屏面板大体分上、中、下三部分，上部装有电压表、电流表及转换开关、频率表、功率表、功率因数表以及原动机的调速开关和按钮等；中部安装有发电机主开关；下部一般安装有发电机励磁控制装置，控制屏内还装有逆功率继电器和仪用互感器等。

②并车屏。包含有同步表、同步指示灯、投切顺序选择和转换开关、操纵按钮及状态显示指示灯等。有的还设有汇流排分段隔离开关、粗同步并车电抗器、自动并车装置等。并车屏用于交流发电机组的并联运行、解列等操作。

③负载屏。包括动力负载屏和照明负载屏,通常安装有装置式自动空气开关、电压表、电流表及转换开关、绝缘指示灯、兆欧表以及与岸电箱相连的岸电开关。它们用于分配电能并完成对各馈电线路进行控制、监视和保护等。各用电设备或分电箱的电能通过装置空气开关供给。有些动力负载屏上还装有重要泵的组合起动装置。

④汇流排。配电板上主汇流排及连接部件是铜质的,连接处做了防腐或防氧化处理。汇流排能承受短路时的机械冲击力,其最大允许温升为 45 ℃。

交流汇流排按从上到下(垂直排列)、从左到右、从前到后(水平布置)的顺序依次为 A 相、B 相、C 相。汇流排的颜色依次为绿色、黄色、褐色或紫色,中线为浅蓝色(若有接地线则接地线为黄绿相间颜色)。直流汇流排按从上到下(垂直排列)、从左到右、从前到后(水平布置)的顺序依次为正极、中线、负极。其正极颜色为红色,负极为蓝色,中线为绿色和黄色相间色。

(3) 分配电板

分配电板是由过载保护电器组成的集合体,对额定电流不超过 16 A 的电气设备进行供电的开关板,也称为分电箱,主要有动力分配电板和照明分配电板两种。

区域分配电板由主配电板或应急配电板馈电,是对耗电大于 16 A 的电气设备进行供电的开关板。

(4) 应急配电板

应急配电板用于应急发电机的控制和监视,并向应急用电设备供电。它与应急发电机组安装在同一舱室内,一般位于艇甲板上。应急配电板由应急发电机控制屏和应急配电屏组成,其上面安装的仪器仪表与主配电板基本相同。应急发电机总是单机运行,所以不需要并车屏、逆功率继电器和同步表。

5-8 应急发电机操作

应急电网平时可由主配电板供电,唯当主发电机发生故障或检修时才由应急发电机组供电。主配电板连通应急配电板有供电联络开关,它与应急配电板的主开关之间设有电气连锁,以保证主发电机向电网供电(即主网不失电)时,应急发电机组不工作。一旦主发电机开关跳闸,经应急发电机组的自动起动装置确认后,自动起动应急发电机组,并合闸向应急电网供电。平时需要检查和试验应急发电机组时,可将应急发电机工作方式选择开关置于试验位置,使应急发电机脱离电网。有些采用自动管理的应急电站,只有在应急发电机工作后应急电网才允许转换为由应急发电机供电,以免与主电网发生冲击。

(5) 充放电板

船舶小应急照明、操纵仪器和无线电设备的电源均采用蓄电池,船舶设置充放电板对蓄电池进行充电、放电,实现向用电设备正常供电。通用充放电板的原理图一般如图 5-36 所示。

图 5-36 中的 U 表示充电装置,充电电路由转换开关 SA_1、SA_2、SA_3 和开关 S_2 进行控制。E_1、E_2、E_3 为三组电压相等的蓄电池。由于充电装置输出的电流有限,因此图中采用转换开关进行轮流充电。

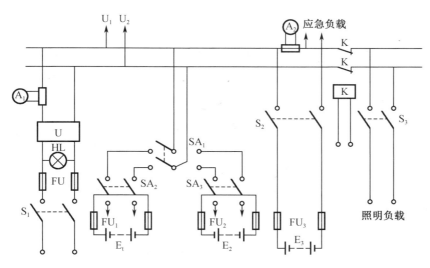

图 5-36　常用充放电板的原理图

若改变图中转换开关 SA₂ 或 SA₃ 的合闸方向,即可将蓄电池的电能对外放电。

当蓄电池 E₃ 作为应急电源使用时,如果只用一组蓄电池,此蓄电池不能使用转换开关控制,只能将充放电路合一。否则应配用两组蓄电池轮流充电和放电。

当交流接触器 K 的线圈电路由船舶主电站的电网供电,且当主电网有电时,低压照明负载由主电网供电,当主电网失电时,则改由应急电源自动供电。

(6) 岸电箱

当船舶靠岸或进坞修船时,有时需要接用陆上的电源,即接用岸电。岸电通过岸电箱引入船舶电网,船上发电机组全部停机,既可减少靠岸时的值班人员,又便于对发电机组进行正常的维护或修理。

①对岸电箱的要求:箱内应设有能切断所有绝缘极(相)的自动开关,并有岸电指示灯。设有与船体连接的接地线柱,以便与岸电的接地或接零装置连接。应设有监视岸电极性(直流)和相序(交流)的措施。

②接用岸电应注意事项:

a. 岸电的基本参数(电制、额定电压、额定频率)与船电系统参数必须一致才能接用。

b. 岸电接入的相序必须与船电的一致,否则三相电动机将反转。必须是对称三相电,即不能缺相。

c. 三相四线制岸电的地线或零线必须用电缆引入岸电箱的船体接线柱上。

d. 确认船舶电网已确认无电后才能将岸电与船舶电网接通。

③相序的监视与保护:

三相交流岸电箱上常采用指示灯组成相序指示器。其接线方式有多种,如图 5-37 所示。选用 2 个指示灯时,亮的指示灯表示超前相,暗的指示灯表示滞后相;采用 1 个指示灯时,灯亮表示超前相。

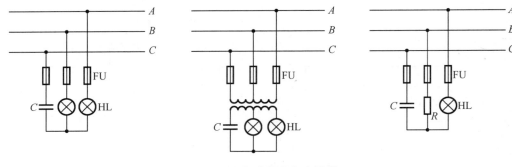

图 5-37 相序指示灯电路图

为避免船舶电网供电时接入岸电而发生非同步并联事故,所有船舶发电机(包括应急发电机)的主开关与岸电开关之间有连锁保护。只要有船舶发电机供电,则岸电开关自动跳闸或岸电开关合不上闸。

5.3.6 自动控制

自动控制是指在没有人直接参与的情况下,利用控制装置使被控制对象(指生产设备或生产过程)能按预定要求自动地运行工作,例如:使锅炉中水位和压力保持在一定的数值范围内,船舶的舵角按发出的舵令变化,柴油机的启动按设定的程序进行等,都属于自动控制。

1. 开环控制和闭环控制

能对控制对象的工作状态进行自动控制的系统称为自动控制系统,它通常由控制装置和控制对象组成。控制对象是指要求加以自动控制的生产设备或生产过程,如船舶机舱中的柴油机、锅炉、燃油加热器、淡水冷却器、空气瓶或锅炉点火程序等。控制装置是指对控制对象的运行起控制作用的设备总称,如调节器、执行器、测量装置等。自动控制系统按结构可分为 2 类。

(1) 开环控制系统

若系统的输入量经过控制器的作用可以控制被控对象的输出,而输出量对输入、控制器没有任何影响,也就是说控制信息只能从输入单方向传递到输出,这样的控制系统称为开环控制系统。

在图 5-38 所示的液位控制系统中,H 为液面高度(又称液位),如果由于阀门 V_1 的开度变化而引起液体输出流量发生变化时,必然会引起液位 H 的变化,为了保持 H 不变,必须人为地控制阀门 V_2 的开度来改变输入液体的流量。可以看出液位 H 的变化不会自动使阀门 V_2 的开度发生变化,即系统的输出量(液面高度)对系统的控制作用(输入液体流量)没有任何影响。

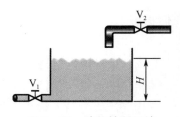

图 5-38 液位控制系统

在开环系统中,系统的输出量没有反馈回来与输入量进行比较。因此,开环系统就无法减小或消除由于扰动(上例中的液体输出流量)的变化而引起输出量(实际液位)与其期望值(设定液位)之间的误差。

开环系统结构简单、成本低廉、工作稳定,不存在振荡问题。当在输入和扰动已知的情况下,开环控制可取得比较满意的结果。但是,开环控制由于存在系统元件参数的变化以及外来未知干扰对系统精度的影响,为了获得高质量的输出,就必须选用高质量的元件,其结果必然导致投资大、成本高。

(2)闭环控制系统

闭环控制是指控制器与控制对象之间既有顺向作用又有反向联系的控制过程,即系统的输出量对系统的控制作用有影响,这种影响称为"反馈"。闭环控制原理是输出量与输入量进行比较,根据输出量与输入量形成的偏差实行控制。无论是由扰动量造成的,还是由系统结构参数的变化引起的,只要被控量出现偏差,系统就自行纠偏。显然,这种系统原理上提供了实现高精度控制的可能性。其原理图如图 5 - 39 所示。

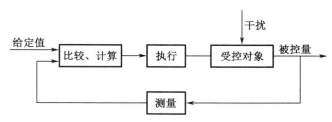

图 5 - 39　按偏差调节的系统原理方框图

闭环控制是自动控制系统中最基本的控制方式,在工程中获得了广泛的应用。例如在上述液位控制系统中,如果加上一个液位 H 的自动测量与比较装置,如图 5 - 40 所示,图中阀门 V_1 开度变化引起输出液体流量和液位变化时,通过对液位的测量和比较,可得到与给定值的偏差,这个偏差信号控制执行部件(图中的伺服电动机)使阀门 V_2 开度做相应的变化,从而把液位又调整到原来的高度。

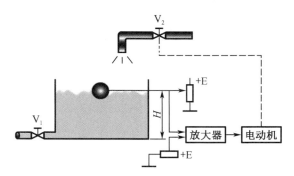

图 5 - 40　液位自动控制示意图

闭环控制系统由于有"反馈"作用的存在,具有自动修正被控量出现偏差的能力,可以修正元件参数变化以及外界扰动引起的误差,所以其控制效果好、精度高。其实,只有按负反馈原理组成的闭环控制系统才能真正实现自动控制的任务。但闭环控制也有不足之处,除了结构复杂、成本高外,一个主要的问题是由于"反馈"的存在,系统可能出现"振荡"。严重时,会使系统不稳定而无法工作。

2. 反馈控制系统

(1) 反馈控制系统的基本组成和作用

反馈控制系统主要由 4 个部分组成，即由控制器、执行器、测量变送器和被控对象组成。其功能结构图如图 5-41 所示。

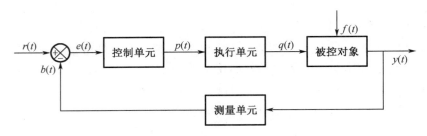

图 5-41　自动控制系统功能结构图

①被控对象（或称控制对象，调节对象）：指被控制的设备或机器。被控对象的输出量即为控制系统的输出量（或称被控量）。

②测量单元：测量被控量的实际值，并把它转换成统一的标准信号（常称为被控量的测量值）。在气动控制系统中是 0.02~0.1 MPa 气压信号，在电动控制系统中是 1~20 mA 电流信号。

③执行器：接受控制器输出的控制信号，执行器输出使被控对象中的被控量向着给定值的方向发生变化的信号，以满足控制要求。

④控制器（或称调节器）：具有比较、放大、判断决策与发出指令的功能。

控制器有两个输入量，其中一个为给定值，另一个为测量值。这两个信号在控制器中经比较后得到被控量与给定值之间的偏差信号，控制器对此偏差信号按预定的控制规律进行运算，然后发出控制信号，送入执行器。

除了这些主要部分外，系统还须包括显示部分、电源或气源装置、定值器等辅助设备。

图 5-41 也称为系统的方块图，图中的每一个方块表示具有一定功能的单元，各个方块间用一条带有箭头的作用线联系起来，表示各单元之间信号的传递关系，箭头的方向是信号传递的方向。

(2) 反馈控制系统的特点

①信号在各个单元之间的传递是单向的，即各单元的输入信号可以影响输出信号，但输出信号对输入信号无反作用。

②自动控制系统具有负反馈，图中的 × 符号表示比较环节（比较环节往往附设在控制器内，只是在方块图中才单独画出），它将反馈信号与给定信号相比较后得到偏差信号。若反馈的结果是使偏差变小，则称为负反馈；反之，反馈的结果使偏差增大，则称为正反馈。显然，反馈控制系统是一个负反馈系统。

③信号的传递在系统中形成一个闭合回路，因此反馈控制系统是闭环系统。

④控制器发出的指令信号是由偏差信号产生的，因此，反馈控制系统是由偏差信号控制的系统。

⑤反馈控制系统是一个具有能源的动态系统。

专题 5.4　轮机管理法规和公约

【学习目标】

1. 了解《国际海上人命安全公约》;
2. 了解《国际防止船舶造成污染公约》;
3. 了解《海员培训、发证和值班标准国际公约》的构成、性质和内容;
4. 了解《2006 国际海事劳工公约》的构成、性质和根本目标;
5. 了解《国际船舶压载水和沉积物控制与管理公约》以及船舶压载水处理方法。

5.4.1 《国际海上人命安全公约》

1. 公约的产生

《国际海上人命安全公约》(International convention for safety of life at sea, SOLAS)的制定与1912年发生的"泰坦尼克号"海难有着密切关系,该事件引起了全世界对海上安全的关注,所以制定一部世界认可的安全准则势在必行。1913年底,在英国伦敦首次召开了国际海上人命安全会议,讨论制定海上安全规则。1914年1月20日,出席会议的13个国家代表签订了第一个被世界认可的海上安全准则——《国际海上人命安全公约》。

随着科学技术的不断进步和海上交通事故发生的频率居高不下,1974年10月20日至11月1日,第5次国际海上人命安全会议在伦敦召开。在对《1960年国际海上人命安全公约》修正的基础上,制定了《1974年国际海上人命安全公约》。其主要内容涉及船舶检验、船舶证书、船舶构造、消防和救生设备、航行安全、无线电设备、谷物运输和危险货物运输等许多方面。其技术规则部分与1960年的公约相比,主要增加了油船的消防安全措施,为救助目的使用的无线电话装置,为避碰应配备雷达等电子助航设备,采用新的散装谷物规则等。公约于1980年5月25日生效,中国政府于1980年1月7日核准了这一公约。

SOLAS 公约每年均有诸多修正案,这些修正案大多按照"默认程序"生效。截至2018年2月8日,SOLAS 公约有163个缔约国,合计商船总吨位占世界商船总吨位的99%以上。

2. 公约的主要内容

SOLAS 公约旨在保障船舶安全和海上人命安全。现行的公约由 SOLAS 公约1974部分的13个条款及其附则和1978年议定书、1988年议定书3个部分组成。其核心部分是公约的附则,它规定了与安全密切相关的船舶构造、设备及其操作的最低安全标准,由各缔约国强制执行。

公约附则的内容通过一系列的修正案不断加以修改、补充和更新,至今公约附则共有14章:

第Ⅰ章 总则:包括适用范围、定义、检验与证书。

5-9　救生艇收放

5-10　救助艇收放

第Ⅱ-1章 构造:包括结构、分舱与稳性、机电设备。

第Ⅱ-2章 构造:包括防火、探火和灭火。

第Ⅲ章 救生设备与装置:包括对客、货船的各种救生设备的要求(IMO于1996年通过了MSC48(66),将本章中的部分内容定为《国际救生设备规则》(LSA规则))。

第Ⅳ章 无线电通信设备:包括GMDSS的配备和要求。

第Ⅴ章 航行安全:包括危险通报、引航员软梯、操舵装置的试验和操作等。

第Ⅵ章 货物装运:包括一般规定、谷物以外的散装货物的特别规定、谷物装运。

第Ⅶ章 危险货物的装运:包括包装或散装固体危险货物的载运,散装液体化学品船及液化气体船的构造和设备。

第Ⅷ章 核能船舶。

第Ⅸ章 船舶营运安全管理。

第Ⅹ章 高速船的安全措施。

第Ⅺ-1章 加强海上安全的特别措施。

第Ⅺ-2章 加强海上保安的特别措施。

第Ⅻ章 散货船附加安全措施。

第ⅩⅢ章 符合性验证。

第ⅩⅣ章 极地水域营运船舶的安全措施。

鉴于SOLAS公约内容的迅速扩充,现多采用简单明了的公约附则,而将其技术细则集中成单项规则置于公约附则之外的做法。这些单项规则包括:国际消防安全系统规则(FSS规则)、救生设备规则(LSA规则)、国际海运危险货物规则(IMDG规则)、国际海运固体散装货物规则(IMSBC规则)、货物积载和系固安全操作规则(CSS规则)、船舶装运木材甲板货安全操作规则(CTDC规则)、国际散装谷物安全装运规则(IBGC规则)、散货船安全装卸操作规则(BLU规则)、国际散装运输危险化学品船舶构造和设备规则(IBC规则)、国际散装运输液化气体船舶构造和设备规则(IGC规则)、国际高速船安全规则(HSC规则)、国际船舶安全营运和防止污染管理规则(ISM规则)、国际船舶和港口设施保安规则(ISPS规则)、完整稳性规则(IS规则)、船上噪声等级规则(Noise规则)、极地水域船舶航行安全规则(Polar规则)等。

3. 典型案例

泰坦尼克号海难

泰坦尼克号(RMS Titanic),又译作铁达尼号,是英国白星航运公司下辖的一艘奥林匹克级游轮,排水量46 000吨,于1909年3月31日在哈兰德与沃尔夫造船厂动工建造,1911年5月31日下水,1912年4月2日完工试航。

(1)海难经过

1912年4月10日,在南安普敦港的海洋码头,"永不沉没"的泰坦尼克号启程驶往纽约。世界上最大的邮船开始了它的第一次也是最后一次的航行。

泰坦尼克号在航行中,于1912年4月14日9时至13时45分间,曾3次接收到沿途船舶拍发的关于冰情的无线电报说,在北纬42°、西经50°附近有冰山和流冰。17时50分,船长根据所报冰情改变了航向。18时30分收到报告说,在北纬42°03′、西经49°09′附近有3

座大冰山。21时40分收到报告说,在北纬41°25′-42°、西经49-50°30′附近有许多冰山,能见度良好。这一报告表明,在泰坦尼克号航线的正前方存在着冰山。不幸的是,从20时以后,报务员忙于收录旅客的通信电文,忽略了这份有关冰情的重要报告,以致船长未能得知。22时大副报告船舶驶入冰区,船长命令继续按原航向航行。23时40分瞭望员通过电话报告驾驶台,船首已非常接近一座冰山。大副立即下令满舵左转、停车、全速后退。这虽然避免了船头与冰山相撞,但冰山庞大的水下部分已划穿了右舷前部的6个水密舱,共长300英尺(船的登记长度为852.5英尺),船舱和机舱大量进水。这艘船建有16个水密隔舱,在当时被认为是不可能沉没的。但6个水密舱同时进水,严重地破坏了它的抗沉性,船开始下沉。泰坦尼克号于15日1时发出SOS呼救信号并施放了火箭信号,2时20分沉没。4时,英籍卡帕西亚号驶抵现场,从泰坦尼克号的救生艇上救起旅客499人,船员212人,共711人。

(2)海难影响

当时的商船法没有做出关于救生艇容量应与船舶载人数量相适应的规定,泰坦尼克号载有2 204人,却只有1 178个救生艇位,以致有旅客817人、船员673人,共1 490人葬身冰海,是迄今为止丧生最多的海难。船长、首席大副和大副均在指挥救助中随船沉没。海滩消息传出,举世震惊。英国政府对事故进行了调查和处理。在英国的倡议下,1913年在伦敦召开了第一次关于海上人命安全的国际会议,讨论了救生设备、无线电通信、冰区附近航行的减速或转向等事项,之后签订了第一个国际海上人命安全公约。

5.4.2 《国际防止船舶造成污染公约》

1. 公约的产生

1967年发生在英吉利海峡油船"Torrey Canyon"的严重油污染事故后,人们才认识到保护海洋环境的重要性,并进一步认识到船舶排放油类或其他有害物质是造成海洋污染的重要来源。为此,1973年11月2日召开了国际防止海洋污染大会,通过了《1973年国际防止船舶造成污染公约》(International convention for the prevention of pollution from ships, MARPOL)。

1976—1977年连续发生了几起大的油船污染事故,使航运界对船舶安全和防污染问题更加关注,尽快使公约生效已经成为航运界和主要航运国家的共识。1978年2月17日,IMO通过了《关于1973年国际防止船舶造成污染公约1978年议定书》(MARPOL 73/78),并于1983年10月2日生效。我国于1983年7月1日加入该公约,公约生效之日同时对我国生效。

2. 公约的主要内容

MARPOL 73/78是世界上最重要的国际海事环境公约之一。该公约旨在将向海洋倾倒污染物、排放油类以及向大气中排放有害气体等污染降至最低。它的设定目标是:通过彻底消除向海洋中排放油类和其他有害物质而造成的污染来保护海洋的环境,并将意外排放此类物质所造成的污染降至最低。

所有悬挂缔约国国旗的船舶,无论其在何海域航行都须执行MARPOL 73/78的相关要求,各缔约国对在本国登记入级的船舶负有责任。

MARPOL 73/78 制定之初,由 1973 年公约、1978 年议定书和 5 个附则组成。随着 1997 年议定书的通过,公约附则增加到 6 个。这 6 个附则又是 6 个单项规则,分别对船舶排放的有可能造成海洋污染的 6 种物质制定了详细的规范。6 个附则的名称和生效时间如表 5 - 1 所示。

表 5 - 1 MARPOL 73/78 附则名称和生效时间

附则名称	生效时间	对我国生效时间
附则 I 防止油类污染规则	1983.10.02	1983.10.02
附则 II 控制散装有毒液体物质污染规则	1983.10.02	1983.10.02
附则 III 防止海运包装有害物质污染规则	1992.07.01	1994.12.13
附则 IV 防止船舶生活污水污染规则	2003.09.27	2007.02.02
附则 V 防止船舶垃圾污染规则	1988.12.31	1989.02.21
附则 VI 防止船舶造成空气污染规则	2005.05.19	2006.08.23

3. 满足 MPRPOL 公约的新技术——船舶脱硫技术

在世界货物运输中,海洋运输占据了很大的比例。海洋货物运输具有通行能力大、运输量大、运费低廉、对货物的适应性强、速度较低、风险较大等特点。目前,国际贸易总运量中的三分之二以上,我国进出口货物运输总量的 90% 都是利用海洋运输。

随着运输船舶数量的剧增,船舶排放污染物对大气环境和海洋环境造成的污染和危害也日趋严重。船舶柴油机燃烧排放的尾气主要以二氧化硫和氮氧化物为主,根据 2014 年国际海事组织(IMO)统计数据显示,船舶尾气年排放 SO_2、NO_2 分别约占全球排放总量的 13% 和 15%。相关报告也指出,船舶产生尾气所造成的大气污染约占整个大气污染总量的 5% ~ 11%。

为了减少船舶尾气中硫氧化物、氮氧化物及颗粒物对大气环境的影响,最直接的方法就是减少船舶燃料油中的硫含量和氮含量,IMO 和欧美发达国家通过制定相关法规,对船用燃料油中的硫含量和氮含量设定了限值标准,并加以施行。除此之外,近年来国内外一些船用设备厂商及科研院所在船舶硫氧化物、氮氧化物排放控制技术方面开展了大量的研究工作,以控制船舶硫氧化物、氮氧化物排放,满足相关法规,减少船舶造成的空气污染。

(1) 船舶硫氧化物排放控制法规

由于船舶排放的尾气中含有大量的硫氧化物,这些硫氧化物的排放造成了严重的大气污染,国际社会与地区性组织纷纷立法限制船舶硫氧化物排放。降低燃油中的硫含量是最有效最直接的减排措施,因此,国际海事组织(IMO)、美国环保局(USEPA)、欧洲环境署(EEA)等针对全球和局部海域船舶燃油硫含量做出了日趋严苛的限值规定。MARPOL 公约附则 VI 2005 年起开始生效,船舶在欧美地区硫排放控制区(SECA)航行时,船舶燃油硫含量限值标准为 1.5%(质量分数),然而从 2015 年起,当船舶进入 SECA 时,燃油硫含量标准相比之前须降低 90% 以上,这使得从事国际贸易的远洋船舶面临严峻的减排压力。此外,除目前 IMO 规定的 SECA 外,墨西哥海岸,澳大利亚,中国的香港、珠三角、长三角、环渤海(京津冀)等地区的近岸海域也都已成为 SECA,未来全球范围内所有近岸海域均有可能划为 SECA 范畴,因此这将对船舶硫氧化物排放控制技术的发展产生重要的促进作用。

（2）船舶尾气脱硫技术

烟气脱硫的技术研究起源于20世纪初期，据不完全统计，世界各国研发、使用的烟气脱硫技术多达200多种，按脱硫工艺是否加水和脱硫产物的干湿形态分为三种：干法、半干法和湿法。当前国际社会脱硫技术的主要工艺有石膏烟气脱硫法、旋转喷雾干燥脱硫法和海水脱硫法等。

①石膏烟气脱硫法

石膏烟气脱硫法在一些国家的发电厂得到了广泛应用。该法主要是选用价格低廉的石灰石，将石灰石打磨成粉，添加清水，制成脱硫吸收石灰浆液，经溶解、中和、氧化和结晶等一系列的反应后，最终生成二水石膏。

目前，虽然该工艺在工业烟气脱硫中得到了广泛应用，且通过适当添加有机酸等化学物质，可使得脱硫的效率提高到90%以上，但对于处理船舶尾气而言，该技术仍存在占地面积大、系统管理复杂、初期投资大、磨损和腐蚀设备较为严重等问题。所以，优化石膏法烟气脱硫工艺并提高该工艺的性价比，对后期投入船舶使用将大有裨益。

②旋转喷雾干燥脱硫法

旋转喷雾干燥脱硫法（SDA）最早由丹麦NIRO公司开发，目前已广泛应用于液态原料生产固态粉末的化工、制药、食品等现代工业废气处理系统中。该方法的反应系统主要由石灰石浆液制备系统、反应塔系统、除尘净化系统、飞灰输送及处理系统、活性炭喷射系统、自动化控制系统等组成。

SDA技术的脱硫效率一般在70%~95%，在处理中低硫燃料燃烧排放的尾气时取得了较好的效果，但是在处理高硫燃料燃烧排放的尾气时，由于需要高浓度的石灰石浆液作为脱硫吸收剂，会给设备带来堵塞、腐蚀等一系列问题。除此之外，反应的终产物为 $CaSO_4$、$CaCl_2$ 和 CaF_2，这些物质的处理也比较困难。

由于远洋船舶一般使用劣质的重燃料油作为燃料，含硫量相对较高，因而对于SDA技术而言，目前亟须改善处理高硫燃料燃烧排放尾气的脱硫工艺，提高脱硫效率，同时研发新型的脱硫吸收剂，使得反应的终产物可以回收利用。

③海水脱硫法

海水脱硫法是近几十年发展起来的一种较为成熟的脱硫技术，最早是在20世纪60年代由美国率先提出的。该方法充分利用了天然海水的酸碱缓冲能力和强中和酸性气体的能力来有效脱除烟气中 SO_2。该技术工艺采用的系统主要由烟气系统、供排海水系统、SO_2 吸收系统、海水水质恢复系统四部分组成。

由于海水脱硫工艺流程简单、高效环保、可靠性和经济性较高，对生态环境的污染较小，因此被认为是较理想的船舶尾气处理方法之一。但目前海水脱硫法在处理高硫燃料燃烧排放的尾气时效果不佳，设备占用空间大，在低盐度海域脱硫效率低，一旦上述问题得以解决，将能大大推动该项技术在船舶尾气处理方面的应用。

4.典型案例

"Torrey Canyon"轮溢油事故

（1）事件概况

1967年3月18日早晨，"Torrey Canyon"油轮船长的一时疏忽致使该船在英格兰七石礁海域触礁搁浅。3月26日，船体断裂。船上载运的大约860 000桶原油在失事后的12天内几乎全部入海或烧掉。

(2) 溢油动态

科威特出口的原油API比重为31.4、倾点为华氏0度。泄漏出来的油形成了三大块明显的油带。其中大约有219 900桶油向英吉利海峡漂移，沿途污染了法国北部岸线和格恩西岛(英国的海外属地)。一周之后，又有大约146 600桶油泄漏出来，大约有102 620桶遍布在西康沃尔200英里①的海岸线上。3月26日船体断裂之后估计又有366 500桶油泄漏出来，这条油带向南漂移进入比斯开湾并且在海上逗留了两个月，在此期间有50%的轻组分已经挥发，布列塔尼(半岛)只受到轻度污染。形成的油包水乳化油的含水量高达80%，大大增加了原油量的体积，降低了分散剂的应用效果。泄漏的油中，由于风化、蒸发或自然分解大约只有一半上岸。应用分散剂之后的连续几个月，许多岸线区域不断被油与分散剂形成的混合物所覆盖。

(3) 对策及缓解措施

事故发生后，英国皇家海军派船只载运清洁剂在4小时内赶赴现场。应急指挥所临时设在普利茅斯(英国港市)。皇家空军和皇家海军启动了溢油漂移报警系统。相关领域的专家共同商讨清污措施可能涉及到的种种问题。地方主管机构主要负责本辖区内岸线上的清污工作。反应初期，在大部分漂浮油膜的表面上喷洒了标号为BP1002的清洁剂，试图将油分散掉。对于沙滩上的油则采用手工方法进行清除，岸线表面不规则给清污工作带来了极大的困难，无法清理所有岸线的污染区域。3月26日，油轮整体结构出现问题，更多的油流入水中。在这种情况下，将整个船体拖离礁石显然是不可能的。于是英国政府决定将该油轮炸掉，以试图处理掉船舱内的余油。

对于漂浮的油带，英方租用了42艘船只进行喷洒作业，喷洒了标号为BP1002的清洁剂10 000吨，该清洁剂含有12%非离子表面活性剂和3%稳定剂，过量使用这种清洁剂会对许多海洋哺乳动物和植物产生剧毒，喷洒过的潮间带里有许多帽贝被毒死。

最终，英国政府当局决定炸毁船体并将船体内的余油烧掉。3月28日至30日，趁低潮位船体明显可见时，英国皇家海军对船体投放了炸弹。直升机向泄漏出来的油投放了凝固汽油弹、氯酸盐钠和航空燃料进行助燃，但燃烧效果不是十分理想。

这起事故促使英国政府最先提出了召开政府间海事协商组织早期会议的倡议，以考虑对国际海事法规及做法进行修改。英国政府认为当时的海事法规条款过于复杂并且在许多方面过时。而以Torrey Canyon号的事故为契机，以及不断增加的石油产量和大尺度油轮的建造，《1973年国际防止船舶造成污染公约》(MARPOL 73)这一第一个具有普遍意义的防污公约于1973年11月2日在伦敦颁布。

5.4.3 《海员培训、发证和值班标准国际公约》(STCW 78/95公约)

1. 概述

(1) STCW 78/95公约的产生背景

《1978年海员培训、发证和值班标准公约》(International convention on standards of

---

① 1英里≈1 609米。

training certification and watchkeeping for seafarers,1978；简称 STCW 78），是国际海事组织约 50 个公约中最重要的公约之一，用于控制船员职业技术素质和值班行为。

该公约于 1978 年 7 月 7 日在 IMO 海员培训、发证外交大会中通过。1980 年 6 月 8 日，我国政府成为该公约的缔约国。1984 年 4 月 28 日，STCW 78 公约生效。该公约的生效实施，对促进各缔约国海员素质的提高，对保障海上人命财产安全和保护海洋环境以及有效地控制人为因素对海难事故的影响，都起到了积极的作用。

随着航运事业的迅速发展、船舶科技水平的不断提高、船舶配员的多国化，以及各国对海上安全海洋环境保护的重点关注和对海难事故的人为因素的日益重视，从海员素质要求而言 STCW 78 公约在某些方面已不能适应，势必要求对该公约做相应调整。STCW 78 公约业经多次修正，其中 1991 年修正案关于全球海上遇险和安全系统即 GMDSS 和驾驶台单人值班试验，于 1992 年 12 月 1 日生效；1994 年修正案关于液货船船员的特殊培训，于 1996 年 1 月 1 日生效；1993 年 IMO 开始对 STCW 78 公约进行全面修改，并在两年时间内完成了全面修改工作。在 STCW 78 公约签字日 17 周年的 1995 年 7 月 7 日，通过了"经 1995 年修正的 STCW 78 公约"（简称 STCW 78/95 公约）。STCW 78/95 公约于 1997 年 2 月 1 日生效，1998 年 8 月 1 日起强制实施。对于 1998 年 8 月 1 日之前已经进入海员队伍的人员以及已在接受海员教育和培训的人员，最迟在 2002 年 2 月 1 日前全面符合 STCW 95 公约的规定。STCW 78/95 公约生效后，至今已过去 10 多年，其间又经多次修正。

STCW 78/95 公约对 STCW 78 公约做了全面修改，原公约的附则和附属大会决议均重新起草，并新增了与公约和附则相对应的更为具体的"海员培训、发证和值班规则"（Seafarers' training, certification and watchkeeping code，即 STCW Code 或 STCW 规则）。

（2）STCW 78/95 公约的构成和性质

①公约的构成

STCW 78/95 公约主要包含公约正文、附则和 STCW 规则。STCW 规则分为 A、B 两部分。A 部分是关于附则有关规定的强制性标准，与附则的章节一一对应，共有八章，详述了附则中制定的标准、证书格式，功能证书中各职能或责任级别与传统发证标准对应的适任内容或知识以及理解和熟练的程度要求，表明适任的方法或评价适任的标准。B 部分是关于附则的建议和指导，它与公约附则、规则 A 部分的章节一一对应，是关于如何实施公约及其附则的建议和指导。

②公约的编排

STCW 78/95 公约的附则把公约技术条款在附则中以规则的形式体现，其内容共分 8 章。第 1 章总则；第 2 章船长和甲板部；第 3 章轮机部；第 4 章无线电通信和无线电人员；第 5 章特定类型船舶的船员特殊培训要求；第 6 章应急职业安全、医护和救生职能；第 7 章可供选择的发证；第 8 章值班。提及公约和附则的要求时，也应提及 STCW 规则 A 部分和 B 部分的相应规定。

③公约的适用范围

适用于在有权悬挂缔约国国旗的海船上服务的海员，但在下列船舶上服务的海员除外：

a. 军舰、海军辅助舰艇或者为国家拥有或营运而只从事政府非商业性服务的其他船舶。

b. 渔船。

c. 非营业的游艇。

d. 构造简单的木船。

2. "STCW 规则"的主要内容

(1)"STCW 规则"A 部分

在本部分中,将在适任标准中规定的应具有的能力归纳为以下七项职能和三个责任级别。

七项职能为:①航行。②货物装卸和积载。③船舶作业管理和人员管理(controlling the operation of the ship and care for persons on board)。④轮机工程(marine engineering)。⑤维护和修理(maintenance and repair)。⑥电气、电子和控制工程(electrical, electronic and control engineering)。⑦无线电通信。

三个责任级别为:①管理级(management level);②操作级(operational level);③支持级(support level)。

(2)"STCW 规则"B 部分

B 部分是关于 STCW 公约及其附则的建议和指导,旨在协助缔约国和其他各方以统一的方式使公约得以充分实施。B 部分由"关于 STCW 公约条款的指导"和"关于 STCW 公约附则条款的指导"两部分组成。

"关于 STCW 公约附则条款的指导的条文编排与公约附则及 A 部分的章节一对应,亦分为八章:第 1 章关于总则的指导;第 2 章关于船长和甲板部的指导;第 3 章关于轮机部的指导;第 4 章关于无线电通信和无线电人员的指导;第 5 章关于特定类型船的船员特来培训要求的指导;第 6 章关于应急、职业安全医护和救生职能的指导;第 7 章关于可供选择的发证的指导;第 8 章关于值班的指导。B 部分所建议的措施虽为非强制性的,但在我国履约文件中多有体现。

5.4.4 《2006 年海事劳工公约》

1. 公约的构成

《2006 年海事劳工公约》在结构上分为两个层次,即正文条款、规则批准公约成员国的义务。条款和守则规定了核心权利和原则并批准了规则的实施细节。它由 A 部分(强制性标准)和 B 部分(非强制性导则)组成。守则可以通过本公约所规定的简化程序来修订。由于守则涉及具体实施,对守则的修正必须仍放在条款和规则的总体范畴内。

规则和守则是公约的标准,在内容上分为五个标题。标题一为"海员上船工作的最低要求",包括了最低年龄、体检证书、培训和资格、招募与安置等方面的内容;标题二为"就业条件",包括船海员的赔偿、配员水平、职业和技能发展和海员就业机会等,标题三为"船上居住、娱乐设施、食品和膳食服务",包括居住舱室照明、娱乐设施、食品和膳食等,标题四为"健康保护、医疗、福利和社会保障",包括船上和岸上医疗、船东的责任、保护健康和安全保护及防止、获得使用岸上福利设施和社会保障等;标题五为"遵守与执行",包括了检查与发证、港口国控制、船上及岸上投诉程序及船员提供国应尽的义务等。

2. 公约的性质

国际劳工组织(ILO)自 2001 年以来,经过近 5 年的努力,整合并修订了自 20 世纪 20 年代以来现有 ILO 的 60 多个公约及建议书,形成了一本综合海事劳工公约,并于 2006 年 2 月 23 日在日内瓦举行了第 94 届大会暨第十届海事大会上以 314 票赞成、0 票反对、4 票弃权的绝大多数通过了该综合"国际海事劳工公约"。该公约将在达到至少 30 个国家批准且这些国家的商船总吨位占世界商船总吨位的 33% 之日起 12 个月后生效。

该公约适用于任何吨位的通常从事商业活动的所有海船,但专门在内河或在遮蔽的水域或与其紧邻水域或在港口规定适用水域航行的船舶、军船或军辅船、从事捕鱼或类似捕捞的船舶用传统方法制造的船舶(例如独桅三角帆船和舢板)除外。200 总吨以下国内航行船舶可免除守则中的有关要求。按公约规定,公约生效后舱室标准对现有船舶将不进行追溯。

公约要求 5 000 总吨及以上国际航行船舶应持有"海事劳工证书"和"符合声明",并规定公约生效后,缔约国可对非缔约国的到港船舶进行港口国监督(PSC)检查。

国际海事界普遍认为:海事劳工公约的通过在世界劳工史和海运史上具有划时代的意义,必将对海事界产生深远的影响,并将构成今后全球质量航运的重要内容。这项被称为全球 120 万海员的"权利法案",将与国际海事组织(IMO)的"国际海上人命安全公约""国际防止船舶造成污染公约""海员培训、发证和值班标准国际公约"一起,构成世界海事法规体系的四大支柱。公约一旦生效也会对我国船公司的船员管理运作、船员的福利待遇、船员职业安全与健康、船员招募与安置、船舶设计与建造等诸多方面带来一系列较大影响。虽然按公约规定的程序,公约生效尚需一定的时间,但造船界和航运界等有关单位应予以高度重视,尽早研究公约的有关要求,以人为本,不断改善船员在船上工作和生活的条件,为公约生效后的实施提前做好准备。

《2006 年海事劳工公约》的根本目标是:
(1)在正文和规则中规定一套确定的权利和原则。
(2)通过守则允许成员国在履行这些权利和原则的方式上有相当程度的灵活性。
(4)通过公约标题五"遵守与执行"确保这些权利和原则得以妥善遵守和执行。

3. 案例

开启船员权益保护绿色通道,促进邮轮经济持续健康发展
——梁某某等诉钻石国际邮轮公司船员劳务合同纠纷系列案

(1)基本案情

原告梁某某等 196 名船员根据其与船东的代理公司签订的《船员雇佣协议书》,于 2017—2019 年在被告钻石国际邮轮公司所属的巴哈马籍"辉煌(GLORY SEA)"轮上先后担任水手、轮机员、服务员、厨工等职务。在此期间,钻石国际邮轮公司欠付梁某某等船员工资约人民币 1 200 万元。船员在诉前提出财产保全请求,要求对"辉煌"轮采取司法扣押措施,上海海事法院裁定予以准许。钻石国际邮轮公司未向法院提供担保,船舶从 2019 年 3 月 7 日至 2020 年 4 月 26 日期间,一直被扣押在上海港吴淞口锚地。因钻石国际邮轮公司弃船且拒不提供担保,维持船舶安全和停泊等费用与日俱增,长期扣押存在诸多安全隐患。为此,船员在诉讼过程中申请拍卖"辉煌"轮,上海海事法院裁定予以准许,并启动司法拍卖程序,于 2020 年 4 月 17 日成功变卖船舶。

（2）裁判结果

上海海事法院审理认为：原告梁某某等船员与船东代理公司签订"船员雇佣协议书"，在"辉煌"轮上任职，与被告钻石国际邮轮公司建立了船员劳务合同关系。现原告已履行了船员义务，而被告未支付劳动报酬，应承担赔偿损失的违约责任。依据《中华人民共和国海商法》第二十二条第一款第一项的规定，船员在船期间所产生的工资、其他劳动报酬、船员遣返费用和社会保险费用的给付请求具有船舶优先权。故判令被告钻石国际邮轮公司支付船员工资人民币1 200万元及其利息损失，并确认船员的请求享有船舶优先权。

（3）典型意义

近年来邮轮产业发展迅速，邮轮船员权益保护的迫切性日益凸显。相较货运船舶，邮轮船员数量多、岗位杂，扣押看管维护成本高、风险大，司法拍卖处置难度高、周期长，一旦发生邮轮船员权益侵害事件，维权会面临更多障碍。本案涉及的船员人数众多，其中三分之二为外籍船员。船东拖欠船员工资达人民币1 200万元，并在船舶被扣押后弃船。为此，法院开启船员权益保护的"绿色通道"，立案、审判、执行整体协调推进。第一时间要求船员劳务派遣公司与船东互保协会遣返滞留在船的外籍船员，安排船舶看管公司进行管理，并在台风期间采取应对措施全天候保障邮轮安全。同时，加快案件审理节奏，在诉讼过程中及时启动船舶拍卖程序，妥善处理案外人对船舶拍卖的异议行为，积极克服疫情对邮轮处置的不利影响，两次拍卖之后成功变卖船舶。法院的一系列举措既确保了司法程序依法规范有序，又避免了扣押成本和风险的进一步扩大，有效维护了196名船员的合法权益，充分体现了海事司法对船员权益保护的重视和对邮轮经济长期健康发展的支持，为今后处理此类案件提供了经验和借鉴。

船员横遭弃船孤悬海外，法院高效维权助力归家
——利比里亚籍"奥维乐蒙（Avlemon）"轮船员劳务合同纠纷系列案

（1）基本案情

2015年11月8日，"奥维乐蒙"轮交由太平洋公司修理。后因该轮经营人阿若艾尼亚海运公司未按约支付修理费，太平洋公司向法院申请诉前扣押"奥维乐蒙"轮，并提起仲裁。中国海事仲裁委员会于2018年1月裁决阿若艾尼亚海运公司向太平洋公司支付船舶修理费等费用，并确认太平洋公司对"奥维乐蒙"轮享有留置权。仲裁裁决生效后，太平洋公司向法院申请强制执行。因阿若艾尼亚海运公司及该轮登记所有人奥维乐蒙娜斯航运公司均未提供担保，该轮一直处于扣押状态。

船舶停靠在太平洋公司修理期间，阿若艾尼亚海运公司雇佣原告科列斯尼克·亚罗斯拉夫等13名乌克兰籍船员到"奥维乐蒙"轮担任船长等职务。自2017年12月底开始，该轮经营人、所有人不再提供船舶物资，"奥维乐蒙"轮断水、断电，船员生活无法得到保障。"奥维乐蒙"轮的代理安排船员入住宾馆并垫付了食宿费用。2018年4月8日，法院依法裁定拍卖"奥维乐蒙"轮。在拍卖"奥维乐蒙"轮的债权登记期间，13名船员就拖欠的船员工资、食宿、遣返费用向法院申请债权登记并提起诉讼。2018年8月21日，该轮成功拍卖。

（2）裁判结果

宁波海事法院判决：阿若艾尼亚海运公司支付13名船员工资、遣返费、食宿费及相应利

息;13 名船员就上述债权对"奥维乐蒙"轮享有船舶优先权,有权在该轮拍卖款中优先受偿。

(3) 典型意义

该案为具有涉外因素的船员劳务纠纷。13 名外籍船员因外籍船东"弃船",被迫长期滞留船上,且被拖欠工资,缺乏基本的生活物资保障。法院在拍卖"奥维乐蒙"轮过程中,出于人道主义考虑,协调船东保赔协会、船舶代理机构等安排船员遣返,引导船员依法维权,保障了船员依《2006 年海事劳工公约》和法院地法即我国法应享有的相关权益。对于船员遭船东"弃船"期间船舶代理机构等出于人道主义垫付的食宿费用,法院认可相应债权及其船舶优先权性质有利于鼓励相关单位垫付费用及时保障船员权益。涉案判决作出时,"奥维乐蒙"轮已成功拍卖,卖船款亦已汇入法院执行款账户。为保障船员利益尽早实现,在不危害其他债权人利益的前提下,法院对船舶拍卖款提前予以分配,在确保公平的前提下最大限度地兼顾了效率。

统一人身伤亡赔偿标准,维护遇难船员家属权益
——利比里亚籍"FS SANAGA"轮与"浙三渔00011"轮碰撞引发的海上人身损害责任纠纷系列案

(1) 基本案情

2015 年 7 月 14 日,启邦萨那加有限公司所有的"FS SANAGA"轮(利比里亚籍集装箱船)与倪某某所有的"浙三渔00011"轮(中国三门籍渔船)在宁波象山沿海水域发生碰撞,事故造成"浙三渔00011"轮沉没,船上 14 名船员全部遇难。遇难船员中,除 1 名船员为城镇户籍外,其余 13 名均为农村户籍。吴某某等 14 名遇难船员家属诉至宁波海事法院,要求启邦萨那加有限公司、倪某某作为碰撞两船的所有人连带承担人身损害赔偿责任,并主张应按照 2015 年度浙江城镇居民人均可支配收入计算死亡赔偿金。

(2) 裁判结果

宁波海事法院一审认为,14 名遇难船员因"FS SANAGA"轮与"浙三渔00011"轮碰撞事故遇难,两船互有过失,依据《中华人民共和国海商法》第一百六十九条第三款的规定,启邦萨那加有限公司、倪某某作为碰撞船舶所有人应就该碰撞造成的人身伤亡负连带赔偿责任。关于死亡赔偿金计算标准问题,《中华人民共和国侵权责任法》第十七条的规定,"因同一侵权行为造成多人死亡的,可以以相同数额确定死亡赔偿金"。涉案事故导致 14 名船员遇难,且无特殊情况排除该条的适用,故对于吴某某等以城镇标准计算死亡赔偿金的主张予以保护。宁波海事法院经核算各项损失后,判决 14 名遇难船员的家属在先期已获赔 350 万元的基础上,可再获赔 1 166 万元。一审判决后,各方当事人均未上诉。

(3) 典型意义

多名受害人在同一侵权事件中死亡,应适用同一标准进行赔偿。如果因循多年来民事审判领域常采取的区分城镇和农村,依据不同赔偿标准分别进行赔偿的做法,不仅在结果上不尽公平,更是对普通民众朴素情感的极大挑战。城乡二元的人身损害赔偿标准系特殊历史时期的客观原因造成,随着城乡一体化发展以及对人的生命健康平等保护的观念日益深入人心,打破城乡藩篱适用同一赔偿标准,实行"同命同价"的呼声日益高涨。本案中,因船舶碰撞事故导致 14 名船员遇难,其中 1 人为城镇户籍,根据《中华人民共和国侵权责任

法》第十七条关于"因同一侵权行为造成多人死亡的,可以以相同数额确定死亡赔偿金"的规定,结合中央提出的改革人身损害赔偿制度、统一城乡居民赔偿标准的精神,法院最终判决支持13名农村户籍遇难船员家属关于按照城镇标准计算死亡赔偿金的主张。本案在海事审判领域探索人身损害赔偿标准的统一,有利于进一步推进权利平等、以人为本的裁判理念。

5.4.5 《国际船舶压载水和沉积物控制与管理公约》

1. 压载水管理公约背景

为了控制和防止船舶压载水传播有害水生物和病原体,国际海事组织(IMO)于2004年2月9日至13日在英国伦敦IMO总部召开了船舶压载水管理国际大会。大会以IMO A.868(20)决议通过了《国际船舶压载水及沉积物控制和管理国际公约》(International convention for the control and management of ships' ballast water and sediments,2004),简称2004压载水管理公约。该公约规定的生效条件是:合计占世界商船总吨位不少于35%的至少30个国家批准1年后生效。

2. 压载水管理公约的主要构成

压载水管理公约由22条正文和1个附则组成,附则作为公约的技术要求分为5部分。

(1)公约正文内容包括:定义,一般义务,适用范围,控制有害水生生物和病原体通过船舶压载水和沉积物转移,沉积物接收设施,科学技术研究和检测,检验和发证,对违反事件的处理,船舶检查,对违反事件的调查和对船舶的监督,检查并采取行动的通知,避免对船舶的不当延误,技术援助,合作与区域协作,信息交流,争端的解决,与国际法和其他法律文件的关系,签署和批准,生效,修正程序和退出等。

(2)公约的附则《控制和管理船舶压载水和沉积物以防止、减少和消除有害水生物和病原体转移规则》包括总则(A部分)、船舶压载水管理和控制要求(B部分)、某些区域的特殊要求(C部分)、压载水管理的标准(D部分)和检验发证要求(E部分)等5部分内容。

(3)为使《压载水管理公约》能统一实施,IMO通过制定一系列技术导则提出具体要求。截至2008年10月召开MEPC(58)会议,14个导则都已经完成,还对其中2个进行了修改(表5-2)。

表5-2 导则制定和通过时间

导则名称		通过文件	通过时间
G1	沉积物接收设施导则	MEPC.152(55)决议	2006—10
G2	压载水取样导则	MEPC.173(58)决议	2008—10
G3	压载水管理等效符合导则	MEPC.123(53)决议	2005—07
G4	压载水管理和制定压载水管理计划导则	MEPC.127(53)决议	2005—07
G5	压载水接收设施导则	MEPC.153(55)决议	2006—10
G6	压载水更换导则	MEPC.124(53)决议	2005—07

表 5-2(续)

	导则名称	通过文件	通过时间
G7	《压载水公约》A-4 下的风险评估导则	MEPC.162(56)决议	2007 年 7 月
G8	压载水管理系统认可导则(1)	MEPC.125(53)决议 MEPC.174(58)决议	2005 年 7 月 2008 年 10 月
G9	使用活性物质的压载水管理系统批准的程序(2)	MEPC.126(53)决议 MEPC.169(57)决议	2005 年 7 月 2008 年 4 月
G10	原型压载水处理技术项目批准和监督导则	MEPC.140(54)决议	2006 年 3 月
G11	压载水更换设计和建造标准导则	MEPC.149(55)决议	2006 年 10 月
G12	有利于船上沉积物控制的船舶设计和建造导则	MEPC.150(55)决议	2006 年 10 月
G13	包括应急情况下压载水管理附加措施导则	MEPC.161(56)决议	2007 年 7 月
G14	指定压载水更换区域导则	MEPC.151(55)决议	2006 年 10 月

注:(1) 该导则于 MEPC(58)会议上修订。
(2) 该导则于 MEPC(57)会议上修订。

3. 压载水处理方法

目前,常用的压载水处理技术主要有机械处理法、物理处理法、化学处理法三大类。这三类处理方法各有利弊,下面简单介绍这三类处理方法及其优缺点。

(1) 机械处理法

常用的机械处理法有过滤、离心分离等。

① 过滤

过滤即在船舶上安装合适的过滤系统,装载压载水时可以直接过滤掉海洋中的微生物如小型海藻等,一般来说,50 μm 的滤网可滤掉浮游动物,20 μm 的滤网能滤去大部分浮游藻类。这种方法简单有效,且对环境危害性小,缺点是打入的压载水中常常含有大量的絮状物,容易阻塞滤网,因此需要经常对滤网进行反冲洗,既耗能又花费太多的时间。且当需要处理压载水量很大时,会增加过滤系统在船上的安装困难。

② 离心分离

离心分离是一种利用旋转部件对海水进行重力分离,以除去比重与海水存在差异的微粒和生物体的方法。这种方法可以除去大多数多细胞动物、植物、卵、幼虫、孢子和有害的病原体细菌。这种方法具有操作简单、成本合理等优点。但是在处理与海水比重相近的生物时,处理效果便受到限制。

(2) 物理处理法

物理处理法就是通过加热处理、紫外线照射等措施处理压载水。

① 加热处理

加热处理法主要原理就是通过高温杀死压载水中的海洋生物,从经济性和实用性角度考虑,都是一种不错的处理方法。通常,把压载水加热到 36~38 ℃,并保持 2~6 h,即可杀死大部分海洋生物;把压载水加热到 80 ℃以上,几乎能杀死压载水中所有的生物。而且加热处理法可以直接利用船舶动力系统产生的余热,提高船舶运营的经济性,并且不会产生二次污染。但是加热处理法所需热量和船舶动力系统的余热受制约因素较多。且海水在50 ℃以上时,容易结垢、腐蚀管路系统,因此当采用加热法时,须考虑防腐蚀问题。

②紫外线照射

用紫外线照射压载水,可以杀灭压载水中的部分海洋生物,且处理过程中不会产生二次污染,无毒副作用,操作简便。但是有些生物对紫外线具有很强的抵抗性,因此紫外线照射很难杀灭压载水中全部的海洋生物,且紫外线照射受透明度的制约,当压载水浑浊或紫外线灯表面被污染时,其效果将大打折扣。

(3) 化学处理法

化学处理法就是通过药物投递等措施杀死压载水中的微生物,包括臭氧处理、氯化物处理等。

①臭氧处理

臭氧(O_3)是一种强氧化剂,能产生氧原子(O),迅速杀死压载水中的微生物和病原体,对细菌病毒的杀灭效果较高且用量少。可以直接采用空气作为原料产生臭氧,不需要考虑原料问题,但由于臭氧处于高度不稳定状态,只能通过臭氧发生设备现场制备,因此当采用臭氧处理法时,船舶上需要安装臭氧发生设备,增加了设备投资及运行的费用,且臭氧容易造成管路的腐蚀。

②氯化物处理

氯化物处理法和臭氧处理法的原理相同,也是将氯化物作为杀菌剂投入压载水中。有效氯处理能杀灭海水中几乎所有的细菌原生动物,有些浮游藻类因为耐受性强可能需要较高含量的氯化物处理。针对不同海域,含有不同生物种类的海水只要相应调整有效氯含量就可以有效地处理压载水。氯化物处理船舶压载水是比较可行的方法,其不足之处是会加快舱壁腐蚀,且排放时需要对压载水中氯含量进行检测,适当投入中和剂,避免排出的压载水对海洋环境造成污染。

(4) 压载水处理设备的发展趋势

从原理上分析,能够实现压载水处理的方法与途径较多,但涉及实际的应用时必须考虑装船可行性、运行成本等一系列问题。很难仅采用一种方法就满足处理压载水的要求。从目前已经开发投入市场的产品分析,通常是两种或两种以上处理法结合使用。首先采用一种单独使用处理效果较差的方法作为预处理,先去除部分微生物和杂质,缓解后续处理的技术难度,提高压载水处理系统的处理效果。

例如采用过滤方法和氯化物处理方法结合,过滤方法作为压载水的预处理手段,可以选择较大的滤网,去除部分较大体积微生物与其他杂质物质,然后投入适量的氯化物,进一步处理压载水中较小的微生物,更加有效地提高装置的处理效果。

专题 5.5 轮机工程新技术

【学习目标】

1. 了解国内外智能船舶的发展现状及发展趋势;
2. 了解新技术在智能船舶发展中的应用;

3. 了解智能船舶对轮机人员的要求；
4. 了解智能化船舶新技术对船员的知识要求；
5. 了解智能化船舶对船员的素质要求。

随着数字化、智能化技术的不断进步，加之物联网、信息技术、人工智能、5G 通信技术的快速发展，使得整个工业领域在信息化、数字化、智能化等方面有了大幅迈进。无人工厂、无人驾驶汽车如雨后春笋般不断涌现。相比现代化工业而言，船舶领域的更新速度略显缓慢，人工成本、燃油成本、维护成本保持在高位；工人工作环境相对恶劣，船舶数字化、信息化程度仍偏低，上述问题如何破局成为制约船舶行业发展的瓶颈。另一方面，环境保护压力的增加迫使航运业必须对船舶排放做出调整以满足日益严苛的排放要求。同时，出于运营安全和改善运力以应对低迷市场的需求的现状，船东也在积极思考寻求变化。上述原因使得船舶智能化、智能系统标准化成为行业发展的必经之路。

5.5.1 轮机工程技术发展趋势

1. 国外智能船舶现状

目前世界各国的船级社、设备商等对智能船舶的研发如火如荼。在亚洲，日本对智能船舶的研发已经被列为该国船界未来 5 年发展的重点。日本政府则在即将推出的国家复兴战略中加入无人驾驶船的开发。日本航运业希望依靠政府支持，帮助日本在无人驾驶船开发中占据领先优势，引领未来国际标准。除了成立大数据中心，日本船级社还与欧美企业合作开发了相关软件，通过采集船舶主要设备实时数据为其提供优化和维护保养等建议；日本船级社还与 NAPA 合作研发了航路优化支持系统，帮助船舶运营商优化航线及航行计划，该系统已在船舶上得到应用。韩国现代重工是智能船舶研发的先导者。2016 年，在以前合作研究的基础上，现代重工宣布与英特尔、SK 航运、微软等企业合作开发智能船舶。韩国现代重工先后于 2010 年、2013 年分别实施基于船舶综合管理网络信息技术和以"经济、安全、高效航行服务"为主旨的智能船舶 1.0 及 2.0 计划。其提出的"船舶互联"概念主要思想就是讲船、岸信息融合并提供给船舶运营。目前，现代重工的集成智能船舶解决方案能根据导航员的技能水平和经验水平的不同，对导航方式进行标准化收集和分析导航实时信息，从而在提高船舶效率和安全性方面发挥作用。

在欧洲，芬兰宣布在 2025 年研制出第一艘无人自主航行运输船舶。马士基旗下施维策拖轮业务已开发一艘无人驾驶拖轮。作为全球最大的船舶设备供应商之一的英国罗尔斯罗伊斯公司已开展无人驾驶货船项目的研究，据称 10 年内将有第一艘无人驾驶货船投入使用。2015 年 9 月，英国劳氏船级社（LR）、奎纳蒂克集团和南安普敦大学合作推出了《全球海洋技术趋势 2030》（GMTT2030）报告，把智能船舶列为 18 个关键海洋技术之一。DNV GL 与日本邮船联合开展的海事数据中心项目于 2015 年 11 月启动，并且得到了曼恩公司的支持。双方基于日邮的 4 艘集装箱船的运营参数，提出了"数字孪生"概念。Kongsberg 与 Yara 联手将共同打造全球首艘纯电动自动驾驶集装箱船"YARA Birkeland"号，该船将是世界上第一艘实现零排放、全电推、自主航行的集装箱船。挪威威尔森集团和康士伯联手建立全球首家无人船航运公司"Massterly"，将接收和运营包括全球首艘无人集装箱船"Yara Birkeland"在内的多艘无人船。Kongsberg 收购了 Rolls – Royce 商业船舶业务部门，全球两大智能船领导者联合在了一起,将在智能船舶方面有更大作为。目前 Kongsberg 的智能船系统 KognifAI 融合了两家公司优势资源,将在船舶智能航行、无人驾驶、网络安全、节能减排等方面提供解决方案。

2.国内智能船舶发展概况

《中国制造 2025》作为我国"制造强国"战略的行动纲领,把"海洋工程装备和高科技船舶"作为需要聚集资源并实现突破发展的重点领域。工业和信息化部装备工业司通过组织相关单位和专家开展专题研究,制定智能船舶发展行动计划,积极推动我国智能船舶快速发展。

中国船级社在 2015 年 12 月就发布了全球首部《智能船舶规范》,并于 2016 年 3 月 1 日正式生效。后期又陆续发布了与规范相对应的检验指南,为智能船舶设计提供了设计依据。2020 年 3 月中国船级社在上海发布了新版《智能船舶规范》,新规范中首次增加了"远程遥控"和"无人船"章节,为未来智能船舶研究指明了方向。各企业、单位成立了"无人货物运输船开发联盟""中国智能船舶创新联盟"等多个智能船舶联盟。其中中国船舶集团有限公司发布的"大智号"iDolphin38 800 吨智能散货船已于 2017 年 12 月 5 日正式交付使用,成为我国自主研发的首艘智能船舶。中国远洋海运集团有限公司旗下上海船舶运输科学研究所参与了智能船舶智能平台和系统的开发,并参与了工信部智能船舶方面的专项研究工作。目前上海船舶运输科学研究所研发的智能"1+3"平台已成功应用到 210K 吨散货船等多型船舶产品上,取得了不俗的成绩。

3.国内外智能船舶发展对比、存在问题和建议

(1)国内外智能船舶发展对比

虽然近期国内智能船舶的发展势头十分迅猛,但根据国际海事组织 IMO 提出的"E-航海"总体架构,我们目前仍处于其定义的第一阶段即具备船用设备状态远程监控和数据分析的智能船舶,同具备完全自主无人驾驶的船舶还有不小的距离。与国内智能船舶发展比较来看,国外智能船舶的发展规划和发展方式都是不同的。以韩国为例,其智能船舶发展是由韩国三大船厂主导,以生产建造为中心,以应用带动研发;日本则是走国际标准化的路线,通过推出国际标准立项达到其引领智能船舶发展的目的;欧洲智能船舶发展以高技术企业引领,研究无人驾驶、网络安全等前沿性课题。

(2)国内智能船舶发展存在问题和建议

国内智能船舶总体上发展还很顺利,但也面临诸多问题,比如:

①个别配套设备发展相对落后,无法适应智能船舶新规要求。从目前的研究可以看出,由于船舶配套国产化率较韩国和日本还很低,特别是主要设备如主机、发电机、轴系、锅炉等市场的主流产品目前更多依赖国外产品,不能对其进行数字化信息采集并掌握其关键控制逻辑。目前智能船舶平台的信息采集还基于监测报警系统数据,无法从根本上对设备信息进行完全掌控。应大力发展配套产业,加快配套产业升级,不断优化相关技术,开发阶段融入智能船舶相关技术为后续发展奠定基础。

②标准规范的建立还需要和厂家加深交流合作。目前中国船级社的《智能船舶规范》侧重硬件配置和系统功能的细化,相比其他船级社的分等级取证方式要求更高、更严。但这也对一些设备厂家造成影响,很多设备的信号采样点因为设备本身原因无法采集或者需

要大量整改才能够实现,使得智能船符号取证工作变得较为困难。所以在标准、规范建立的过程中应扩大合作交流的范围,将更多的设备厂家纳入到规范研讨范围中,督促其产品升级以满足未来规范要求。

③与船东岸端的合作力度不够,应加大与船东、岸端的合作力度,建立统一的标准模式。目前智能船舶标准的制定更多是基于船级社、科研院所和设备厂家。对于船东运营、岸端连接的要求并未涉及太深,导致很多船舶出现为了取证而加装智能平台的情况。应深入了解客户的需求,针对不同的客户群体设定适合其运营和操作的细则,真正做到以船东实际需求为导向的智能船舶标准。

④行业标准建设还在起步阶段。目前国内船舶行业还未有国际标准制定,在国际上还属于跟从状态。建议加强国际合作,同时将标准制定工作融入产品开发和智能船舶建造过程中,同步推进国内智能船舶标准化建设。

智能船舶是未来船舶发展的趋势,因此需要不断进行探索。虽然目前我们取得了一定的成绩,但从全球智能船舶的发展形势来看,依旧有很多问题亟待解决,包括进一步的船舶数字化、船舶安全性、船舶运营、船岸一体化、标准制定等。应主动运用5G、云计算、人工智能、大数据、物联网等先进技术,加快国内智能船舶研发速度,推出环保、节能、高效、智能的新型船舶,并制定相关产业标准,以满足船东对降低运营成本和船舶绿色环保方面的迫切需求。

4. 信息化、数字化和智能化在船舶中的应用

近年来,随着物联网、大数据和人工智能技术的不断发展与应用,航运运营服务体系发生了一系列变化,智能船成为关键推动力。当前世界已进入"工业4.0"发展时期,我国于2015年5月发布了《中国制造2025》,将海洋工程装备和高技术船舶研制作为十大重点发展领域之一加快推进,这表明在大数据时代背景下,智能船已成为船舶制造与航运领域发展的趋势。随着智能船的设计、建造和投入使用,船舶运营数据库在不断充实,已具备一定的数据基础。在该背景下,如何推动航运运营服务体系转型得到了更多人的关注。

(1)信息化、数字化和智能化的内涵

①信息化

信息化是指将现实中存在的物理事物通过0-1二进制编码在电子终端呈现。传统船舶在运营过程中存在着大量孤立数据、纸质数据等多源异构离散数据。信息化的目标是实现对所有数据的统一采集、存储和传输,使数据互联互通,是数字化和智能化的基础。船舶是运营数据的重要载体,智能船舶的应用和船岸信息化的构建对于促进航运信息化发展而言至关重要。

②数字化

当前在使用信息化数据过程中面临着诸多挑战,例如:数据源不规范,数据加工耗时耗力;数据分布杂乱,有价值的数据长期被闲置;数据质量评估缺失,造成准确度有偏差;缺乏简易可用的管控工具等。信息化是数字化转型的第一步,要使数据发挥价值,数字化必不可少。数字化是指基于大量的运营数据,对其进行清洗、处理和建模,通过加工形成数据资产,为数字应用的开发和智能化奠定基础。

③智能化

智能化是数字化转型的最终目标,主要是指通过应用机器学习、专家知识和优化算法等手段,基于数据开展决策,促进企业节能、增效和提质。将决策机制模型化之后,直接指挥执行单元,执行单元接到指令之后可自动执行,从而降低管理人员决策的难度,提高决策效率。

(2)国内外研究现状

①国外研究现状

国外很早就已开始进行信息化研究,同时在数字化和智能化方面也开展了一系列研究工作。2012年,日本船舶配套协会和日本船级社等多家单位联合开展了"智能船舶应用平台"项目研究,形成了产业联盟和智能船舶底层数据方面的国际标准。2018年,挪威康士伯公司推出了基于云的数字化平台 Kognifai,该平台专注于优化数据资源、能源行业和海上作业中数据的分析,同时提供集成模块和子模块,是一种开放的生态系统,用户、供应商和开发商可根据自身需求获取不同的数据,并在现有平台的基础上开发出符合自身需求的新应用。

②国内研究现状

当前国内已具备信息化发展的能力,并已在数字化和智能化方面有所突破。例如,上海船舶研究设计院基于"智能船舶1.0研发专项",研发了船岸一体化的数字化营运支持系统(digital operation support system,DOSS),能为船东提供一套全新的船舶数字化解决方案,逐步实现面向营运管理的船岸协同数据分析服务。国内的大型航运公司(如招商局能源运输股份有限公司)已形成一定规模的智能船船队,正在建设船舶岸基管理平台,力求通过船端数据汇集打通船岸实时互通渠道,构建船岸协同的船队管理模式。

(3)具体实践

信息化、数字化和智能化是企业数字化转型的3个重要阶段。近年来,招商局能源运输股份有限公司致力于航运运营服务体系数字化转型研究,已全面完成信息化,初步实现了数字化,并在智能化方面开展了丰富的实践。

①信息化——智能船舶船岸信息系统

基于"智能船舶1.0研发专项",在船端完成了对数据的统一采集存储,实现了"平台+智能应用"的模式,形成了2型4艘示范船,促进了船端的信息化、数字化和智能化发展。岸基的数字化中心和应用中心与智能船舶相结合,形成了智能船舶船岸信息系统(图5-42),是助力岸基数字化转型、推动行业发展的关键一环。智能船舶船岸信息系统在船基部署了网络信息平台系统,在岸基部署了岸基管理系统,能实现数据统一采集、存储、传输和可视化等功能,初步打通了各业务系统间的数据接口,可有效连接各环节的业务数据。该系统具有以下特点。

a. 数据采集。采用统一通信协议进行全船数据采集,采集维度涉及船体、设备、环境、货物和人员等,数据种类包括结构化数据和非结构数据等。

b. 船岸传输。面向船岸安全和节流传输的需求,针对结构化数据和非结构数据的特点进行船岸数据传输压缩和加密,打通船岸链路。

c. 数据存储。面向船队级结构化和非结构数据存储需求以及数据应用查询计算需求,设计实现数据库,划分冷热数据,保障数据库的性能,实现数据高效存储。

d. 数据可视化。运用一系列计算分析工具和报表工具等,实现所有接入数据可视化。

智能船舶船岸信息系统的建设和应用使得船岸数据实现了互联互通,同时实现了我方与第三方之间的数据分发以及信息化建设。目前招商局能源运输股份有限公司已形成一定规模的智能船队,为后续数字化、智能化工作的推进奠定了基础,为营运模型转型提供了基础技术条件。

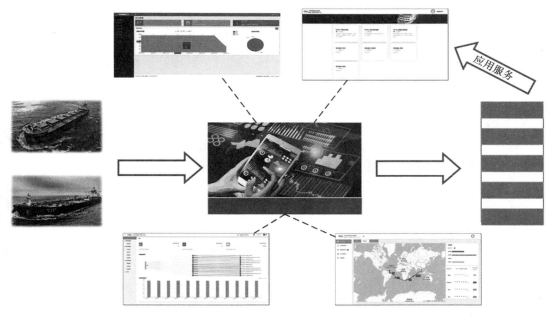

图 5-42 智能船舶船岸信息系统

②数字化——营运数据中台

信息化实现了数据的汇集和存储,而要使数据真正发挥价值,使其与物理世界——对应,具备较强的可信度和可靠度,数字化是必不可少的一环。对此,构建营运数据中台,通过开展数据管理,保障数据的可信度和可靠度,并处理得到有价值、有信息的数据;通过面向业务构建相应的数据模型,为业务的开展和分析奠定基础。

a. 数据管理

数据管理的目的是使数据的使用者能清楚地认识数据与数据之间的关系,进而用好数据;使数据应用的管理者能洞察数据、应用和系统之间的复杂依赖关系,进而管理好数据。数据管理涉及的主要内容见图 5-43。

数据标准管理:保障数据的内外部使用和交换一致性的规范性约束。

元数据管理:元数据是描述数据的数据,可根据用途的不同分为技术元数据、业务元数据和管理元数据。

主数据管理:协调和管理与企业的核心业务实际相关的系统记录数据。

数据质量管理:保障数据应用的基础,包括完整性、规范性、一致性、准确性、唯一性和时效性。

数据安全管理:制订体系化的安全策略、措施,全方位进行安全管控。

数据备份:定期对数据进行压缩备份。

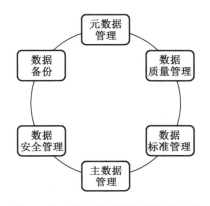

图 5-43 数据管理涉及的主要内容

b. 数据模型

构建面向业务分析和应用开发使用的数据模型,满足联机事物处理(on-line transaction processing,OLTP)和联机分析处理(on-line analytical processing,OLAP)的使用需求,使得数据具有业务属性,能更加高效地得到应用。该数学模型包括概念数据模型、逻辑数据模型和物理数据模型。数据中台的构建打通了业务与数据之间和虚拟世界与物理时间之间的通道。通过构建数据中台,能不断地提升数据质量,实现数据互联互通,提高获取数据的效率,保证数据安全合规,实现数据价值持续释放。

③智能化——脱硫塔安装前后电力负荷和辅机油耗优化

招商局能源运输股份有限公司在智能化方面开展了一系列实践工作,有力推动了营运管理的节能、增效、提质。下面以运用智能化手段实现脱硫塔安装前后电力负荷和辅机油耗优化为例进行说明。为满足 MARPOL 公约附则 VI 条款 14.1.3 的要求(即从 2020 年 1 月 1 日起,全球范围内实施船用燃油硫含量不超过 0.50% m/m 的规定,或采用满足等效要求的替代措施),招商局能源运输股份有限公司的 2 艘 40 万吨船"明远轮"和"明卓轮"分别于 2019 年 10 月和 2019 年 11 月加装了脱硫塔,以达到去除废气中的硫化物的目的。并于 2020 年 1 月 1 日起长期使用脱硫塔。船舶加装脱硫塔之后势必会对船舶的电力负荷和辅机油耗产生影响。要降低船舶在脱硫塔运行期间的能耗,关键是调整脱硫塔相关参数,在确保满足排放的各项指标要求的前提下,维持最佳的除硫洗涤水量。依靠数据分析技术,可准确统计实际的运营数据。图 5-44 为优化前后辅机总负荷对比。

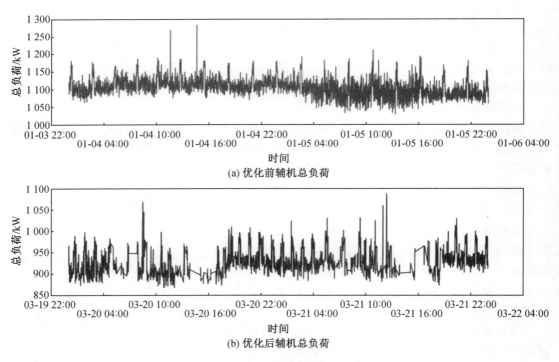

图 5-44 优化前后辅机总负荷对比

以脱硫塔初次安装运行之后的 1 月份航次和优化完成之后的 3 月份航次的数据为例,经过对比,辅机总负荷由原先的平均约 1 100 kW 降至平均 930 kW,辅机运行数量也由 2 台变为1台。不仅如此,减少辅机运行之后的维护保养费用也大幅减少,包括每年可节省辅机滑油约2 000 L,每年可减少辅机吊缸检修次数0.7次。由此可看出,经过优化之后,船舶在航行过程中能大幅度减少电力负荷消耗和辅机保养工作,在节省燃油的同时减少备件消耗,有效实现节能减排、开源节支的目标。表5-3为脱硫塔优化前后的效益对比。

表5-3 脱硫塔优化前后的效益对比

参数	辅机总负荷/kW	每日油耗/h	每年油耗/t	每年节约燃油/t
优化前	1 116	6.51	1 888	423
优化后	931	5.05	1 465	

④未来展望

当前,航运业对信息化、数字化和智能化的应用及相应运营模式的转型还处在探索和试点实践阶段。对于未来的发展趋势,提出以下展望。

a. 智能船的应用规模将不断扩大,自主化能力将得到不断提高。智能船作为数据链路中的关键一环,将得到更多的重视,应用规模将不断扩大。同时,智能船的智能化水平和自主化能力将得到不断提高。

b. 推广数据共享、应用集成标准形成行业标准。产业链内各方的联系将更加紧密,数据共享和应用集成等一系列行业标准的形成将更有助于行业的健康有序发展。

c. 产业链的营运模式将重塑。基于数据和智能化技术,产业链营运模式将重塑,船东、设计方、建造方、配套厂家、营运公司和检验机构等相关利益方依托营运数据形成各自的技术迭代及应用服务,逐步构建和完善智能船舶发展生态体系。

5. 新能源在船舶中的应用

新能源(new energy)主要是指与传统能源概念相对的非常规能源,须以新技术为依托开发利用,如海洋能、风能、地热能、生物质能、太阳能、核聚变能等。新能源使能源选择种类更多,同时减少石油、煤炭等不可再生资源利用量,继而应用新能源解决能源危机,控制环境污染。我国船舶产业在上海、武昌、大连、广州等地较为发达,主要从事船舶设计、建造、整修、试验、配套设施生产。为应对我国船舶行业发展风险,缓解国际市场发展压力,在国际产业转移背景下须加大新能源利用力度,使我国船舶产业综合竞争实力更强。基于此,为助推船舶产业良性发展,探析新能源产业在船舶中的应用价值、要点、现况及方略显得尤为重要。

(1)新能源在船舶中的应用价值

①推动船舶产业朝着可持续方向发展。以往船舶将柴油、汽油视为动力能源,油污降解速率慢,对生态环境带来消极影响,有悖可持续发展决策。基于此,在船舶中须积极应用新能源,使船舶运行机制更为清洁高效,推动船舶产业科学发展。可实施"油改天然气"方案,将天然气视为驱动能源,降低船舶航运对水体的污染几率。然而,天然气清洁程度相对较差、成本较高、安全稳定性欠佳,为此"油改电动"成为目前推行较为广泛的方案之一,在丰富的动力资源基础上,电气元件污染危害逐渐显现出来,电池泄漏对水体造成的污染不亚于燃油,须持续探索新能源在船舶中的应用出路,在总结船舶产业可持续发展经验的基

础上达到高效利用清洁能源目的。

②应用新技术为我国船舶产业赋能。新能源的应用须以新技术为依托，如太阳能光伏发电、远程遥感等技术，在高新科技加持下使我国船舶产业竞争力更强，为该产业朝着国际化方向发展奠定基础。例如，液态空气热能动力技术将液氮、干冰、液态空气视为绿色燃料吸收环境中的热量，在热量作用下持续升温膨胀，得到高压常温气体并驱动船舶，利用清洁能源模拟油燃烧动力运行系统，使船舶在航运过程中能够做到零排放、清洁、绿色、环保，继而运用科学技术为我国船舶产业赋能。

（2）新能源在船舶中的应用要点

①充分利用现有新能源。为使我国船舶产业朝着可持续方向良性发展，须拓宽清洁能源利用思路，将太阳能、风能、潮汐能、核能、燃料电池等资源利用在船舶动力系统、电力系统、生活等系统内，通过充分利用现有新能源探析船舶中新能源应用的更多可能性，使船舶可持续发展形式更多，达到优化配置新能源目的。

②通过合理设计解决新能源应用难题。设计是新能源应用的载体，稳定、高效、安全、合理的设计方案可保障新能源得以充分利用。自石油危机以来，新能源在船舶中的应用设计从未停止，加之可持续发展理念贯穿客观事物探究始末，须通过设计将技术、资源、船舶等要素关联在一起，继而解决新能源利用难题。以风能在船舶中的应用为例，须率先设计风力发电驱动结构图，确保风力发电机、变压器、输出端连接设备构成合理，加之数字化控制设计，确保风能驱动系统安全稳定，针对电流、电压、额定风速等参数进行监管，通过自动跟踪、实时调控、数据整合，解决船舶航行过程中的风能利用问题，继而通过科学设计提高新能源应用质量。

（3）新能源在船舶中的应用现况

"油改电"是新能源在船舶应用中的走势之一，从投资、设备及技术等角度出发探析"油改电"应用现况，旨在总结新能源应用经验，助推船舶行业朝着绿色环保、节能高效方向发展。

①旧电池回收处理。在新技术加持下，锂离子电池组这一在船舶上应用频率较高的电池取得突破性研究进展，加之政府补贴推广，为新能源在船舶行业中的应用奠定基础。在应用新型电池基础上铅酸等旧电池须进行回收处理，虽然锂离子电池组使用寿命较长，但通常情况下应用周期为4~10年，亦须进行回收处理，一旦废旧电池回收处理效果欠佳将直接出现电池泄露污染水源等消极现象，为此须做好电池回收处理工作。

②使用成本问题。2018年4月，挪威康士伯、威尔森集团携手创办了首家无人船航公司，新公司将全电动力视为"无人船"航行能源，节约成本90%，主要源于全电动力船舶在应用电池基础上，还应用摄像机、传感器、雷达、定位系统等先进科技，使船可以自行停靠，船运效率得以提高，加之人力成本及能源成本的控制，使全电力驱动船舶成本得以降低。当前全电动力发展处于初期阶段，虽然市场前景良好，但研究经验欠缺，新能源电池投产规模较小，技术支持力度薄弱等问题客观存在，使"油改电"成本仍然较高，影响"油改电"应用成效。

③电池占用空间较大。船舶空间有限，应用电池组驱动船舶须占用较大空间，减少船舶载货量，一定程度上影响船舶航运效率，少量多次航运形式客观上增加船舶运输成本，与新能源应用初衷相悖。

④船舶吨位与电力功率匹配存在问题。船舶在应用电力系统驱动时须考虑到动力匹

配问题,旨在规避船舶动力不足引起的消极影响,然而部分船舶存在全电力推进功率兼容性、匹配度不佳现象,另受船舶电能质量、电气设备、线路敷设等因素影响,电力功率与船舶吨位匹配效果参差不齐,削减了"油改电"实效性。

(4) 新能源在船舶中的应用方略

"油改电"在船舶中的应用具有如下优势。

①控制方便,自动化程度高,启动加速快,提高船舶机动性、可操控性、安全稳定性;

②应用高速不可反转热力发动机,减小船舶动力装置质量,增强动力系统功率,机舱布置更为灵活;

③应用电力推进降低辅助发电机功率,甚至可将其取消,可深入优化布置机舱;

④在故障下断开电机,确保航运安全稳定;⑤选配电机机械特性,适合不同航运工况,提高船舶经济性。

新能源在船舶应用中解决的问题如下。

①解决旧电池回收处理问题。根据《锂离子电池行业规范条件》(2015年),按照船舶航运需求设立电池组生产项目,在工艺技术、资源配置、安全管理、政府督导基础上将废旧电池回收纳入监管范畴,用以规范旧电池回收流程,确保旧电池安全回收且可以再利用,提高船舶新能源应用的有效性。

②解决使用成本问题。以新能源在船舶中的应用为导向推动电动能源产业朝着集成式方向发展,如建立产业园区,将规范、高效产业链,将技术、设备、设计等环节统筹在一起,设计机械驱动装置较少的系统,改善功率密度,在新电力电子学技术及永磁电动机等技术加持下降低装置成本。

③解决空间占用问题。通过对"油改电"船舶航运优势进行分析可知,在动力系统优化基础上可将辅助发电机等配置结构剔除在外,达到节约船舶空间目的,同时可根据船舶构造设计丰富电力推进系统,在数字控制技术、电力电子等技术支持下提高鼠笼感应式电动机、同步电动机、直流电动机的应用效率,通过装置设计解决空间占用问题,用电缆取代传统轴系,改善机舱布置。锂离子电池质量小、体积小,其密度是铅酸蓄电池的6倍左右,加之其不含镉、汞、铅等有害物质绿色环保,继而使新能源应用安全性更强。

④解决船舶与电力功率匹配问题。大力发展船舶全动力综合推进系统,通过推进、拖动、变电、配电、储能、监控等多功能的设计,以功能模块为依托保障各系统协调稳定、安全高效,继而解决电力功率与船舶匹配问题。约有30%的发达国家应用全动力综合推进系统,在正反转调节下提供恒定转矩,使其工作特性更为稳定,电力功率匹配效果更优,加之数字化控制技术予以及时调配,提高电力资源综合利用率。

5.5.2 新发展下对轮机人员的要求

随着物联网、大数据、人工智能以及虚拟现实等技术的快速发展,"智能"或"智慧"成为众多领域的热门主题。在智能化浪潮下,航运业因其在海洋资源开发、军民融合战略以及交通运输领域的重要地位,"智慧航运"开始进入大众视野,其中无人驾驶船舶是推动"智慧航运"发展的重要方面。

目前,国内外众多机构投入了大量的人力和物力对无人驾驶船舶开展理论研究、技术研发和试验工作,取得了阶段性的进展,但是无人驾驶船舶技术走向成熟并大规模投入商业使用仍是一个漫长的过程。船舶智能化的发展势必将对船员的定位、配员数量和综合素质要求产生重大影响。"船员"这一传统概念将被颠覆,船员的工作性质、技能要求和职能划分将被重新定义,但因其依旧工作于航运一线,仍沿用"船员"称谓。在航运新业态下,对船员数量的需求将让位于对船员素质的需求,要求船员在管理能力和技术水平上必须具备更高的水准,需要知识密集型和知识综合型人才。

1. 智能化船舶对船员专业知识的要求

根据《智能船舶规范》对智能船舶的定义,智能船舶应具有感知能力、记忆和思维能力、学习和自适应能力、行为决策能力。这四大能力均与《科创规划》提出的智能船舶关键技术相对应。智能船舶关键技术涉及航海技术、轮机工程、物联网、人工智能、大数据处理、控制理论等跨专业、多学科知识,船舶智能化每前进一步,"船员"所要具备的专业知识和应掌握的技能就提高一个台阶。目前驾驶员只需掌握航海专业知识,但随着无人机舱的应用,要求驾驶员还应具备轮机工程专业的基本知识、系统应用和操作技能。为了适应智慧航运发展的要求,船员应不断学习,提升自身综合素质,成为集多学科知识于一身的高素质复合型航海类专门人才。

目前的航海专业教育偏重技术型人才培养,对于航运业发展现状、趋势等的教育存在不足,很多航海专业的学生完全没有思考过未来航运业发展方向和趋势,没有做好心理和专业准备。随着智能航海技术发展越来越快、越来越完善,航海专业学生毕业时将因竞争力不足而面临择业困难的问题,航海专业学生必须要有提升综合素质的思想准备和行动。

适应智能航运发展需求的专业人才培养方法

(1) 树立培养目标

智能航运时代强调航海专业人才具备"技能+研发+创新"的综合能力,要求船员能够综合灵活运用多个学科知识。因此,航海专业学生除了要熟练掌握基本船舶驾驶技术、轮机工程和船舶电气基本知识外,还须了解人工智能技术和控制管理理论、大数据技术和远程通信技术。只有将学生向复合型高端人才方向培养才能够保证学生胜任远程正确处理船舶各种突发状况的工作,保证学生在智能航运时代具备强有力的竞争力。

(2) 转变教学方式

结合智能航运发展需求看,未来航海类专业学生要学习和掌握的知识将更多更复杂,以教师为核心的传道授业解惑的学习模式将转变为以学生自学为主的主动学习模式,可以组织研究小组、挑战小组等提高学生学习的参与度和兴趣,提升学习效率和学习效果。

(3) 创新学习模式

目前,航海专业教学内容主要是传统航运知识,航海专业学生面对课内资源不足的现状,必须建立起课内外知识学习互为补充的新学习模式,利用网上学习平台学习与智能航运相关的知识,提高自身综合素质。应融通线下与线上,多与老师互动,解决问题提高效率,积极参与学科竞赛、科技竞赛社团活动和社会实践等,将理论运用在实际上,锻炼实践能力、创新意识、创新精神和创新能力。

(4) 优先选择智能航运企业就业

目前无人驾驶船舶技术还只在部分企业内研究,而大部分企业仍专注于传统航运业。航海类专业学生在就业选择时应优先选择涉足智能航运技术并走在前列的企业;而企业运营以市场需求为导向,优先选择趋向于产业未来发展方向的企业就业,则更有利于学生就业后的长久发展和综合素质提高。

2. 智能化船舶发展阶段及船员素质要求

IMO 把无人驾驶船舶按自动化程度划分为 4 个层次：具有自动化流程和自动化决策支持的船舶、有船员的远程控制船舶、没有船员的远程控制船舶以及完全无人的自动船。根据层次划分可知，船舶的智能化要求按阶段逐步实现无人控制，不同的阶段对于船员的素质有不同的要求。

（1）具有自动化流程和自动化决策支持的船舶

目前，船舶的自动化程度处于此阶段。远洋船舶上按照国际公约要求配备了自动识别系统、雷达、电子海图、计程仪、测深仪、光纤陀螺罗经等先进的助航仪器设备，以及由这些仪器设备支持的综合驾驶台系统、自动舵、智能配载仪和自动化机舱等系统。这个阶段的"船员"除了根据岗位划分应具备相关公约要求的职业技术素质之外，还应提升自己的英语和计算机软件的学习应用能力；驾驶员还应该具备有关机舱工作人员的知识技能，以应对无人机舱的全面普及。

（2）有船员的远程控制船舶

这一阶段的船舶利用计算机、物联网和大数据分析等技术，通过连接岸上中心为船舶定时提供安全、环保和能效优化的建议，实现半自动化航行。当前船舶智能化进度处于第一阶段向第二阶段的过渡期。英国罗尔斯·罗伊斯公司和 Svitzer 公司对商用船舶进行遥控操作试验，试验过程中拖船上仍配备了船长和船员，以确保系统出现故障时拖船的安全。该阶段的船舶减员明显，船员定位为两种角色：随船辅助人员和岸基遥控人员。在具备第一阶段所要求的船员素质基础上，随船辅助人员除应具备原有配员要求的职能技术以及智能系统故障排除能力外，还应掌握物联网、人工智能、传感器以及控制理论的基础知识，并具备远程控制失效后保障船舶安全航行的能力；岸基遥控人员除应具备现有船舶等级制度下船长应具备的职业素质外，还应掌握物联网、人工智能、传感器、控制理论以及虚拟现实等技术，通过远程控制保障船舶的安全运行并辅助开发人员推进无人驾驶船舶系统的实现。

（3）没有船员的遥控船舶

此阶段在船舶数据分析的基础上，对船舶加入港口物流信息，实现船岸信息间的无缝连接，实时动态地完成航行、船期和港口操作等的优化。船舶智能化发展到此阶段，阻碍无人驾驶船舶发展的技术难题应已被攻克。为了保障在突发故障时船舶的航行安全，船上可配备机器人从事辅助性工作，"船员"全部转移到岸上，成为"陆地航海家"。此时，船员不再需要掌握船体的维护保养、船端仪器设备的操作以及机械设备的使用等基础性技能，只需专注于保障船舶安全运营的操纵、调度和遥控等方面的工作，掌握物联网、虚拟现实、人工智能以及控制理论等方面的知识，以正确辨识系统运行时的异常现象并及时处理故障。

（4）完全无人的自动船

这一阶段船舶将实现全自主化无人驾驶和港口装卸与物流自动化，是无人驾驶船舶发展的终极目标。在此阶段，以信息传输安全性、动力装置稳定性和远程操纵可靠性为代表的一系列技术难题均已被攻克，人工智能发展到了可与人脑比拟的"强智能"水平。人类虽然将交通运输过程交给了智能化船舶系统处理，但实际操作还是由人类掌握，例如目的地的指令还是需要人输入，无人自动化集装箱码头也需要工人在集控室进行操作等。该阶段，"船员"这一名称将退出历史舞台，原有的船员除极少数继续从事岸基监控中心工作外，"船员"这一职业将消融在船舶智能化衍生的新兴行业之中。

3. 高素质船员培养对策

（1）学生内修外练

航海类专业本是应用型学科，但随着船舶智能化的发展，航海类专业的学生作为未来的船员，应该朝着具备多学科知识的复合型人才方向发展。航海类专业学生应做到：秉持"内修外练"的理念，基于现有的培养目标和学校资源，借助于专业教师、实验室及先进的教学平台，夯实自身的专业理论知识和实操技能；参与科研项目、学科竞赛以及其他公开课程，学习物联网、传感器、大数据处理、区块链等多学科知识，培养自己的创新、科研能力；利用英语专业课、英语角以及与留学生直接交流等方式，提高英语水平；积极参加实习锻炼，掌握智能化系统的使用、应急处理等能力并了解航运企业的运行机制；在半军事管理中培养强健的体魄和服从意识。

（2）师资队伍发展与时俱进

教育是应对船员角色定位转变最有效的方法，学校的师资水平直接决定了所培养学生的能力。在船舶智能化背景下，教师必须与时俱进，而科研是提升教师教学能力的重要手段。所以从事船员教育的高校和其他机构中的教师，除了应具备一定的实船经验外，还应具备较高的科研水平；应及时掌握船舶智能化发展动态，结合自己的研究方向，及时将最新的科研成果转化为教学资源，更新教学内容；应定期参加相关的师资培训和学术交流，确保自己的教学能力及时更新；引进慕课、翻转式课堂教学、微课等先进的教学方法，提升教学效果。

（3）改革人才培养模式

国家层面的顶层设计决定了航运业的发展方向，学校层面的顶层设计则决定了培养的人才质量。学校应根据各国发布的无人驾驶船舶概念设计指南和船员培训相关公约的要求，按照"船员"的新定义和职责划分、培训要求和适任标准以及职业发展方向，及时调整人才培养目标和教学大纲，从学校层面给予航海类专业足够的政策、资金和理念的支持，以促进教师和学生的素质提升。高校航海类专业教育资源须进一步优化，本科高等院校航海类专业应定位于培养具备扎实的专业理论知识和实操技能，并且具备一定创新能力和多学科知识的高素质复合型航海类专门人才，可满足船舶智能化的不同阶段对高素质船员的要求；高职高专院校航海类专业应定位于培养应用型人才，强调船员掌握相应职责所应具备的理论知识和实操技能，能较好地结合理论与实践，达到适任标准。应用型人才可通过工作后"再培训"升级为高素质复合型航海类专门人才。

（4）建设先进的企业文化

航运业因受经济危机的影响至今尚未完全复苏，航运企业在较长一段时间处于亏损状态。企业以营利为目的，航运业的长期萧条迫使航运公司通过削减开支、降低船员待遇和减少人员的方式在短期内降低成本，但从长期来看，船员待遇降低会导致工作积极性下降，因培训不到位导致技能下降和责任意识减弱，反而增大了船舶事故发生的风险，可能造成更大的经济损失，对航运公司而言得不偿失。航运公司营利靠的是一流的船队，而一流的船队需要一流的船员，所以航运公司应重视船员，加大对船员的投资；以船员为根本，以船员的职业发展为中心修订公司管理制度；建立合理的船上和岸上调岗制度；制定合理的休假和家属随船制度，解决船员生活上的后顾之忧；建立以能力考核为主的升职制度，让船员上船有使命感、下船有归属感，建立先进的企业文化。公司应及时关注船舶智能化的研究进展和政府部门出台的最新政策，根据政策导向及时安排船员进行知识更新、技能强化和素质提升,从现有员工中选拔高素质船员参加船舶智能化技能培训,招聘符合行业发展趋势要求的高素质船员,注入新鲜血液,保证企业核心竞争力。

(5)增加船员正面关注度

长期以来,船员职业的社会关注度不高,相关报道通常是负面新闻,对船员职业的了解也比较片面。随着船舶智能化的推进,全自主无人驾驶船舶将成为终极运营模式,船员的工作地点将由船上逐渐转移到岸上,职业素质和定位不断发生变化,社会对于船员的工作性质需要重新认识。另外,社会需要对船员的工作、生活和身心健康等多加正面报道,提高大众对船员的关注度。2018 中国国际海员论坛就呼吁全社会共同关注海员群体,促进海员队伍可持续发展,进而推动航运健康发展、实现多方共赢。

(6)以法规、公约确保船舶智能化与船员转型的同步发展

无人驾驶船舶的发展是不可避免的趋势,但将经历漫长的过程,其中影响其发展速度的一个重要因素是相关法律法规文件的重新修订。船舶智能化发展使船舶运营模式发生巨大变革,船舶设计、船舶制造、软硬件系统开发、船舶运营管理、船舶避碰、国际防污染、船员培训发证等方面的法规、公约均需要重新修订。法规、公约的修订和实施需要时间,而由师资、学校和培训资源构成的人才培养体系的建立,同样需要时间以适应培养目标的变化。政府层面在制定相关法规、大力推进船舶智能化发展时,要具有前瞻性,提前修订航海类专业的船员培养目标以及相关培训和考核发证的标准等。

【思考题】

1. 现代船舶的动力装置由哪些部分组成?
2. 船舶推进装置传动方式有哪些类型?
3. 柴油机可以按照哪些方式分类,各有哪些类型?
4. 按照工作原理,泵可分为哪些类型?
5. 液压系统由哪几个基本部分组成?
6. 完整的操舵机构由哪几部分组成?
7. 锚装置的功能是什么?
8. 系泊设备的作用是什么,主要包括哪些部件?
9. 船用辅助锅炉有什么作用?
10. 蒸汽压缩式制冷的原理是什么?
11. 电路中的基本物理量有哪些?
12. 常用控制电器有哪些?
13. 船舶电力系统由哪些部分组成? 各组成部分的作用是什么?
14.《国际海上人命安全公约》由哪几部分组成?
15.《国际防止船舶造成污染公约》有几个附则,分别是什么?
16. STCW 78/95 公约的构成是怎样的?
17.《2006 年海事劳工公约》的根本目标是什么?
18. 船舶压载水处理的方法有哪些?
19. 谈谈新能源在智能船舶中的应用现状。
20. 适应智能航运发展需求的专业人才培养方法是怎样的?
21. 高素质船员培养对策体现在哪几个方面?

模块6　航海类专业的职业认知与规划

专题6.1　海船船员的岗位职责

【学习目标】

1. 认知船舶部门结构；
2. 了解船员职能责任级划分。

远洋船舶一般都在万吨以上，为无限航区，全船人员一般定员18～24人，分属不同的部门，有不同的责任级别和岗位职责。

6.1.1　船舶部门划分

船员组织系统分为甲板部、轮机部。每个部门内部都有明确的岗位分工。

1. 甲板部

甲板部主要负责船舶驾驶、操纵；货物运输；船舶营运中的货物积载、装卸设备、航行中的货物照管；船体、货舱系统、属具保养；主管驾驶设备，包括导航仪器、信号设备、航海图书资料和通信设备的使用维护；救生消防设备器材的管理；主管舱、锚、系缆和装卸设备的一般保养；负责货舱系统和舱外淡水、压载水和污水系统的使用和处理；对外联络；全船医务等。

甲板部船员有船长、大副、二副、三副、水手长、木匠、水手、甲板实习生、大厨、服务生等，负责人（部门长）为大副。

2. 轮机部

轮机部主要负责提供动力和电力、各类机械、泵、管系等主机、锅炉、辅机及各类机电设备的管理、使用和维护保养；负责全船电力系统的管理和维护工作，甲板机械转动部分检修。

轮机部船员有轮机长（老轨）、大管轮、二管轮、三管轮、电子电气员（电机员）、机工长、机工、轮机实习生等，负责人（部门长）为轮机长（老轨）。

根据20规则上述条款的要求，船员职务依照其在船舶上所服务的部门分类如图6－1所示。

注：事务部（业务部）为非考试发证规则要求的部门。根据20规则的修订变化情况，新增了相对于船长、高级船员和普通船员之外的一类船员：不参加航行和轮机值班的船员，这类人员主要包括事务部的服务人员、船上厨师等。不设事务部的船舶，其人员和业务归属

甲板部。无线电操作船员隶属甲板部管理。国有大型远洋公司还配有政委。

6.1.2 船员职能责任级划分

（1）管理级：即"四大头"——船长、大副、轮机长、大管轮；

（2）操作级：即"四小头"——二副、三副、二管轮、三管轮、电子电气员或电机员；

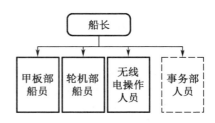

图 6-1　船员职务分类图

（3）支持级：指辅助管理级和操作级工作的人员，如机工、水手、水手长、机工长、木匠、铜匠等。

除管理级和操作级以外的船员均属于支持级船员。海船上高级船员是管理级和操作级，而支持级人员均属于普通船员。

专题 6.2　海船船员的职业特点

【学习目标】

1. 认识船员种类划分；
2. 了解海船船员的职业特点。

航海类专业学生毕业后上船工作，就成为船员。船员有广义和狭义之分。广义的船员是指受船舶所有人聘用或雇用的，包括船长在内的船上一切任职人员。狭义的船员是指受船舶所有人聘用或雇用，受船长指挥且服务于船上的人员。

6.2.1　船员应具有的要件

（1）在船上任职，包括调配任用、聘用和雇用三种形式。
（2）必须是船舶的在编人员，习惯称"在册"人员。
（3）服务于船舶，包括管理和驾驶船舶以及为船员或旅客服务。

依照《中华人民共和国船员条例》的规定，所谓船员是指经注册取得船员服务簿的人员，包括船长、高级船员和普通船员。船长是指取得船长任职资格，负责管理和指挥船舶的人员。

6.2.2　船员的种类划分

1. 按《中华人民共和国海船船员适任考试和发证规则》(20规则)的规定划分

（1）参加航行和轮机值班的船员：
①船长；
②甲板部船员：大副、二副、三副、高级值班水手、值班水手（船舶上还可能配有水手长、木匠等职务人员），其中大副、二副、三副统称为驾驶员；

③轮机部船员：轮机长、大管轮、二管轮、三管轮、电子电气员、高级值班机工、值班机工（船舶上还可能配有机工长等职务人员）、电子技工，其中大管轮、二管轮、三管轮统称为轮机员；

④无线电操作人员：一级无线电电子员、二级无线电电子员、通用操作员、限用操作员。

(2) 不参加航行和轮机值班的船员：

主要是二水、二机、实习生、服务员、大厨、二厨等船员。

2. 按船舶的等级划分

可分为一等船员、二等船员、三等船员及其他等级船员，这样划分的意义在于持证船员按等级参加资格考试，并领取相应等级证书，服务于同等级船舶。

3. 按船舶的用途划分

可分为客船船员、货船船员和油船船员等。

4. 按船舶的运输方式分

可分为自航船船员、拖船船员和驳船船员。

5. 按持证人适任的航区划分

分为无限航区船员和沿海航区船员（但无线电操作人员适任的航区分为 A1、A2、A3 和 A4 海区）。

6. 按船员职务划分

可分为高级船员和普通船员，这是国际上较普遍的一种划分标准，有利于明确船员职责和权利义务关系。

6.2.3 海船船员职业特点

海船船员俗称海员，是指在海船上工作的船员，驾驶海船，漂洋过海。海员是一种特殊的职业，其职业特点与其他职业具有共性，但更有许多不同点。

6-1 船员生活

1. 开放性和封闭性

远洋船舶劈波斩浪，漂洋过海，驶向五大洲。船员们耳闻目睹各国不同的社会风貌和风土人情，接触到不同肤色的人群，周游列国，见多识广，其职业具有其他职业所无法比拟的开放性。然而，船舶空间狭窄，长期在茫茫大海上航行，决定了海员工作的封闭性。

6-2 船员伙食

2. 独立性与团队性

远洋船舶往往长期远离祖国，航行在世界各国和地区上千个港口。远洋船员有着维护祖国尊严的主权的神圣职责。船上所有船员各司其职，岗位明

6-3 聚餐

确。这种长期漂泊于大海的实际状况要求远洋船员具有高度的独立性。驾驶与管理船舶是个系统工作,需要海员协同工作,这决定了海员职业的团队性。

3. 技术性和风险性

驾驶与管理船舶须有专业知识,这决定了海员职业的技术性。

海员远离陆地,以船为家,在相对封闭的环境中驾驶船舶,在各种海况的大海上长期航行,这决定了海员职业的艰苦性和风险性。海洋运输属于高风险行业。

4. 复杂性和管理性

远洋运输情况比较复杂,包括航区、航线复杂,货品复杂,港口环境复杂,船员思想复杂等,因此对海员的素质要求很高。现代海员的管理性体现为:船员各司其职,轮班操作,对船舶维修保养和严格管理,不可有一丝一毫的疏忽。

5. 涉外性与国防性

我国远洋船舶航行于世界150多个国家和地区的1 100多个港口。现代的中国海员在从事跨国商贸活动中,承担着民间外交和和平友好使者的使命,素有民间外交家的美称。作为海军后备军的我国远洋运输船队,在建设和平世界的同时,也责无旁贷地承担着保卫祖国的神圣使命。因而,海员职业不仅具有涉外性,而且具有国防性的特点。

这些特点,决定了海员不仅要有强健的体魄、娴熟的专业技能,还要具备良好的心理素质、较强的环境适应能力和应对突发事件的应变能力,海员职业对从业人员具有相当高的职业素养要求。

专题 6.3 海船船员职业实用法规

【学习目标】

1. 了解《中华人民共和国海船船员适任考试和发证规则》的有关规定(20 规则);
2. 了解我国船员管理的其他相关规定。

6-4 《中华人民共和国海船船员适任考试和发证规则》(20 规则)

6.3.1 《中华人民共和国海船船员适任考试和发证规则》的有关规定

2020年7月6日,交通运输部以11号令颁布新的《中华人民共和国海船船员适任考试和发证规则》(简称"20 规则"),自2020年11月1日起实施,2011年12月27日交通运输部发布的《中华人民共和国海船船员适任考试和发证规则》(以下简称"11 规则")及 2013年、2017年的修改决定同时废止。

"20 规则"的主要构成:第一章总则(1~4 条);第二章适任证书:第一节适任证书基本信息(5~10 条);第二节适任证书的签发(11~23 条);第三节特殊类型船舶船员的特殊要求(23~27 条);第三章适任考试(28~33 条);第四章特免证明(34~39 条);第五章承认签

证(40~43条);第六章航运公司及相关机构的责任(44~46条);第七章监督管理(47~54条);第八章法律责任(55~61条);第九章附则(62~68条);

6.3.2 我国船员管理的其他相关规定

航海职业是一项崇高而又伟大的事业,历来被人们称颂为智慧、力量和勇敢的象征。航海职业的特点是航程和航行时间长,运输环境多变甚至具有一定的风险,需要靠全体船员同舟共济,靠集体力量和团队精神才能保证安全航行,同时还存在着较长时间与社会、家庭隔离的情况。

为保证海上运输的安全,要求船员必须不断提高自身职业素质,具备良好的海员素质。船员工作比较艰苦、风险大,职业素质要求高。因此,许多国家都通过立法加强对船员的管理和保护船员的权益,国际海事组织和国际劳工组织也制定了相应的公约。对船员的管理,世界各国主要依据STCW 78公约及其修正案提出的原则来制定符合本国情况的规定。有些国家以《船员法》《劳工法》等法令形式出现。我国根据STCW 78公约规定对原有管理条例进行了修改,颁布了系列有关"船员管理"的法规。这些法令和法规的颁布与实施,对于加强船员的管理、维护船员的权益、提高船员的素质、履行国际公约等方面都有重大的现实意义。国家对船员的管理主要由海事局、海关、国境卫生检疫机关与边防检查机关等组织实施。

1. 海事局对船员的管理

中华人民共和国海事局是我国船员管理的主管机关。主管机关通过海员证、船员服务簿、培训、考试和发证、安全配员及值班标准等立法来管理船员。海员证是船员的身份证明,用以加强海员出入境管理,保障航行安全和航运秩序。船员服务簿用以加强对船员的监督管理,核定其在船上的服务资历。培训、考试和发证用以控制船员的技术素质。安全配员规定用以确保船舶在航行和停泊时,配有足够数量的合格船员以保证船舶安全。海船船员值班规则用以加强船员值班管理。

(1)海员证

"海员证"是我国海员出入中国国境和在境外通行使用的有效身份证件,是根据我国原交通部外交部、公安部联合制定的《中华人民共和国海员证管理办法》(1989年12月1日起施行),由中华人民共和国海事局或其授权的下属海事局(下称颁发机关)颁发。海员证在国外的延期和补发,由我国驻外的外交代表机关、领事机关或外交部授权的其他驻外机关办理。海员证颁发给在航行国际航线的中国籍船舶工作的中国海员和由国内有关部门派往外国籍船舶工作的中国海员,以加强对海员出入境的管理,保障航行安全和航运秩序。海员证由海员所在单位或派出单位向颁发机关申请办理。海员证的有效期由颁发机关根据海员出境任务所需时间长短确定,最长不超过5年。海员脱离原工作单位应交回海员证,否则颁发机关可处以罚款。

(2)船员服务簿

"船员服务簿"是记录船员本人的海上资历、参加有关专业训练和体格检查情况的证件,是船员中申请考试、办理职务升级签证和换领船员适任证书的证明文件之一。船员服务簿"任解职记载"栏内的各项内容,都必须正确无误,不得谎报或涂改。

模块6 航海类专业的职业认知与规划

(3)船员培训、考试、发证

中华人民共和国海事局是全国船员考试、发证的主管机关,负责监督实施船员考试发证工作,监督指导船员专业训练。船员适任证书由中华人民共和国海事局统一印制,正式授权官员署名签发,有效期最长不超过5年。

(4)船舶最低安全配员证书

现行的《中华人民共和国船舶最低安全配员规则》于2004年8月1日起施行,该规则规定,每条船都应持有海事局审核办理的"船舶最低安全配员证书",考虑船舶种类技术设备、主机功率、航区、航程等因素,每条船舶最低安全配员有所不同(表6-1)。规则还规定,船舶在停泊期间,均应配备足够的掌握相应安全知识并具有熟练操作能力能够保持对船舶及设备进行安全操纵的船员。无论何时,500总吨及以上(或者750 kW及以上)海船、600总吨及以上(或者441 kW及以上)内河船舶的船长和大副,轮机长和大管轮不得同时离船。

表6-1 轮机部最低安全配员表

轮机部			
	航区和功率	一般规定	附加规定
所有船舶	海上 3 000 kW及以上	轮机长、大管轮、二管轮、三管轮各1人,值班机工3人	①连续航行时间不超过36 h,可减免三管轮和值班机工各1人; ②AUT-0自动化机舱可减免二管轮、三管轮和值班机工2人; ③AUT-1自动化机舱可减免三管轮和值班机工2人; ④BRC半自动化机舱可减免值班机工2人
	750 kW及以上至未满3 000 kW	轮机长、大管轮各1人、值班机工2人	连续航行时间超过16 h,须增加轮机员1人和值班机工1人(自动化机舱及BRC半自动化机舱除外)
	220 kW及以上至未满750 kW	轮机长、轮机员各1人、值班机工2人	连续航行时间超过36 h,须增加二管轮1人(自动化机舱及BRC半自动化机舱除外)
	未满220 kW	轮机长,值班机工各1人(机驾合一的免)	连续航行时间超过4 h,须增加轮机员1人(机驾合一的免)
	港内	三管轮1人,值班机工1人	—

2. 海关对船员的出入境管理

中华人民共和国海关是国家进出境监督管理机关。海关依照《中华人民共和国海关法》和其他有关法律、法规,监管进出境的船舶货物、物品,征收关税和其他税、费,缉查走私。上下进出境船舶的人员携带的物品,应当以自用、合理数量为限,向海关如实申报并接受海关监管。如违反《中华人民共和国海关法》和有关法律、法规,海关可依法处以罚款。构成走私罪的,由司法机关依法追究刑事责任。为了维护国家利益,保护人民身体健康,船员进出境不得携带国家禁止进出口的物品。船员因休假离船时,应向海关申报并结清海关手续。

3. 边防检查机关对船员的管理

边防检查机关负责对进出国境的人员及其护照或者其他进出国境证件、行李物品、载运工具和物资实施边防检查,以保护我国主权和国家安全。进出境的船舶必须向边防检查站申报船员旅客清单,并接受其检查。进出境的船舶,在我国领海、内海、港湾或者江河内行驶时,不准中途上下人员或者装卸货物。外国籍船舶上下人员,必须向边防检查机关交验上下船的有效证件,检查行李物品,并经许可。

我国在对外开放的港口、机场国境车站和通道以及特许的进出口岸,设立边防检查站。边防检查站负责对进出国境的人员及其护照(或海员证)、行李物品和进出国境的交通运输工具及其载运的物资实施边防检查。

出境、入境的人员必须按照规定填写出境、入境登记卡,向边防检查站交验本人的有效护照或者其他出境、入境证件,经查验核准后,方可出境、入境。

上下外国船舶的人员,必须向边防检查人员交验出境、入境证件或者其他规定的证件,经许可后方可上船、下船。

4. 国境卫生检疫机关对船员的管理

中华人民共和国国境卫生检疫机关,依照《中华人民共和国国境卫生检疫法》及其实施细则,实施国境卫生检疫,保护身体健康,防止传染病的传入或传出。中国籍船员出境前,均须到卫生检疫机关接受健康检查,预防接种,领取"健康证明书"和"国际预防接种证书"等卫生文书,出境时经卫生检疫机关验证,方可出境。入境船员须经卫生检疫机关验证。卫生检疫重点为鼠疫霍乱、黄热病等检疫传染病,对中国籍船员还要检查有无艾滋病、性病或其他传染病。

对违反我国《公民出境入境管理法实施细则》和《国境卫生检疫法实施细则》者,予以处罚。对违反《中华人民共和国国境卫生检疫法》构成犯罪的,由司法机关依法追究刑事责任。

专题6.4 海船船员的心理素质和职业道德

【学习目标】

1. 了解船员心理素质的影响因素和提高船员心理素质的措施;
2. 了解船员的职业道德表现在哪些方面。

6.4.1 海船船员的心理素质

21世纪的航海人才,除了具备良好的政治素质、专业知识和技能、健壮的体魄,还要具有健全的人格和良好的心理素质。在航海人员的素质要求中,身体素质是前提,专业技术素质是关键,而心理素质是保证。

随着航运事业的发展,由船舶运输而引起的海上交通安全事故出现的概率也逐步增加。海上交通安全事故不仅造成了人员伤亡、财产损失,也造成了环境污染,使海上生态平衡遭到破坏。据国际海事界统计资料及对交通安全事故的原因分析,事故中人的原因占75%~80%。这一统计结果分析表明,船员心理素质问题直接影响并威胁航运安全。重视船员心理素质,积极采取措施提高船员心理素质,确保航运安全也已成为航运安全工作的当务之急。

船员心理素质指其内心是否具有必要的幸福感、应激性和自我认同感,面对通航环境、船上工作生活是否具备正常的心理调适能力、心理抗压能力、自我评价和职业认同感。

1. 船员心理素质的影响因素

研究表明,影响船员心理素质的因素是复杂多样的,包括职业环境、人际关系、家庭社会环境、自我认知、个体差异等方面。多种因素交互作用形成了影响船员心理素质因素的特殊性和复杂性,船员心理素质的影响因素主要包括如下几个方面。

(1)职业环境的影响

船员自上船以后,便身处昼夜不停的噪声中得不到良好的休息。长时间的噪声使人乏力、头昏、烦躁不安,会使船员出现听力、体力和精神疲劳,且会影响船员心理状态,造成其情绪烦躁、思维反应迟钝、工作效率下降。另外,船舶的运动会使船员头晕恶心、劳累与疲乏、注意力不集中、动作的协调性和准确性变差。此外,船舶尤其是远洋船舶航行中温差、季节交替、气候变化以及由此带来的生物钟紊乱容易造成船员体质下降,进而影响船员的生理和心理。船员还必须应付变化莫测的天气和各种各样的突发事件。

(2)人际关系的影响

船上良好的人际关系不仅是船员自身的心理需要,也是船舶安全的重要条件。由于公休、探亲或人员调动等原因,船上几乎每一个航次都要更换数名船员,这使得船员之间相对生疏。加之值班频繁,船员彼此之间接触、交往较少。同时,由于船舶定员越来越少,人际交往更随之减少,船员工作生活愈加单调。此外,由于语言文化差异的影响,外派船员的工作和生活环境更为特殊,这种工作和生活环境易导致船员人际关系紧张。

(3)职业矛盾心理和危机感的影响

船员职业的特殊性导致不少人工作两三年后逐步丧失先前的职业兴趣,甚至对船员职业产生厌恶、恐惧生理,情绪不稳定。此外,随着船队结构和规模的变化,船员多数是合同制,这使得船员没有职业安全感,对自己的前途没有信心,加上社会保障体质不健全,船员职业危机感很普遍。

(4)船员自我认知和个体差异的影响

多数研究表明,船员对心理健康方面的知识知之甚少,更不知如何进行心理调适以保持一种健康、乐观的心理,这导致船员心理健康水品较低。此外,部分船员自身人格特征、心理应激能力、自身修养、自我调节和适应能力的差异也导致他们的心理健康水平较低。在船员管理工作中,船东及船员管理公司非常重视船员的专业素质及英语交流能力,忽视了对船员性格类型、心理抗压能力、情绪类型等方面的综合考察。

2. 提高船员心理素质的措施

由研究分析可知,船员心理素质直接影响并威胁航运安全,因此,为了保证船舶安全和船员健康,提高船员心理素质,保持船员的健康心理非常重要。航海类院校应该加强航海类专业学生的半军事化管理制度、团队协作意识以及心理健康教育。航运企业应把加强船员心理自我调适能力、帮助船员克服心理障碍、保持船员健康心理作为船员思想政治工作和管理工作的重要任务,切实提高船员的心理素质,具体措施如下。

6-5 海景

(1) 加强船员职业准备和心理自我调适能力

鉴于船员职业的特殊性,船员面对环境变化要有足够的心理准备,要具备良好的适应力、承受力和应变力,也只有这样才能保持自身心理平衡和健康,从而获得事业的成功。加强船员心理自我调适能力,首先,船员要掌握一定的心理健康方面的知识,对自己在工作中出现的一些不良情绪做到自我消化、自我排解、自我调节;其次,船员要注意优化自己的性格和注意发展自己的兴趣爱好。相关研究表明,对在航条件下的船员进行适当的心理干预,对改善在航船员的心理状态、恢复情绪平稳、提高工作效率等能起到积极的作用。

(2) 重视船员的人际关系并丰富其业余生活

船员在相当长时间内角色的相对固定,与心理学理论中倡导的角色变化要求相悖,这就造成了船员心理活动模式化的趋势,并且容易导致心理问题的产生。因此,应重视模式化的改变,拓宽信息渠道,充分发挥船员工会的职能,丰富船员业余生活,尽可能使船员在工作和业余时间转换不同角色,满足船员的体育锻炼和人际交往的需要,改善船舶的小环境,调节船员的心理。

(3) 完善船员选拔机制,建立动态的船员心理健康档案

在船员招募选拔过程中,航运企业可以健全船员甄别系统,完善船员选拔机制和船员面试结构,联合相关心理学专家建立完整的心理素质测评系统,强化心理素质指标在船员招募中的筛选作用,从源头上淘汰心理素质不适合船员职业的应征者。同时,建立动态的船员心理健康档案,了解船员的基本心理素质,让船员更好地了解自己,也为将来船员的个体咨询提供重要的参考依据。

(4) 优化船舶环境

据心理专家研究,人的视觉、听觉、味觉以及触觉等因素都能对人的心理产生一定的影响。也就是说,航运中船舶的材质、色彩等要素都会影响人的感知和心理状态。因此在设计船舶时要全面考虑航运的特殊性及船员们对环境方面的心理需求,给船员们创造良好的工作和休息氛围。要充分把握好机器的形状、色彩及空间,尽量减少机器的噪音,在方便船员们使用机器的同时,减少远洋船员身体和心理上额外的不必要的损耗,提高工作效率,满足船员舒适、健康的要求。

(5) 组建船员心理辅导团队

船员的不良心理素质除了个别是天生的外,大多数是后天才有的,总的来说是可以预防和克服的。一方面靠船员自身的努力,另一方面也要靠社会的支持,引导船员正常生活、安全工作、健康发展。过去航运安全管理主要是基于船员出现的问题进行研究,而现代船舶安全管理已经从传统的以治疗为主演变为以预防为主。心理辅导员要随时记录和更新船员的心理档案,对船员可能存在的心理问题及早发现、及早干预,防止船员心理问题进一步恶化。要经常向船员普及有关的心理学专业知识,在普及的基础上逐步帮助船员(尤其是心理问题严重的船员)形成良好的心理素质和思考方式。

(6) 加强船员人性化管理

国际海事和国际劳工委员会日前出台了新的准则。要求航运公司给远洋船员提供更

好的在船饮食环境、更好的娱乐设施以及更合理和宽松的休息时间。同时,航运公司的安全和环境保护方针要靠船员的具体工作来实现,故应善待船员,尊重船员的合法权益。国家应加强船员职业的宣传,提高船员社会地位,增强船员的成就感、荣誉感和自豪感。船舶领导要多体察民情,关心船员的言行举动,帮助解决船员的疾苦和难题。船员之间要相互关心,同舟共济,使船舶形成一个团结友爱和谐的大家庭氛围。这对稳定船员情绪,消除不良心理因素,确保船舶安全有着积极的意义。

6-6 船员工作

6.4.2 海船船员的职业道德

职业道德,就是同人们的职业活动紧密联系的符合职业特点所要求的道德准则、道德情操与道德品质的总和,它既是对本职人员在职业活动中行为的要求,又是职业对社会所负的道德责任与义务。是社会上占主导地位的道德或阶级道德在职业生活中的具体体现,是人们在履行本职工作中所遵循的行为准则和规范的总和。

职业道德是社会分工的产物。它通过行业公约、守则等对职业生活中的某些方面加以规范和要求;更多时候,它是一种内在的、非强制性的约束机制。我们谈起职业道德,往往强调对个人的行为规范和要求,行业往往只是职业道德规范要求的制定者、推崇者,很难做到真正管控。其实,在当今世界普遍以公司为主要组织团体的经济社会里,公司才是实际的具体管理者,公司对职业道德的管理要求基本决定了公司员工的职业道德表现。

职业道德的涵义包括以下八个方面。

(1) 职业道德是一种职业规范,受社会普遍认可。
(2) 职业道德是长期以来自然形成的。
(3) 职业道德没有确定形式,通常体现为观念、习惯、信念等。
(4) 职业道德依靠文化、内心信念和习惯,通过员工的自律实现。
(5) 职业道德大多没有实质的约束力和强制力。
(6) 职业道德的主要内容是对员工义务的要求。
(7) 职业道德标准多元化,代表了不同企业可能具有不同的价值观。
(8) 职业道德承载着企业文化和凝聚力,影响深远。

职业道德应当遵守的基本道德规范:应遵守社会道德礼仪;应遵守企业管理规则;应服从国家民族利益。

职业道德教育是人类社会不可缺少的一项重要任务。海员职业道德教育是 STCW 78/95 公约的要求。STCW 78/95 公约中,第 1 条公约的一般义务规定各缔约国承担,义务颁布一切必要的法律、法令、命令和规则,采取一切必要的措施,使本公约充分和完全实施,此条款中的"采取一切必要的措施"自然也包括海员职业道德教育。海员的职业道德素质提高了,海员在职业生活中就会表现出忠于职守、有责任心、无私、勇敢、勤劳、顽强、互助、合作等优良品质,形成高尚的职业理想和情操,从而使 STCW 78/95 公约得以充分和完全的实施。

船员职业道德就是船员在从事航海事业、驾驶船舶过程中所应遵循的行为规范和必备的品德。船的职业特点不同于一般职业,所以有其特殊的职业道德要求,必须通过培养职业情感、强化职业责任、规范职业行为等结合航海职业特点的教育来进行。船员职业道德包括以下几个方面。

1. 热爱本职工作 忠于职守

船员的工作和生活条件经常受到海洋自然环境的影响,异常艰苦,这是客观事实。但是,航海是崇高的事业,是男子汉的事业,既然从事这一行业,就得热爱它。热爱本职工作,就是要把自己所从事的工作当作自己的职业理想,发挥自己的聪明才智。不敬业何以从业?对于船员来说,如果不热爱航海事业,就会产生一种逆反心理,工作就会变成一种负担,做起事来就失去了积极性,极易发生事故。如某大学毕业生,工作2年就担任某轮远洋二副,在值夜班时,由于自己的失误,没有处理好避让与定位的关系,不听值班水手的劝告,没有系统地观察来船的动态,误把两对拖渔船看成锚泊船,结果与其中一艘渔船相撞,造成损失近20万美金。事后在调查时,他承认自己不喜欢这个职业,所以对一切抱着无所谓的态度。在这种情况下,出事故是必然的,不出事故是偶然的。船员要树立起职业责任感和职业荣誉感,热爱本职工作,忠于职守。海员的工作是单调、苦闷、艰苦的,但对工作的感情是可以培养出来的。我们既然从事了航海事业,就应该提倡"快乐工作",发掘工作美好的一面,尽量忘记生活的苦,创造工作的乐,开开心心地工作,从心底里接受它,用我们的智慧去减少由于环境条件带给生活和工作的限制,享受航海的乐趣。世界上伟大的航海家都把航海当作自己人生最大的乐趣,把每一次航行当作一次享受,航海成了他们生命中重要的部分。随着当今社会人们生活水平的提高,有的人容易藐视航海事业,所以航海院校在传授航海知识的同时,加强职业道德教育显得更为重要。

2. 钻研业务 掌握技术

不论从事什么职业,都必须掌握一定的业务知识和技术。由于环境要求和工作特点,船舶驾驶员更应该精通业务知识,掌握专业技术。我国加入 WTO 后,经济与世界经济一体化,国际贸易将发挥越来越重要的作用。同时,海运业的发展对驾驶员素质也提出了更高的要求,随着船员劳务输出市场的扩展,海员将不得不应对加入世贸组织后所面临的各种新环境和新挑战。业务精通、技术过硬是成为一名合格海员的必备条件。否则,不仅无法适应时代的要求,更有可能造成船舶事故,使生命和财产受到损失。不同的时代对航海业务与技术的要求不同,但是,无论何时,我们船舶驾驶员的业务能力和技术水平都必须跟上社会的发展。这就要求船员不断地充实自己,吸取新的知识,改变懒惰的学习作风,转变保守的思想,钻研业务,掌握新技术,否则,酿成事故时,悔之晚矣。当今时代,高科技助航设备越来越多地被应用到船舶上,所以,船员更新业务知识、提高技术水平显得非常重要。但是,驾驶员不能丢掉最基本的航海知识和航海技术。如某轮在美国休斯顿接受 PSC 检查时,由于仅有一台 GPS 定位,检查官问到万一 GPS 卫星系统发生故障,如何航行?这是一个非常实际的问题,高科技仪器一旦出现故障,通常驾驶员没有能力及时修复,这时候,最基本的航海技术和航海经验就又重新发挥作用。这些技术包括:测量定位、航海推算、经验航法等。这就要求一个合格的船员既要探索、学习前沿技术,又要掌握基本的航海技能。

3. 强烈的责任心

一个人要承担的责任是由其本人在社会上的地位即所担任的"角色"决定的。驾驶员的责任主要是安全地驾驶船舶,做好各种与之相关的工作。责任意识是指个人对自身、对社会、对集体或者对他们所承担的责任的认识和体验。实践证明,责任意识是一个驾驶员安全驾驶的重要因素。每一名优秀的驾驶员,都应具有强烈的责任意识;具有始终如一的

模块6 航海类专业的职业认知与规划

饱满热情;具有严谨求实、谦虚好学、坚韧执着的精神;具有强烈的忧国忧民的意识和社会责任感。STCW 78/95 公约把船员个人安全和社会责任要求作为基本安全知识纳入强制培训内容,充分体现了海上安全管理和环境保护与人为因素的紧密关系,其目的是提高船员的基本素质和专业技能,增强船员的社会责任感和使命感,但这仅仅是基本要求,需要在实际工作中不断加强教育。如某轮二副,在设计上海至渤海湾"长青"轮海上泊位航线时,竟然将计划航线画在禁航区上,结果在航行过程中,船长及3位驾驶员对这一切毫无觉察,最终闯入养殖场,造成损失上百万元的惨痛教训。作为驾驶员,犯这种低级错误,原因何在?就是缺乏责任感和职业道德。责任永远是维系这个社会的最根本的东西,责任之于个人、之于社会、之于家庭,都是必须且至上至美的。如果驾驶员缺乏责任心,那么船舶就无法安全航行。因此,只有每个驾驶员都具有强烈的责任意识、勇于承担和能够承担责任,航海事业才会有发展,安全才会有保证。另外,做工作还要讲究效率,要本着为他人、为自己负责的态度,具有主人翁意识,而不是用"雇佣工"的态度对待工作。要有踏踏实实的工作作风,对工作要认真负责、一丝不苟,发挥自己的能动性,在实践中不断提高自己的素质。

4. 加强团队精神建设

船舶操作绝不是单一个体行为所能承担的,而是一个完整的合作和动态的组织系统,是独立性与群体性的统一。只有大家团结合作才能驾驶好船舶,也只有相互友爱才能冲淡由于环境限制对大家心理和生理带来的负面影响。面对困难,大家只有齐心协力才能克服,一个团结的整体就是一个有凝聚力的整体,凝聚力越大,各成员间的联系就越紧密、越团结,开展工作就越顺利,也就越容易达到预期的目标,所以,凝聚力的大小直接影响集体行为的效果。如欧美国家已经推出驾驶台资源管理培训,其目的就是强化驾驶人员的安全意识,端正其工作态度,加强其驾驶台工作方法与要领的掌握,有效地应用驾驶台所有的人力和设备资源,以确保和控制船舶航行安全,提高船舶的营运效益。否则,工作就容易出问题。如某远洋期租船,由于船长英语水平不高,接到租家航次命令后,把港口误看作另一国家同名的港口,结果闹出笑话。事后,问其他3位驾驶员,有人竟说,我知道船开错了方向,但这是船长的事,与我无关。如此团队如何能开好船呢?另外,船员是一个特殊的职业群体,工作时经受到许多与常人不同的复杂因素的影响,易产生忧郁、苦闷、冷漠等消极情绪。这种消极情绪需要有良好的生理和心理机能去调节和避免,否则就不能保持积极的应激状态,不能保证思维清晰准确、动作机敏有力,以致遇事不能化险为夷、转危为安。因此,大家只有生活在一个关系融洽的工作环境中,彼此合作愉快、互相照应、同舟共济,才会降低艰苦环境带来的心理和生理上的不愉快。大家保持一种好的心态,工作的积极性就会增加,工作效率自然会提高,也会更加热爱这份工作,航行在大海中,才会更加安全。

5. 诚信

诚,就是真诚诚实。信,就是信任、信誉。诚实守信是做人应具有的职业道德和基本素质,也是企业发展应具有的准绳。谈及诚信,自然要先想到做人,一则耳熟能详的《狼来了》的故事,简单的情节却把道理讲得非常透彻。骗得了人一次却骗不了人一世。"言必信,信必行,行必果"是做人应有的为人处事的态度。其实,诚信是一种相互间的信任,它并不是动作的单一发出体,更强调一种对等的付出。考察众多的海事案例,不难发现有的船员训练有素,只是有些工作他们知道怎样做而没有去做,从而导致事故的生,这就是他们在付出之后没有得到响应、回报的消极影响所致。诚信是一条基本的道德准则,也是一种重要的社会资源。国家靠诚信立于世界民族之林,个人靠诚信立业。以信做人,以诚做事,努力树立个人信誉,这是人际关系的需要,也是社会发展的需要。孔子云"民无信不立",诚信是立身之本,也处理人际关系的重要德行。

6. 服务意识

船员的服务对象就是船公司和货主。设计一条安全、经济、快速的航线,做好设备维修保养工作,是对航运公司负责;公司树立了良好的市场信誉,赢得了市场份额,船员的收入和其他福利待遇自然会提高,这是对自己负责;保管好船上的货物减少自然损耗,这就是对货主负责。另外,一个很重要的服务就是保护海洋环境,服务全人类。众所周知,利比里亚籍"Torrey Canyon"油轮在英吉利海峡触礁,"Exxon Valdez"油轮在阿拉斯加海域触礁,都是由于驾驶人员的疏忽而造成了严重海洋污染,举世震惊。随着航运事业的发展,船舶对海洋的污染日益严重,所以,驾驶员必须有强烈的服务意识和理念。优质服务与安全是相辅相成的统一体,没有安全的运输,谈不上优质的服务,真正树立起优质服务和安全思想是船舶高效航行和运输的基本保证。

7. 遵章守法,爱国敬业

船员职业是国际化最明显的职业之一。职业的流动性、分散性和国际性使得遵纪守法的职业道德显得十分重要。首先,守法的要求不仅体现在遵守国内法,而且还体现在遵守国际法和船舶所到国家和地区的法律、法规及特别要求;其次,严格的组织纪律是船员的最基本要求;再次,坚信中国共产党的领导是最重要的船员职业道德。船员要热爱祖国,忠于祖国,自觉维护祖国的声誉;要热爱航海事业,脚踏实地地工作;必须保守国家机密,更不能背叛祖国从事间谍活动;要严守涉外纪律、劳动纪律、组织纪律。古人云"天下百业,宜以德治之"。努力提高自己的职业道德修养,加强责任教育,严明劳动纪律,树立良好的职业道德和强烈的责任心,是体现船舶驾驶员文明程度和自身素质修养的重要指标。自然的力量我们无法抗拒,但我们可以通过自己的努力避免事故的发生,降低生命和财产的损失,消除人为因素对船舶事故的影响,使船舶安全地航行。因此,无论是在职船员,还是在校的准船员,都必须加强职业道德的修养与教育,以适应社会的发展要求。

中远(香远)有限公司船员职业道德

公德道

爱祖国 爱远洋 爱香远 爱本职
遵法纪 知善恶 尚文明 扬美德

家庭道

举百善 孝为先 敬父母 报亲恩
爱妻子 诲子女 家和睦 万事兴

团队道

同舟济 如兄弟 罗沟通 讲合作
听指挥 服管理 人心齐 泰山移

为人道

欲成事 先做人 重诚信 修品行
严律己 宽待人 亲师友 笃礼仪
敬业道
忠岗位 尽职责 熟体系 严执行
任劳怨 乐奉献 敢创新 勇担当
安全道
安全事 记心间 不安全 不生产
循规章 守规则 反三违 保平安
创效道
控成本 我有责 节点滴 我做起
细管理 挖潜能 集合力 创效益
学习道
勤学练 善思考 精业务 长技能
传帮带 好传统 互取长 共进步
创优道
学先进 思齐贤 做精品 创一流
有理想 志高远 共筑梦 香远兴

专题6.5 航海类专业的职业发展

【学习目标】

1. 了解"20规则"中全日制航海中职/中专毕业生考证换证流程；
2. 了解"20规则"中非航海类大专学历考证换证流程；
3. 了解船员职务晋升流程。

航海类专业的学生职业生涯规划，一般包括在校学习培训考证阶段和上船实习工作职务晋升阶段。

根据"20规则"，海事部门认可的航海类专业的学生，需要通过"六小证"考试，毕业前就可以直接参加三副、三管轮、电子电气员适任考试(有的教育培训质量良好的本科院校学生，经认可后还可以直接参加二副、二管轮考试)，并通过三副、三管轮或电子电气员的适任理论考试和评估考试。

全日制航海类中职/中专毕业生也可直接参加无限航区三副、三管轮、电子电气员适任考试。考试通过后再经过不少于6个月的相应船上见习，即可申办相应职务适任证书，正式成为一名职务船员。(图6-2)

非航海类大专以上学历毕业生，则可以报名参加由海事部门认可的船员培训机构开展的三副、三管轮或者电子电气员岗位适任培训，按照20规则，培训时间可以从之前的18个月缩短至12个月，完成培训后就可以参加相应的适任考试，再通过船上见习后即可申办相应职务适任证书。(图6-3)

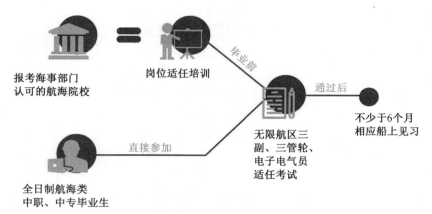

图6-2 全日制航海中职/中专毕业生考证换证

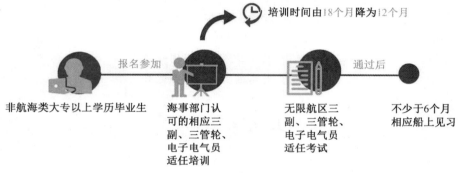

图6-3 非航海类大专以上学历人员考证换证

非航海类大专毕业生,或者已就业社会人员想做海员,需要参加国家承认培训机构(海事院校内)进行专业技能培训,普通船员即:值班水手、值班机工、电子技工培训3~4个月;油化机工水手培训4~5个月;船医和电工培训1.5个月左右。(图6-4)

图6-4 非航海类大专毕业或已就业社会人员考普通船员流程图

对于已经是普通船员想要晋升高级船员的情况,则五年以内具有18个月值班水手、值班机工资历(如有6个月以上外贸值班资历,可以申请甲类考试),个人均可选择参加6个月、8个月晋升甲(丙)类三副、三管学习班。

根据"20规则",船员职务晋升如图6-5所示。

模块6 航海类专业的职业认知与规划

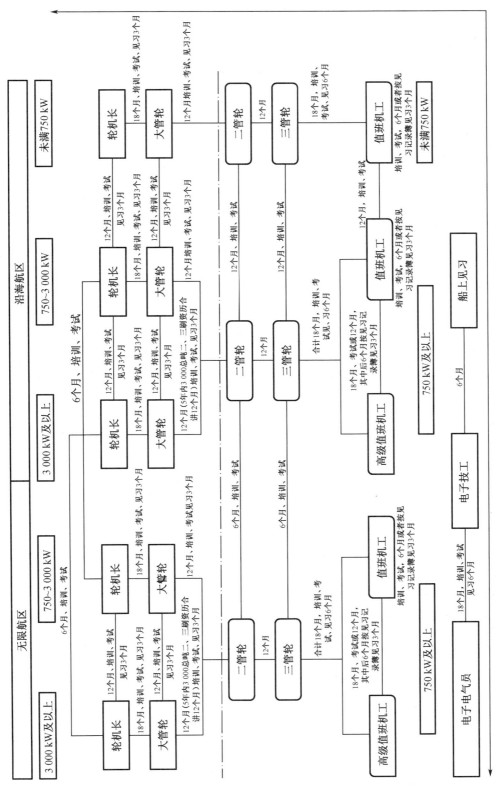

图 6-5 "20 规则"船员职务晋升图

专题 6.6　职业生涯规划的制订

【学习目标】

1. 了解职业生涯规划的重要性；
2. 学会如何制定职业生涯。

西方发达国家一直比较重视职业生涯的设计，许多国家的学校教育中早就有职业设计辅导这一课程。职业生涯规划也是许多大公司的领导及人事干部为员工所做的一项主要内容。在美国，中学在孩子们上八年级（高中）时就要请专家给孩子们做职业兴趣分析。十几岁孩子的职业兴趣并没有定型，但通过职业日、职业实践活动，可以根据其显露出来的特征进行有效引导，达到以兴趣定职业的目的。相比之下，我国高中生在懵懵懂懂时被分为文科生和理科生，上大学选专业也很少考虑到其职业兴趣和能力倾向。与此同时，大学生对职业生涯设计普遍不重视，有人对北京人文经济类综合重点大学的在校大学生调查表明：62% 的大学生对自己将来的发展、工作、职业生涯没有规划，33% 大学生不明确，只有 5% 大学生有明确的设计。事实表明，大学生毕业后无目的、无规划的盲目就业，将影响他们的长远发展。

职业生涯设计作为大学生进入社会前应做好的关键一环，理应得到他们的重视。俗话说："女怕嫁错郎，男怕入错行"。不少人都曾经这样问过自己："人生之路到底该如何去走？"一位哲人这样说过："走好每一步，这就是你的人生。"是啊，人生之路说长也长，因为它是你一生意义的诠释；人生之路说短也短，因为你生活过的每一天都是你的人生。每个人都在设计自己的人生，都在实现自己的梦想。职业生涯规划的制订，可以帮助他们降低成功的成本。职业生涯规划引导人们结合自己的兴趣爱好、家庭背景、价值追求和国情设计自己的职业道路和事业方向，帮助人们优化人生道路，减少和避免成功道路上的各种障碍。在职业生涯规划的制订上，科学合理地安排在学校接受教育的内容、方式、途径和目标，可以帮助他们在大学校园里愉快、健康、积极地生活和学习，顺利完成学业。

在今天这个人才竞争的时代，职业生涯规划开始成为在人才争夺战中的另一重要利器。对企业而言，如何体现公司"以人为本"的人才理念，关注员工的人才理念，关注员工的持续成长，职业生涯规划是一种有效的手段。而对每个人而言，职业生命是有限的，如果不进行有效的规划，势必会造成生命的浪费。作为当代大学生，若是带着一脸茫然踏入这个拥挤的社会，怎能满足社会的需要，使自己占有一席之地？因此，试着为自己拟定一份职业生涯规划，将自己的未来好好地设计一下。有了目标，才会有动力。有目标，生涯才不盲目；有追求，生涯才有动力。规划制定你的职业生涯，就是将你理想的人生转化为现实的人生。

职业生涯设计，要求你根据自身的兴趣、特点，将自己定位在两个最能发挥自己长处的位置，可以最大限度地实现自我价值。职业生涯规划的制订，实质上是追求最佳职业生涯过程。最佳的职业生涯就是带给自身最大满足的职业生涯。

职业生涯规划的制订，一般包括以下几个方面。

6.6.1 自我评估

自我评估包括对自己的兴趣、特长、性格的了解,也包括对自己的学识、技能、智商、情商的测试,以及对自己思维方式、思维方法、道德水准的评价等。自我评估的目的是认识自己、了解自己,从而对自己所适合的职业和职业生涯目标做出合理的抉择。

6.6.2 职业生涯机会的评估

职业生涯机会的评估,主要是评估周边各种环境因素对自己职业生涯发展的影响。在制定个人的职业生涯规划时,要充分了解所处环境的特点、掌握职业环境的发展变化情况、明确自己在这个环境中的地位以及环境对自己提出的要求和创造的条件等。只有对环境因素充分了解和把握,才能做到在复杂的环境中趋利避害,使职业生涯规划具有实际意义。环境因素评估主要包括:组织环境、政治环境、社会环境、经济环境。

6.6.3 确定职业发展目标

俗话说:"志不立,天下无可成之事。"立志是人生的起跑点,反映着一个人的理想、胸怀、情趣和价值观。在准确地对自己和环境做出了评估之后,我们可以确定适合自己、有实现可能的职业发展目标。在确定职业发展的目标时要注意自己性格、兴趣、特长与选定职业的匹配程度,更重要的是考察自己所处的内外环境与职业目标是否相适应,不能妄自菲薄,也不能好高骛远。合理、可行的职业生涯目标的确立决定了职业发展中的行为和结果,是制定职业生涯规划的关键。

6.6.4 选择职业生涯发展路线

在职业目标确定后,向哪一路线发展,如是走技术路线,还是管理路线,是走技术+管理(即技术管理路线),还是先走技术路线再走管理路线等,此时要做出选择。由于发展路线不同,对职业发展的要求也不同。因此,在职业生涯规划中,必须对发展路线做出抉择,以便及时调整自己的学习、工作以及各种行动沿着预定的方向前进。

6.6.5 制定职业生涯行动计划与措施

在确定了职业生涯的终极目标并选定职业发展的路线后,行动便成了关键的环节。这里所指的行动,是指落实目标的具体措施,主要包括工作、培训、教育、轮岗等。对应自己的行动计划,可将职业目标进行分解,即分解为短期目标、中期目标和长期目标,其中短期目标可分为日目标、周目标、月目标、年目标,中期目标一般为三至五年,长期目标为五至十年。分解后的目标有利于跟踪检查,同时可以根据环境变化制订和调整短期行动计划,并针对具体计划目标采取有效措施。职业生涯中的措施主要指为达成既定目标,在提高工作效率、学习知识、掌握技能、开发潜能等方面选用的方法。行动计划要对应相应的措施,要层层分解、具体落实,细致的计划与措施便于进行定时检查和及时调整。

6.6.6 评估与回馈

影响职业生涯规划的因素很多,有的变化因素是可以预测的,而有的变化因素则难以预测。在此状态下,要使职业生涯规划行之有效,就必须不断地对职业生涯规划执行情况进行评估。首先,要对年度目标的执行情况进行总结,确定哪些目标已按计划完成,哪些目标未完成。然后,对未完成目标进行分析,找出未完成原因及发展障碍,制订相应解决障碍的对策及方法。最后,依据评估结果对下年的计划进行修订与完善。如果有必要,也可考虑对职业目标和路线进行修正,但一定要谨慎。

6.6.7 大学生职业规划制订案例

大学生职业生涯规划——深蓝我的舞台

学院:船运学院

专业:轮机工程技术

班级:一班

姓名:吕杰

学号:19181016

时间:2019.10.23

辅导员:李耿

职业目标:轮机长

明确了人生目标,给自己一个合理、科学的人生定位,为了目标而不懈努力与奋斗,才能在激烈的社会竞争中立于不败之地,才能成就自己辉煌而又精彩的人生。目标不是现实,而是未来,要成就目标,永远坚信努力成就未来。

1. 自我条件

我是就读轮机工程技术专业的大专学生,时间飞逝,转眼之间大一即将过去一半,心中有点兴奋又有点害怕。我经常问自己这半年中学到了什么,我的目标是什么……而且家人给我的期望也在转眼之间变成了一种无形的压力。

(1) 个人盘点

我是个不怕苦、不怕累、敢作敢为、敢为人先的人,并拥有一颗开朗、活泼、上进的心,具有一定的统筹能力,十分欣赏诸葛亮运筹帷幄的雄风。

(2) 工作能力

平时我做任何事都尽自己最大的努力去完成,不求有功但求无过,又有比较强的交际能力,虽然现在没有在班级担任任何职务,但在平时的学习和工作(兼职)中,我学到了很多。

(3) 职业观

虽说"条条大路通罗马",三百六十行总会有合适自己的工作,但我首先会向着高级船员这个目标而努力,并通过各种行之有效的方法,争取为此目标而不断拼搏。

(4) 我的优势

因为我有颗不认输、永不言弃的心,因为我有颗不断进取的心,因为我有颗认清自我的心,我认为我行!我认为我能胜任我所想的职业。

2. 环境因素总括

好环境可以塑造一个人,反之,环境也可以毁灭一个人。因此环境影响着人的一生,能清楚地分析自身及周围的环境,将直接影响到一个人的成长成材。

(1) 学校环境

我远离家乡,只身一人来到他乡,现就读于武汉交通职业学院。武汉交通职业学院始建于1953年,是经湖北省人民政府批准独立设置的省属公办高等职业院校。学校在教育部人才培养工作水平工作中被评为优秀学校,是湖北省示范性高等职业院校、湖北省最佳文明单位。学校的活动也是缤纷多彩,通过自己的努力,自己的课余生活丰富多彩。

(2)职业环境

2009年金融危机中受创严重的航运业,对应届毕业生的招聘力度毫不减弱。大连海事大学就业指导中心的就业数据显示,除去个别学生留学、考研等因素,2009届近千名航海类毕业生几乎全部就业。上海海事大学2009届毕业生的就业率96.29%,远高于上海高校70%的整体就业率,青岛远洋船员学院、宁波大学海运学院、天津理工大学的就业率更是达到了100%。麦可思2009年度中国大学就业能力排行榜中,上海海事大学在非211本科院校就业能力排行榜中位居第五;在大学就业能力排行榜中,其法学专业位居第二。可见在当今整体就业形势严峻的背景下,航海类毕业生长期供不应求的局面并未改变。

(3)社会环境

"适者生存,不适者淘汰"。

加入WTO后,中国的经济得到了空前的发展,航运业起到了不可或缺的作用。如今海洋运输影响着国家经济命脉,我们国家正缺少这方面的人才。

3.职业目标

(1)近期职业目标(毕业一年):进入船上实习

(2)中期职业目标(毕业三年):二管轮

(3)长期职业目标(毕业五年):考取大管轮

(4)最后职业目标:成为轮机长

4.计划实施方案

(1)在校计划实施

以优异的成绩结束专科专业的学习,完成好实习工作。同时提高英语水平,关注企业与该职业的发展方向,及时补充相关的专业知识。

(2)工作计划实施

学习与远洋运输有关的国内、国际法律。同时,不放松英语和计算机知识的学习,还要学习有关贸易的知识。不断强化自己以适应公司的制度、人文等各方面环境,建立自己的人脉关系网。争取在十年内成为轮机长。在时机成熟的情况下,转向远洋贸易。

5.职业目标的调整

始终坚持大的发展方向不变,对于当中出现的小变动,应考虑到大局。坚持职业目标能顺利地完成,并取得圆满的成功。只要自己为实现目标而努力奋斗、开拓进取,即使目标没有实现,我也将无怨无悔,正确地面对失败才是人生的最大成功。

6.结束语

职业生涯的规划仅仅是人生的计划和目标,如不予以实践,再好的规划,到头来都是竹篮打水——一场空。同样现实也是残酷的,多变的。只要能清楚地认识自己,不说十年规划,就是一百年又何妨?规划如同惊涛骇浪中的一叶扁舟,怎样才能漂得更远?我们必须有坚定的信念,付出自己的时间、行动,拿出自己的勇气,为自己永恒的人生定位不断地努力奋斗、拼搏进取。有位智者说过:"上帝关闭了所有的门,也会给你留下一扇窗!"

人生没有定数,似孤帆在惊涛骇浪中漂泊,似孤鹰在碧海蓝天中飞翔。寻找梦的彼岸将成就永恒的追求。

专题6.7 航海专业的职业生涯案例

一位"丫头"海员的航海生涯初体验

姓名:张碧涵

政治面貌:中共党员

毕业院系:天津海运职业学院 航海2016级4班 班长

现就职:中国大连国际经济技术合作集团有限公司航业分公司

6-7 远航

2016年6月,高考结束那天,高烧不退的我知道这次考试注定没有一个特别满意的结果,爸妈和老师的心疼让我并没有选择复读这条路,在家人和自己的选择下,不甘像姐姐们一样一直留在哈尔滨过着看起来一眼就望到头的日子,我报考了天津海运职业学院航海技术专业。2016年,学院响应国家号召第一次招收了航海技术专业女孩子,家中的舅姥爷在中远做了一辈子海员,听说了我选择航海专业,语重心长地说:"孩子,选择这个行业有苦也有甜,希望你别放弃,能坚持下来。"

开学那天,虽然早就耳闻航海专业男多女少,却还是惊讶于男女比例仅为10∶1,在辅导员和各专业课老师的讲述中,对航海几乎一窍不通的我渐渐被带进了这个古老却现代化的行业,自由、蓝色、安静等代名词让我对这个行业产生了无限向往,中间也有很多"明白人"劝我,女孩子无论是从心理和生理等各个方面都不适合这个行业,但心中的不甘和对大海执着的向往,使我一遍遍告诉自己行不行总是要试试的。

2018年9月,航海技术专业的双选会拉开序幕,我们深深地被公司优秀的企业实力、企业文化、发展平台、未来的发展愿景等多方面因素所吸引,毅然决然地投身到大连国际的怀抱中。

作为公司的"独苗",上船前的准备工作可是辛苦了很多人。贺船长等人细致的岗前培训,为了我们特意搭配的班子,船东不断调整以方便港口换人。贺船长一次次发微信细心地提醒我们需要准备的东西和作为女孩子在船上生活的注意事项,耐心地回答我们提出的问题。公司、船东和船上领导无数次的沟通交流。大家的付出,只是单纯地为我在船上生活扫清不必要的障碍。

大连、北京、多哈、卡萨布兰卡、直布罗陀,总耗时近48小时,总飞行时间将近24个小时……虽然因为倒时差有些疲惫,但内心还是满满的期待和好奇。

甲板实习生的生活在2019年11月20日正式拉开帷幕,大海给我上的第一课就是从拖轮上爬两个接在一起的引水梯登船,直到站在船舷边往下看,我都不敢相信自己就这么上来了。

成功登船后,船舶就沿着计划航线继续开往希腊卸镍矿,海况很好,船舶也很平稳,这段时间我先在驾驶台熟悉设备,每天跟着驾驶员值班,条件允许的情况下可以试试舵,多学习一下业务,为以后做驾驶员提前准备,有时间驾驶员会带我去熟悉甲板。很快,26号上午,希腊的第一个港口 Thessoloniki 到了,引航员大叔很高很白,有着两个酒窝,十分可爱,在船长的指导和引航员同意的情况下,我第一次进港时练了舵,很激动也很兴奋,船长说不足

模块6 航海类专业的职业认知与规划

之处就是回复舵令时声音有些小,下次要注意。

对于实习生来说,一切都很新鲜有趣,我总想多学点东西,第一次开关舱,第一次量水……第一次总是兴奋和激动的。

2019年12月2日是值得纪念的一天,那是我上船后第一次洗舱,下舱还因为不熟悉走错了下舱口,从直梯下去,完全不敢往下看,心惊胆战的,换好雨靴雨衣,协助AB洗舱,充满水的皮龙真的很沉,帮忙拖管也是用尽了力气。

航行又开始了,从希腊到美国特拉华州的Bristol,途径马耳他加油,第一次遇到船舶加油感觉很是新鲜。加油是船上机舱一项重要的工作,船上任何人都马虎不得,甲板部负责带缆,把加油船的缆绳带到我们船上的缆桩上,提前把甲板上的漏水孔堵住。当时风浪很大,两艘船上下晃动很厉害,还是给工作带来了一些难度。加好油,起航开往美国。我每天的工作还是按部就班,冲甲板,敲锈刷漆,站在舱盖上用浓酸拖水泥让我第一次体会到了生活不易——准备好拖布、油漆桶、装化学品的大桶、口罩、手套工作开始了,由于装水泥时下雨导致舱盖上沾上了很多水泥块,只能用浓酸清理,拖布上沾满浓酸,舱盖上瞬间飘起白烟,风很大,风向又不好,熏的眼睛和脸上的皮肤有些刺痛,空气中浓酸的味道呛得人止不住的咳嗽、流泪,没有什么工作是容易的,坚持就是胜利!

美国时间2020年1月24日凌晨,靠港美国休斯敦,不在家的第一个新年,突然觉得眼前的一切不太真实,25日中午,船长组织了聚餐,大家一起过年,年夜饭虽然没有家里的种类多,但船上温馨的氛围足以安慰一颗远洋漂泊的游子心。水泥的卸货和洗舱的工作还在继续,甲板的清扫工作也同时进行着……

天气很热,休息片刻摘下帽子擦擦汗,突然感觉很多双眼睛盯着我,像发现了新大陆一般看着我,可能大家对于女船员还是有些好奇的。我也在这遇见了人生中第一次"桃花运",被一个酒窝小哥哥表白,工作完下船时还说"Married me",听说外国人开放但还是被惊讶到了。过了运河已经是晚上八点,继续向危地马拉行驶。

三月末,航行40天后,久违的陆地在海的那边若隐若现,手机短信也在提醒我日本到了。日本工人一丝不苟的工作态度,港口的干净整洁给我留下了很深的印象,三月末到四月末,频繁的抛锚、靠离港——日本HIBI港、Naoshima港,韩国Ulsan港、Onsan港,港口晚上都不卸货,值班工作相对轻松,洗舱也相对轻松,精铜矿和锌矿相对容易冲洗。由于船马上进船厂大舱喷砂,所以舱内保养也可以省去了,日子过得轻松愉快。

受疫情影响,我的实习期仅有六个月就结束了,但这六个月里,即使工作有些辛苦,身体会疲惫,但心里却是满满的幸福和感激。

因为热爱,所以坚守
——记中远海运集团严正平船长的30年航海情

因为热爱,他忠诚履职;

因为热爱,他弃小家顾大家;

因为热爱,他兢兢业业不辞辛劳;

因为热爱,他全力贡献青春和智慧;

因为热爱,他爱护年轻船员传帮带;

· 211 ·

因为热爱，……

"热爱"这区区两个字，撑起了他三十载的远洋运输梦想和实践，饱含了他对航海事业的热忱和情愫。

他，就是中远海运集团的严正平船长，一位出生于20世纪60年代的江苏人，自1986年从大连海运学院（大连海事大学）航海驾驶专业毕业后就一直坚守在远洋运输第一线，目前已经担任船长18年了。

同其他航海典范一样，他身上也有累累荣誉：先后获得公司十佳船长、海洋航行专家、优秀员工、劳动模范等称号，以及中华人民共和国海事局"诚信船长"和"中国郑和航海风云榜十佳海员"等荣誉。

同样，这一串串荣誉的背后，有他不懈的付出和辛酸的汗水，也有一段段激情奋进的故事，我们来看看吧！

用坚定回应职业生涯的每一次转变

严船长于1986年毕业后到上海远洋运输有限公司，一直在船舶工作，他从水手、驾助、三副、二副、大副到船长，一路上的压力、苦闷、迷茫他都经历过，但他都用一心一意的坚定回应了职业生涯的每一次转变。自2013年以来，他平均每年接一艘新船，包括"中远比利时""中远荷兰""中远丹麦""中远海运多瑙河"和"中远海运喜马拉雅"轮。

他在2016年11月进厂接中远海运多瑙河轮时说，接船的目的，一方面是熟悉设备使用，另一方面是通过现场检查，从使用者的角度发现问题或不合理的地方，通过及时有效沟通，在船厂里尽量完成项目整改，保证正常使用和为后续接船创造条件。

以履职尽责的方式送别挚爱的亲人

2018年3月7日，严正平船长所执掌的船舶正航行在地中海，却接到了母亲离世的噩耗，他强忍悲痛，继续有条不紊地布置船舶通过苏伊士运河的各项准备工作。3月9日，严船长在驾驶台坚守十几个小时，直到船舶安全过河。他用坚守岗位、履职尽责这样一种特殊的方式，送别了自己挚爱的母亲。

后来他得知船公司和船员公司在通过其他渠道获知消息后，及时安排人员到严船长家里进行了慰问的事情，严船长和船上的政委说："公司这么关心我，我没有理由不把工作做好！"

在央视舞台展现航海人的坚毅果敢

2018年1月16日，中国首制第一艘20 000TEU集装箱船——中远海运"白羊座"轮在南通中远川崎舾装码头举行了隆重的交付命名仪式，严船长和船员们接受了央视四套"中国舆论场"栏目记者的采访，全体船员所表现出来的勇于担当、敢为人先的精神风貌获得广泛赞扬。荣誉的背后是默默无闻的付出，在2017年12月18日，严船长就开始带队进入船厂为接船做了大量的工作，确保了船舶顺利上线投入营运。

果断决策保证"安全与效益"两不误

一年冬季，严船长驾驶的船舶穿越太平洋，按原计划航线，船舶将遭遇10米以上涌浪，这会严重影响船舶安全。考虑到既要准时抵达，又要保证安全，严船长通过严密推算和研究航线气象预报后，果断向公司提出改变原有航线计划的建议。经公司批准后，严船长执行新的航线计划，成功避开了大风浪区，安全准时抵达了目的港，受到船东和货主的高度赞扬。

在"珍河"轮工作时，需要按既定日期过巴拿马运河，如逾期过河，则公司需要支付一笔

模块6 航海类专业的职业认知与规划

额外费用,而且还可能会影响班期,导致公司信誉和成本双双受损,严船长在设定航速时留有合适余地,以应对各种突发情况发生,保证了"效益与安全"两不误。

把每一次安全演习都当成真实场景

因为热爱航海事业,所以严船长也关心新船员的学习成长,他经常在下船公休期间担任船员上船前的集中安全培训内训师,迄今已经为447名船员讲述了"职业素养和职业精神",保证了中远海运的后备力量。

对于船员的安全教育,除了日常培训教育,严船长还重视演习,力求每次演习都贴近真实,让每个船员都有身临其境的感觉,既让每位船员掌握了应急"自救"和"他救"能力,也磨练了船员的心理素质。

一次,船舶在进港航行中,主机突然失控,辅机跳电,情况万分危急,严船长立即用VHF通知来往船舶避让我轮,同时叫大副抛短链锚控制船舶,还用VHF通知交管协助,既避免了船舶搁浅,也避免了航道堵塞。事后,他把这两次案例放到演习中,给全体船员上了一堂生动的实践课。

将三十年航海经验升华成理论

三十多年的航海生涯,让严船长深感航行安全是需要不断总结积累的,一个人静下来的时候,他就把自己多年的实践付诸文字,和同行分享。他曾经写过一篇"谈集装箱船如何谨慎靠泊"的文章,是这样论述的:"船舶的安全靠离泊过程是通过一个团体的协作过程来完成的,并有多个因素影响。船长是这一操作的关键人物。为达到安全顺利靠离泊位这一目标,作为船长一定要有一个完整的操作计划,同时在操作中要沉着冷静、胆大心细,及时发现问题,随时把本船置于有利位置,以获得最大的机动余地,并在操作过程中,随着内外部环境因素的不断变化而调整操作方法,以达到顺利安全靠离泊位的目的。"

"海洋和船舶已经成为我生活的重要组成部分。作为航海人,我热爱大海,热爱船舶,向往自由;作为船长,我热爱航海事业,在创建安全、和谐船舶的同时,努力为企业创造更多价值。"——严正平船长用三十载的坚守,诠释了他对航海事业的"热爱"。

【思考题】

1. 按照《中华人民共和国海船船员适任考试和发证规则》(20规则)的规定,船员可划分为几种类型?
2. 船员有哪些职业特点?
3. 船员职能责任级怎么划分?
4. 我国海事局通过什么方式来对船员进行管理?
5. 海船船员的心理影响因素体现在哪些方面?
6. 提高船员心理素质的措施有哪些?
7. 船员职业道德包含哪几个方面?
8. 航海类专业学生的职业规划包含哪几个方面?
9. 职业生涯规划的制订一般包括哪几个方面?

参 考 文 献

[1] 韩雪峰. 主推进动力装置[M]. 大连:大连海事大学出版社,2010.

[2] 王滢. 船舶动力装置[M]. 哈尔滨:哈尔滨工程大学出版社,2020.

[3] 张心宇. 船舶辅机[M]. 哈尔滨:哈尔滨工程大学出版社,2020.

[4] 刘德宽. 船舶辅机与电气[M]. 大连:大连海事大学出版社,2010.

[5] 李先强. 航海导论[M]. 大连:大连海事大学出版社,2018.

[6] 李光正. 航海类专业导论[M]. 大连:大连海事大学出版社,2015.

[7] 付锦云. 船舶管路系统[M]. 哈尔滨:哈尔滨工程大学出版社,2009.

[8] 陈爱平. 船舶电气与自动化[M]. 大连:大连海事大学出版社,2012.

[9] 中国海事服务中心. 海船船员适任证书知识更新(轮机长、轮机员)[M]. 大连:大连海事大学出版社,2012.

[10] 徐宏伟,葛沛. 大数据技术在船舶智能化中的应用[J]. 江苏船舶,2020,37(6):4.

[11] 蒋聪汝. 世界船舶产业发展趋势及其对中国船企的启示[J]. 西北民族大学学报(自然科学版),2021,42(1):7.

[12] 丁军,李鑫,黄建涛. 信息化、数字化、智能化推动航运运营服务体系转型[J]. 船舶与海洋工程,2020,36(6):5.

[13] 初建树,曹凯,刘玉涛. 智能船舶发展现状及问题研究[J]. 中国水运,2021(2):126-128.